과학 수행평가
만점
전략서

과학 수행평가 만점 전략서

초판 1쇄 발행 2026년 4월 20일

지은이 이은주, 이승경

펴낸이 윤주용
편집 도은주, 류정화 | 마케팅 조명구 | 홍보 박미나

펴낸곳 초록비책공방
출판등록 2013년 4월 25일 제2013-000130
주소 서울시 마포구 동교로27길 53 308호
전화 0505-566-5522 | 팩스 02-6008-1777

메일 greenrainbooks@naver.com
인스타 @greenrainbooks @greenrain_1318
블로그 http://blog.naver.com/greenrainbooks

ISBN 979-11-24126-24-0 (43400)

어려운 것은 쉽게 쉬운 것은 깊게 깊은 것은 유쾌하게

초록비책공방은 여러분의 소중한 의견을 기다리고 있습니다.
원고 투고, 오탈자 제보, 제휴 제안은 greenrainbooks@naver.com으로 보내주세요.

과학 수행평가 맞점 전략서

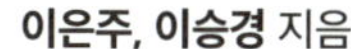

이은주, 이승경 지음

프롤로그
과학 잘하는 아이의 비밀, '쓰는 힘'에 있습니다

과학을 통해 세상을 배운 한 학생의 이야기

4월은 학생들에게 잔인할 만큼 바쁘고 힘든 시기입니다. 새 학년에 적응하기도 전 중간고사를 치러야 하고, 곧이어 '과학의 달' 행사가 꼬리를 뭅니다. 교내에서 치러지는 다양한 일정으로 긴장의 끈을 놓을 수 없는 날들의 연속이지요. 이렇게 분주한 아이들을 볼 때마다 떠오르는 제자가 한 명 있습니다.

당시 중학교 2학년이었던 그 학생은 '탄소 중립을 위한 우리의 역할'을 주제로 교내 과학탐구대회 과학 논술 부문에 참가했습니다. 원래 과학에 큰 흥미가 없던 터라 '탄소 중립'이라는 개념조차 막연하게만 알고 있었지요. 하지만 자료를 조사하며 아이는 달라졌습니다. 탄소 중립의 의미와 필요성은 물론 탄소세와 재생 에너지, 국제 기후 협약 등 국가와 기업 간의 복잡하게 얽힌 이해관계까지 마주하게 된 것입니다. 과학 논술 대회를 준비하며 과학 개념을 넘어 정책, 경제, 윤리의 문제까지 깊이 탐구하게 된 아이는 마침내 '과학은 사회를 바꾸는 힘'이라는 사실을 스스로 깨달았습니다.

이처럼 과학 글쓰기 대회에 참여하는 경험은 단순히 글 한 편을 써서 상을 받는 데 그치지 않습니다. 그 과정 자체가 과학을 교과서 속 지식이 아닌 삶과 사회의 문제로 확장해 바라보게 하며, 사고의 깊이를 더하고 세상을 바라보는 관점을 넓혀주는 소중한 시간이 됩니다. 이 책은 바로 그러한 변화를 이끄는 안내서를 만들고 싶다는 고민에서 출발했습니다.

평가 방식의 변화, 이제는 '과정'과 '논리'가 실력입니다

최근 교육 현장은 큰 변화를 맞이하고 있습니다. 2022 개정 교육 과정은 기존의 '결과 중심 평가'에서 벗어나 '과정 중심 평가'로의 전환을 강조하며 학생들의 문제 해결력과 사고력, 의사소통 능력을 종합적으로 평가하는 논·서술형 평가의 비중을 대폭 확대하고 있습니다. 여기에 모든 학생의 잠재력과 역량을 키우는 것을 목표로 하는 '고교학점제'가 본격적으로 도입되면서 학생 스스로 관심 분야를 탐구하고 그 과정을 학교생활기록부에 진정성 있게 담아내는 역량이 그 어느 때보다 중요해졌습니다.

이러한 변화에 대응하는 가장 효과적인 방법은 바로 '토론'과 '글쓰기'입니다. 학교 현장에서는 각종 수행평가와 대회를 통해 이러한 역량을 실제로 키워내고 있으며 이는 학생들에게 자기 생각을 정리하고 논리적으로 표현하는 값진 경험이 됩니다. 과학 교과에서도 이러한 변화는 점점 더 뚜렷해지고 있습니다. 특히 통합과학은 고등학교 공통 과목이자 수능 과목으로 지정되면서 그 중요성이 더욱 커졌으며, 다양한 과학 개념을 통합적으로 이해해야 하는 과목인 만큼 글쓰기와 사고력을 평가하는 비중 역시 커지고 있습니다.

그럼에도 여전히 많은 학생이 과학을 어렵고 부담스러운 과목으로 인식합니다. 과학을 글쓰기나 토론과는 거리가 먼 '문제 풀이' 중심 과목으로만 받아들여 왔기 때문입니다. 하지만 과학과 진짜 친숙해지려면 단순 암기를 넘어 관련 도서를 읽고 그 내용을 바탕으로 자기 생각을 말과 글로 표현하는 경험이 반드시 필요합니다. 이는 내신과 대입에도 도움이 됩니다. 예를 들어 평소 '산불 예방과 진화 방안', '인공지능AI 활용에 대한 찬반', '유전공학의 사회적 영향'과 같은 주제를 고민해 본 학생이라면 학교 수업은 물론 교내 대회와 수행평가를 준비하는 과정도 훨씬 수월할 것입니다.

백 마디 설명보다 확실한 '실전 예시'의 힘

문제는 과학 글쓰기와 토론의 중요성을 인식하는 것과 이를 실제로 준비하고 실천하는 일 사이에 여전히 큰 간극이 존재한다는 점입니다. 대부분의 수행평가와 대회에서는 주제나 문제만 제시될 뿐 구체적인 준비 과정이나 글쓰기 방법에 대한 안내가 충분히 제공되지 않는 경우가 많습니다. 이 책은 바로 그 간극을 메우기 위해 기획되었습니다. 그래서 실제 학교 수업과 교내외 대회에서 빈번하게 활용되는 '과학 주제 개요서', '토론 입론서', '에세이', '탐구보고서', '독후감 및 서평' 등 다양한 형식의 과학 글쓰기 가이드를 담았습니다. 이러한 활동은 대학 학생부 종합전형에서 요구하는 '자기주도적 학습 역량'을 보여주는 과정과도 밀접하게 연결되어 있습니다. 특히 과학 글쓰기 대회는 '탐구 주제 설정 – 자료 조사 및 심화 탐구 – 보고서/에세이 작성 – 발표와 질의응답'의 형식으로 진행되며, 학생들은 이 과정에서 분석 능력과 논리적 사고력, 표현력을 함께 키워나가게 됩니다.

물론 이러한 능력은 하루아침에 길러지지 않습니다. 고등학교에 진학한 후에 글쓰기 역량을 기르려 하면 부담이 클 수밖에 없습니다. 그러므로 초등 고학년 시기부터 관심을 두고 차근차근 연습을 시작하는 것이 바람직합니다. 또한 중학교 시절에는 다양한 교내외 대회와 수행평가에 적극적으로 참여하며 실질적인 경험을 통해 역량을 키워나가야 합니다.

이 책은 과학 글쓰기의 구체적인 방법과 함께 수행평가나 대회에서 학생들이 바로 참고할 수 있도록 실전 중심의 예시를 풍부하게 수록했습니다. 글쓰기 방법은 백 번 설명하는 것보다 한 편의 잘 쓴 글을 직접 보여주는 것이 훨씬 더 큰 도움이 되기 때문입니다.

수행평가와 대회의 목적은 단순한 수상이 아니라 도전과 시행착오의 과정을 통해 스스로 성장하는 데 있습니다. 이 책이 과학을 어려워하는 학생에게는 용기를, 자녀의 학습 방향을 고민하는 부모에게는 길잡이가 되길 바랍니다. 현장에서 학생을 지도하는 교사에게는 즉시 활용 가능한 참고서가 되기를 바랍니다. 나아가 과학 글쓰기를 통해 학생 한 사람 한 사람이 자신만의 질문을 던지고, 그 답을 찾아가는 여정에 이 책이 함께할 수 있기를 기대합니다.

차 례

3부 통합과학에서 배우는 과학 글쓰기

1장. 통합과학 1

I. 과학의 기초 – 생체모방 • 147

II. 물질의 규칙성 – 우주 • 158

III-1. 시스템과 상호작용: 지구 시스템 – 지진 • 183

과학 글쓰기,
왜 써야 할까?

과학 글쓰기를 해야 하는 이유

학생들은 보통 국어와 글쓰기를 잘하면 인문계, 수학과 과학을 잘하면 자연계가 더 잘 맞는다고 생각한다. 하지만 이제 글쓰기는 특정 분야에 있는 사람들에게만 한정된 능력이 아니다. 21세기는 과학과 기술이 폭발적으로 발전하는 과학의 시대이다. 유전공학, 인공지능AI, 우주 개발 등 다양한 분야의 혁신이 우리 사회를 빠르게 변화시키고 있다. 이러한 시대에 학생들이 키워야 하는 능력은 지식을 암기하는 것뿐만 아니라 읽고 말하고 쓰는 활용 능력까지 포함되어야 한다.

과학 과목도 예외는 아니다. 일반적으로 다른 교과에 비해 과학을 어려워하는 학생들이 많다. 하지만 과학을 좀 더 쉽게 이해하려면 정보와 지식 습득에 그치지 않고 과학적으로 사고하고 주어진 문제를 해결한 후 그 과정을 글로 표현하는 능력이 필요하다. 이를 위해서는 과학 교과에서도 글쓰기 역량을 체계적으로 키우는 것이 필요하다.

이러한 변화는 실제 교육 현장에서 확인할 수 있다. 2022 개정 중1 과학 1단원에서는 '과학적 탐구 방법을 통한 보고서 쓰기'를 소개하고 있으며 '탐구 문제 정하기 → 가설 설정하기 → 탐구 설계하기 → 탐구 수행하기 → 자료 해석하기 → 결론 도출하기'의 과정을 통해 보고서 작성 방법을 익히는 것을 첫 번째 과제로 제시하고 있다.

또한 과학 과목에서의 수행평가 항목을 살펴보면 그 흐름을 확실히 느낄 수 있다. 예를 들어 2025년 파주 모 중학교의 1학년 1학기 과학 수행 평가는 '생물다양성 유지 방안 글쓰기', '창의적인 패시브 하우스 설계하기' 등 논술형으로 이루어졌다. 고등학교도 마찬가지다. 2024년 대전 모 고등학교 1학년 통합과학 평가 비중을 살펴보면 지필평가(중간·말 각각 20%) 40%와 수행평가 60%로 구성되어 있었다. 수행평가 내용은 지역 문제 해결방안에 대한 보고서를 작성하는 '융합과제탐구' 20%, 과학 도서를 읽은 후 탐구보고서를 제출하는 '과학 탐구' 20%, 과학자들의 생애와 업적에 대해 탐구하는 '과학자 조사 발표' 20%로 대부분 글을 쓰는 평가로 이루어져 있었다. 학교마다 세부 내용에는 차이가 있지만 과학 교과에서 글쓰기 비중이 점점 확대되고 있는 것은 분명한 흐름이다.

과학 글쓰기란 무엇일까?

글쓰기의 사전적 의미는 '생각이나 사실 따위를 글로 써서 표현하는 일'이다. 그런데 과학 글쓰기의 경우 일반적인 글쓰기와는 성격이 다르다. 문학 글쓰기는 주로 자기 생각이나 느낌을 중심 소재로 하지만 과학 글쓰기는 이미 정립된 과학 지식, 개념, 이론 등을 바탕으로 사고를 전개하고 표현한다.

따라서 이 책에서는 학교 현장에서 많이 활용되는 과학 논픽션(비문학) 글쓰기를 '과학 글쓰기'로 정의하고 과학적 사실을 기반으로 자신의 관점이나 의견을 설명하고 문제를 해결하는 방안을 제시하는 글쓰기 방식을 소개하고자 한다.

이에 따라 단계별로 연결·확장해 과학 글쓰기 유형을 6가지로 분류했다.

1. 제시된 과학 주제를 분석하고 논리적 근거와 해결 방안을 요약하는 '과학 주제 개요서'
2. 과학기술이 사람과 사회에 미치는 영향에 대해 찬성과 반대 입장으로 나누어 자신의 관점을 논리적으로 주장하는 '과학 토론 입론서'
3. 다양한 자료를 탐색하고 자신의 관점과 삶의 경험을 연결해 과학적 사고를 확장하는 '과학 에세이'
4. 교과 과정에서 호기심이 생긴 과학 주제에 관해 탐구 과정을 체계적으로 정리한 '과학 탐구보고서'
5. 과학책을 읽고 느낀 점과 새로 생긴 질문을 자기 삶과 연결하는 '과학 독후감', 책의 내용을 분석하고 평가하는 '과학 서평'
6. 과학·기술 주제를 쉽고 명확하게 정리해 짧은 시간(3분) 안에 발표하는 '과학 주제 발표문(페임랩 원고)'

위와 같은 유형의 글쓰기를 학생들이 쉽게 따라 할 수 있도록 차근차근 알려주고자 한다.

과학 글쓰기의 요건은 무엇일까?

과학 글쓰기는 '과학적 방법론'에 따라 다음과 같은 요건을 갖추어야 한다. 과학적 방법론이란 17세기 이후 자연과학에 따라 정형화된 계획적인 관찰, 측정, 실험, 일반화, 시험 및 가설의 변경 등의 과정으로 이루어진 방법을 의미한다.

명확성

첫 번째 요건은 명확성이다. 과학 글쓰기에서는 가장 먼저 주제에 대한 정의를 명확하게 내리는 것이 중요하다. 주제의 범위를 한정하지 않으면 글의 앞뒤에서 다룬 내용이 달라질 수 있다. 문장의 명확성도 중요하다. 애매모호하고 추상적인 표현 대신 구체적이고

정확한 표현을 사용한다. 또 여러 의미로 해석될 수 있는 단어와 문
장 구조는 피해야 한다.

항목	내용	예시
주제의 명확성	주제의 범위를 명확하게 한정	(X) 환경 보호의 중요성 (O) 일회용 플라스틱 사용 규제의 필요성
문장의 명확성	불명확하거나 추상적인 표현 지양	(X) ~인 것 같다/~인 듯하다 (O) ~것으로 예측된다. ~일 가능성이 높다.
단어의 명확성	여러 가지로 해석될 수 있는 단어나 문장은 피하고 정확한 수치 사용	(X) 많다/심각하다 (O) 대기 중 이산화탄소 농도가 480ppm을 넘었다.

일관성

두 번째 요건은 일관성이다. 자신의 관점을 일관되게 유지하며
주장해야 한다. 글의 앞부분에서는 찬성 측 관점을 취하다가 뒷부
분에서 반대 측 관점으로 전환하거나 상대측의 근거를 제시하는 글
은 피해야 한다. 글을 읽는 사람이 혼란스럽지 않도록 같은 개념에
는 동일한 용어를 사용해야 하며 문체를 일관되게 하나로 통일해
야 한다.

항목	내용	예시
입장의 일관성	주장의 일관성 유지	서론에서는 '로봇 대체는 바람직하지 않다'라고 주장하다 결론에서는 '위험한 일은 로봇이 대신해야 한다'는 논리로 바뀌는 경우
문체의 일관성	높임말, 낮춤말 중 한 가지 문체로 통일	처음에는 '~했습니다'로 표현했다가 뒷부분에 '~했다'로 표현하여 한 가지 문체로 통일되지 않는 경우
단어의 일관성	같은 개념에는 같은 용어 사용	'GMO'로 정의한 후 'GM 작물'로 변경하여 하나의 단어로 통일되지 않는 경우

논리성

세 번째 요건은 논리성으로 문제의 원인과 결과가 합리적으로 연결되어야 한다. 그러나 많은 학생이 문제에 대한 원인과 결과를 논리적으로 연결 짓지 못하고 직관적으로 서술하는 경우가 많다. 원인에 따른 결과를 차례대로 전개하는 것이 아니라 직접적인 관련이 없는 내용을 덧붙이거나 글의 흐름에서 벗어나는 실수를 하는 경우가 있다. 따라서 글을 작성할 때는 추상적으로 서술하지 말고 처음부터 끝까지 논리성을 유지할 수 있도록 의식해야 한다.

항목	내용	예시
원인과 결과 사이의 논리성	원인과 그에 따른 결과의 타당성이 성립해야 함	주장: 미세먼지의 주요 원인은 석탄화력발전소다. 해결 방안: 미세먼지 문제를 해결하기 위해 자동차의 운행을 줄여야 한다. ➔ 미세먼지 원인은 발전 방법인데 해결 방안은 자동차 운행에서 찾아 논리적으로 연결되지 않음

　네 번째 요건은 객관성으로 자료는 이미 검증된 정보를 참고해야 한다. 너무 오래된 자료는 현재 상황에 적용되지 않는 경우가 많으므로 가능하면 최신 자료로 출처가 명확하고 전문가의 의견이 포함된 것이 좋다. 또한 보편적이지 않고 개인 경험에 불과하거나 극히 낮은 확률로 발생할 수 있는 사건은 채택하지 않아야 한다.

　객관적 자료로 인정받기 위해서는 실험 관찰을 통해 실제 얻은 데이터와 같은 경험적 증거가 있어야 한다. 외부 자료를 참고할 때는 가능하면 블로그나 유튜브와 같은 개인 미디어 대신 책이나 논문, 신문, 과학 저널 등 공신력 있는 자료를 활용하는 것이 바람직하다.

항목	내용	예시
검증된 자료	개인 의견이 아닌 과학적 사실, 통계, 이론	'통계청에 따르면', '~ 연구 조사에 따르면'
최신 자료	과학기술이 급속히 발전하므로 오래된 자료는 시의성이 떨어짐	발표된 자료 중 가장 최신 자료 인용
보편적 사례	극단적이거나 극히 낮은 확률로 발생하는 사례는 설득력이 떨어짐	담배를 평생 피웠지만 암에 걸리지 않았다.

과학 글쓰기에서 꼭 지켜야 할 학습 윤리는?

최근 챗GPT와 같은 생성형 인공지능AI의 급속한 발전과 과열된 교육열이 맞물리면서, AI가 작성한 내용을 과제나 대회에 그대로 제출하거나 사교육 업체에 대필을 맡기는 사례가 늘고 있다. 이는 심각한 학습 윤리 위반이다. 이에 대응하여 평가자들 역시 표절 검사 프로그램을 도입해 검증을 대폭 강화하는 추세다. 검사 결과 표절률이 높게 나오거나 학생 수준에 맞지 않는 지나치게 어려운 전문 용어와 문장이 사용될 경우, 대필과 표절로 간주되어 결코 좋은 평가를 받을 수 없다.

따라서 글을 쓸 때는 인용과 표절의 경계를 명확히 인식해야 한다. 책이나 논문, 심지어 AI가 찾아준 정보를 참고하는 것 자체는 문제가 되지 않는다. 그러나 이를 자신의 글에 가져올 때는 반드시 본인의 언어로 요약하거나 재구성하여 녹여내야 한다. 외부 자료의 원문을 그대로 사용할 경우에는 따옴표를 활용해 인용 부분임을 명확히 밝히고, 참고 문헌에 정확한 출처를 표기해야 한다. 이러한 과정을 생략한 채 남의 글이나 AI의 답변을 무단으로 베끼는 행위는 명백한 표절이다.

앞으로 다가올 세상에서 인공지능을 배제하고 살아가기란 불가능에 가깝다. 중요한 것은 AI가 내주는 정답에 무비판적으로 의존하는 '노예'가 되는 것이 아니라 AI를 내 사고의 확장과 발전을 돕는 훌륭한 '도구'로 활용하는 지혜다. 이처럼 기술을 주도적으로 다루는 올바른 태도를 갖출 때, 비로소 새로운 세상의 진정한 주인공으로 성장할 수 있다.

 과학 글쓰기를 생기부로 어떻게 확장할까? 

학교생활기록부(이하 생기부) 작성에서 가장 중요한 것은 학생의 학업 태도와 성장 과정이 구체적으로 드러나는 것이다. 교과 수업에서 배운 내용을 독서나 탐구 활동으로 확장하여 스스로 학습을 심화하는 경험은 적극적인 학업 태도로 평가된다. 생기부의 기재는 교사의 역할이지만 그 내용을 만들어 내는 주체는 학생이다. 따라서 학생은 창의적 체험활동, 세부능력 및 특기사항(세특), 행동 특성 및 종합 의견 등 다양한 항목을 통해 자신의 주도적이고 탐구적인 학업 태도를 구체적으로 보여주어야 한다.

최근 개편된 대입에서는 생기부 반영 영역이 축소되고 서류의 정성적 평가가 강화되면서 교과 활동 중심의 평가 비중이 더욱 커지는 추세이다. 특히 생기부 종합 전형과 같은 정성 평가형 전형에서는 '세특'의 중요성이 크게 강화되었다. 교사가 학생의 학업 능력, 탐구 태도, 사고력, 표현력 등을 종합적으로 관찰하여 기록하는 세특은 학업 역량과 학습 태도의 신뢰도를 평가하는 핵심 자료로 활용된다.

따라서 학생은 모든 활동에서 단순한 참여를 넘어 학업에 대한 열정과 진정성, 주제 선정의 명확한 이유, 탐구 과정에서 사고의 깊이를 보여주어야 한다. 대학에서 좋은 평가를 받는 생기부는 활동의 양이 아니라 한 교과에서 출발한 주제 탐구가 점차 확장되고 심화하는 일관된 흐름을 담고 있다.

교과 수업에서 생겨난 호기심을 바탕으로 독서를 통해 지식을 확장하고 이를 다시 탐구보고서·과학 에세이·과학 서평 등의 탐구 활동으로 발전시키면 '수업 → 호기심 → 독서 → 탐구 → 지식 확장'의 선순환 구조가 형성된다. 이러한 과정이 누적되어 기록된 생기부는 학생의 실제 학업 역량과 자기 주도적 성장 가능성을 가장 설득력 있게 보여주는 자료가 된다.

학교생활기록부 평가 기준

항목		내용(기재 주체)
출결 상황 특기사항		결석·지각·조퇴·결과 횟수와 그 사유 기록(담임 교사)
창의적 체험 활동	자율 활동	학급, 학교 프로그램에 활동 참여하는 내용 기록(담임 교사)
	진로 활동	진로 탐색 및 진로 역량 드러낼 수 있는 활용 기재(담임 교사)
	동아리 활동	정규 동아리 활동에 참여 내용 기록(동아리 담당 교사)
교과 학습 발달 상황	교과 성적	2022 개정 교육과정 기준 교과별 내신등급(1~5등급)과 성취도(A~E) 기재(교과별 담당 교사)
	세부능력 및 특기사항	수행평가, 탐구 내용, 발표 활동 등 수업 과정에서 드러난 학습 태도와 역량 기록(교과별 담당 교사)
행동 특성 및 종합 의견		학교생활 전반에 걸친 태도와 인성을 종합적으로 평가(담임 교사)

과학 글쓰기,
기본기 다지기

과학 주제 개요서 작성 방법

과학 주제 개요서란 무엇일까?

과학 주제 개요서는 특정 과학 주제를 논리적으로 분석하고 토론하기 위해 핵심 내용을 간결하게 요약 정리한 글이다. 자신의 주장을 이해하기 쉽게 전달하기 위해 핵심 요점을 개조식으로 정리하는 형식을 사용한다.

이러한 글은 주로 중·고등학교에서 4월 과학의 달 행사로 열리는 '교내 과학탐구대회 과학 토론 분야'에서 작성한다. 이 외에 과학 교과 수업에서 진행되는 토론이나 수행평가에도 활용된다. 핵심 내용을 간결하게 정리하는 개요서 방식은 PPT 제작이나 발표 자료 구성 능력을 기르는 데도 도움이 된다.

과학 주제 개요서는 형식이 정해져 있는 것이 아니므로 교내 과학 토론대회에서 주로 사용되는 형식을 기준으로 설명했다.

교내 과학 토론대회에서는 어떤 논제가 나올까?

교내 과학 토론대회의 논제들을 살펴보면 교과 과정에서 중요하게 다루는 개념 중 사회적 이슈로 떠오르는 주제가 주로 선정된다. 학교마다 제시되는 방식은 차이가 있지만 논제를 중심으로 문제의 해결 방안을 탐구하는 형태로 출제되는 것이 일반적이다.

해결 방안을 탐구하는 방식은 크게 두 가지로 나눌 수 있다. 문제의 원인을 분석하는 '원인 분석형'과 장단점을 파악하는 '비교 분석형'이다. 각각은 독립적으로 출제되기도 하고 두 가지가 결합한 형태로 출제되기도 한다.

원인 분석형 주제

교내 과학 토론의 논제는 실생활과 밀접하게 연결된 과학 및 환경 문제가 주로 출제된다. 이는 단순히 과학 지식을 암기하는 데 그치지 않고 과학이 실제 사회에 미치는 영향을 탐구하는 것을 목표로 하기 때문이다. 따라서 사회에 미치는 피해를 분석한 뒤 그 원인을 규명하고 실현가능한 해결책까지 제시하는 과정이 필요하다.

우리나라에서 발생하는 대부분의 산불이 봄철에 집중된 이유를 기상 및 자연적 요인 중심으로 논하시오. 또한 매년 산불에 의한 피해가 지속적으로 발생함에도 산불 예방 및 진화에 어려움을 겪는 이유를 분석하고 산불

비교 분석형 주제

사회적으로 관심이 집중되고 있는 과학 쟁점에 대해 찬반 입장
이나 장·단점을 구분하고 그 근거를 제시하며 전개하는 방식으로
출제된다. 이러한 주제를 다룰 때는 먼저 논쟁에 관한 입장과 근거
를 정리하고 해결 방안을 제시한다.

찬반 입장을 나누는 논제의 경우 자신이 주장하는 입장에 따라
각각 다른 해결 방안을 논리적으로 제시하는 것이 중요하다. 반면
장점과 단점을 분석하는 논제라면 단점을 보완하거나 개선할 수 있
는 방안을 중심으로 해결책을 제안해야 한다.

과학 주제 개요서 작성은 어떻게 해야 할까?

항목별로 번호를 붙이고 목록으로 작성한다

개요서는 글의 핵심 내용을 간결하면서도 논리적으로 구조화하
여 개조식으로 작성하는 글이다. 보는 사람이 내용을 빠르게 이해
할 수 있게 하려면 핵심 내용을 한눈에 파악할 수 있도록 항목별로
번호를 달아 구분하는 방식이 효과적이다. 번호를 붙여 목록 형태
로 정리하면 주제와 세부 내용을 계층적으로 구성할 수 있어 논리
적 흐름이 더 명확해진다. 번호를 붙이는 방식은 정해져 있지 않다.
자신만의 규칙을 정해 일관성 있게 사용되면 된다.

분류 번호 예시

Ⅰ. 주제 1
  1] 소주제 1
    ① 세부 항목 1
    ② 세부 항목 2
  2] 소주제 2
  ……

주제 1
  1.1 소주제 1
    1.1.1 세부 항목 1
    1.1.2 세부 항목 2
  1.2 소주제 2
  ……

서술형으로 쓰지 말고 핵심 단어를 명사형으로 정리한다

문장은 명사형으로 끝맺도록 한다. 명사형 표현을 사용하면 불필요한 문장 구조를 줄이고 핵심 개념만 최대한 압축하여 통일성 있게 전달할 수 있다. 반드시 명사형만 써야 하는 것은 아니지만 명사형과 서술형을 혼용하지 않고 일관성 있게 쓰는 것이 중요하다.

명사형 예시

화학 반응이 일어난다 ➡ 화학 반응 발생
지구의 온도가 높아진다. ➡ 지구 온도 상승

표와 그래프를 적극 활용한다

표나 그래프 등 시각적 요소를 활용하면 복잡한 내용을 빠르고 효과적으로 전달할 수 있다. 표나 그래프에는 제목을 달고, 외부 자료를 인용하는 경우 출처와 연도를 함께 표시해야 한다. 출처를 명시하면 객관성과 신뢰도가 높아지고 연도를 제시하면 정보의 적절성을 판단하는 데 도움이 된다. 너무 오래된 자료는 신뢰도가 떨어질 수 있으므로 가능한 한 최신 자료를 쓰도록 한다.

그래프 활용 예시

지구의 물 가운데 바닷물이 97.5%를 차지한다. 이 중 2.5%는 민물인데 민물 중 1.76%는 남극과 북극 지역에 있는 빙하이고 0.76%는 지하수로 존재한다. 그중 단지 0.0086%만이 하천이나 호수에 있다.

표 활용 예시

한국의 3개 주요 도시(서울·부산·대전)에서 발생하는 미세먼지의 절반가량인 49%는 국외 요인으로 나타났다. 중국의 미세먼지 배출원이 한국에 미치는 영향은 32%였고 일본의 영향은 2%로 미미했다. 나머지 15%는 몽골 등 중·일을 제외한 다른 나라의 영향이었다.

미세먼지의 국내외 요인 분석

국내	국외		
	49%		
51%	중국	일본	몽골 등 기타
	32%	2%	15%

과학 주제 개요서에는 어떤 내용이 들어가야 할까?

논제에서 요구하는 내용에 맞는 목차 구성

과학 토론대회 개요서를 논리적으로 전개하려면 가장 먼저 논제를 분석하여 목차의 뼈대를 잡아야 한다. 논제 안에 이미 글을 전개할 핵심 방향이 모두 담겨 있기 때문이다. 개요서는 크게 서론, 본론, 결론의 3단 구조로 이루어진다. 이 기본 구조 위에 논제가 요구하는 바를 배치하여 전체적인 흐름을 잡고 이후 세부 항목을 구체화해 나가는 것이 가장 효과적이다

예를 들어 원인 분석형 논제는 '논제에서 제시한 문제로 인해 발생하는 피해 → 그에 대한 원인 분석 → 원인을 제거하는 방안'의 구조에서 벗어나지 않도록 의식하면서 목차를 구성해야 한다.

비교 분석형 논제의 경우 '논제에서 제시한 문제의 현재 상황 → 그에 대한 장단점 분석 → 단점을 극복하거나 개선하는 방안'으로 목차를 구성하는 것이 좋다.

<table>
<tr><td colspan="2" align="center">논제로 목차 잡기 예시</td></tr>
<tr><td colspan="2">논제
최근 경제협력개발기구(OECD)는 '한국에서 현재 수준의 공기 오염이 지속될 경우 2060년까지 한국인의 900만 명이 조기 사망할 것'이라고 보고서를 통해 밝혔다. 우리의 건강을 위협하는 미세먼지의 발생 원인을 분석하고 미세먼지를 줄이기 위한 해결 방안을 제시하시오.</td></tr>
<tr><td colspan="2">1) 서론 — 미세먼지로 인한 피해 상황
➔ 미세먼지가 건강에 어떤 피해를 주는지 구체적이고 세부적으로 정리

2) 본론 — 미세먼지의 발생원인 분석
➔ 미세먼지의 다양한 발생 원인을 조사 분석

3) 결론 — 미세먼지를 줄이기 위한 해결 방안
➔ 원인을 제거하여 해결하는 방안 혹은 현재 시행되고 있는 해결 방안의 보완점을 찾아 대체 방안 제시</td></tr>
</table>

서론: 용어 정의와 문제 상황 설명

서론에서는 논제에 제시된 용어를 먼저 정의하고 문제가 되는 상황을 설명하는 것이 필요하다. 토론 중에 용어의 의미나 범위를 두고 의견이 엇갈리면 본격적인 토론이 어려워질 수 있기 때문이다. 주요 용어에 대해 명확하게 정의해 두면 불필요한 논쟁을 피할 수 있다.

용어를 정의한 후에는 상황 설명을 해야 한다. 상황 설명은 '환경 문제'인지, '기술 문제'인지에 따라 방향이 달라진다. 지구 온난화나 미세먼지, 산불 등과 같은 환경 문제는 피해를 중심으로 정리한다. 특히 논제에서 구체적으로 언급된 피해가 있다면 그 부분을 집중적으로 다룬다. 위에 제시된 논제의 경우 '우리의 건강을 위협하고 있는 미세먼지'라고 규정했으므로 건강에 미치는 영향을 중심으로 서술해야 한다.

이와 달리 유전공학, 인공지능 등 기술 문제의 경우 기술의 발전 과정과 현재 진행 중인 연구나 논란, 그 문제에 사회적 관심이 집중되는 이유를 중심으로 설명하는 것이 적절하다.

본론: 논제의 원인이나 장단점 등에 대해 과학적으로 분석

교내 과학 토론대회의 논제는 해결 방안을 찾아내는 것을 목표로 하므로 해결 방안이 결론이 되는 구조를 갖는다. 따라서 본론에서는 해결 방안을 찾아내기 위해 그 문제가 발생하는 원인이나 장단점, 현재 해결책의 한계점 등에 대해 체계적으로 분석해야 한다.

또한 과학 토론인 만큼 객관적인 데이터와 실제 사례를 근거로 과학적 분석을 제시해야 설득력이 높아진다. 문제의 장점과 단점을 설명할 때도 구체적인 수치나 연구 결과를 활용하여 효과와 한계를 명확하게 제시해야 한다.

결론: 본론의 내용과 연결된 해결 방안 제시

결론에서는 본론에서 분석한 내용을 바탕으로 논제에 적합한 해결 방안을 정리한다. 이때 자주 하는 실수는 본론의 내용과 직접적으로 연결되지 않는 해결 방안을 제시하는 것이다.

본론에서 원인 분석을 한 경우에는 문제가 발생한 근본 원인을 제거할 수 있는 방안을 제시해야 한다. 장단점을 비교·분석한 경우에는 단점을 극복할 수 있는 새로운 연구나 개선 방향을 제시하고, 찬반 입장을 통해 기존 해결 방안의 문제점을 지적했을 때는 새로운 접근방식이나 보완 가능한 대안을 찾는 것이 좋다. 이때 기존에 알려진 방법보다는 나만의 아이디어를 더한 해결 방안을 제시하는 것이 바람직하다.

　해결 방안은 그 방안의 필요성과 기대 효과를 먼저 설명하면 설득력이 높아진다. 해당 문제가 지속될 경우 발생하는 부작용이나 위험성을 제시하고 해결 방안을 적용했을 때 기대되는 긍정적인 변화를 설명해야 한다. 과학기술과 관련된 논제라면 이와 더불어 어떤 과학 원리에 근거하여 작용하는지 구체적으로 설명하면 더욱 효과적이다.

● 과학 토론 개요서 작성 계획지 ●

구분	내용
서론	Ⅰ. 서론 (문제가 되는 상황 설명) (주제)의 정의 (주제)가 문제가 되는 상황(피해, 기술적 발전 과정과 현재 진행 연구, 논란 등) 　　① 세부 항목 1 　　② 세부 항목 2 　　…
본론	Ⅱ. 본론 (논제에서 요구하는 원인 분석. 장단점 분석, 찬반 입장 등) 원인 1/문제의 장점/찬성 측 입장 　　① 세부 항목 1 　　② 세부 항목 2 　　… 원인 2/문제의 단점/반대 측 입장 　　① 세부 항목 1 　　② 세부 항목 2 　　…
결론	Ⅲ. 결론 (본론에서 제시한 원인 혹은 단점이나 문제점과 연결된 해결 방안) 해결 방안 1 　　필요성 및 기대 효과 　　구체적인 실행 방안 　　적용된 과학 원리 해결 방안 2 　　필요성 및 기대 효과 　　구체적인 실행 방안 　　적용된 과학 원리

> **토론 논제**
> 꿀벌 실종 사건: 2022년 양봉농가 절반 이상에서 꿀벌이 사라지는 피해가 발생했다.
> 최근 발생한 꿀벌 실종 사건의 원인은 여러 가지가 있지만 기후 변화가 가장 큰 원인 중 하나로 꼽히고 있다. 생태계에서 꿀벌의 역할을 정의하고 꿀벌이 사라졌을 때의 생태계 변화, 인간에게 주는 영향을 살펴본 후 지구 온난화가 꿀벌의 실종이 미치는 영향과, 인간과 생태계 모두의 공존을 위한 해결책을 제시하시오.
>
> – 2023년 경기도 파주 한빛중 과학 토론대회 논제

Ⅰ. 문제 상황

1. 꿀벌 군집붕괴 현상(CCD, colony collapse disorder) 정의

일을 하러 나간 꿀벌이 집으로 돌아오지 못해 여왕벌과 새끼 벌까지 벌집 전체가 집단으로 죽는 현상

2. 우리나라 꿀벌 군집붕괴 현상(CCD) 발생 현황[1]

연도	2021년	2022년	2023년
피해 마리(수)	76억 마리 이상	100억 마리 이상	140억 마리 이상

3. 생태계에서 꿀벌의 역할

1) 식량 작물 수분

① 꿀벌 수분 의존도: 전 세계 식량의 90%를 차지하는 주요 100대 농작물 중 약 70% 꿀벌 수분에 의존[2]

---

1   그린피스, 〈벌의 위기와 보호정책 제안서〉, 2023.5
2   유엔식량농업기구(UN FAO)

작물 유형별 꿀벌 화분 매개 가치

작물 유형	품목 수	꿀벌에 의한 화분 매개 가치 (단위: 십억 원)
곡류	10	17
과실류	10	1,829
수실류	6	90
과채류	17	3,170
특용 및 약용작물	7	268
합계	51	5,374

② 우리나라 꿀벌 화분매개 가치: 2020년 기준 5조 3,740억 원 추정[3]

2) 벌꿀 및 프로폴리스 등 양봉 산물 생산

2022년 기준 우리나라 벌꿀 생산량 : 2만 5,000톤 생산[4]

→ 1kg당 3만 원으로 가정하면

25,000톤 × 1,000kg/톤 × 30,000원/kg = 7,500억 원 규모

4. 꿀벌 실종이 미치는 영향[5]

1) 식량 생산량 감소

꽃가루 매개 곤충이 100% 사라졌을 때 식량 예상 감소량

식량 종류	과일	채소	견과류
예상 감소량	22.9%	16.3%,	22.9%

---

3 한국농촌경제연구원, 〈화분매개가치 측정 연구〉, 2022
4 한국농촌경제연구원(KREI)
5 사무엘 S 마이어 하버드 공중보건대 교수팀, 〈꽃가루 매개자 감소가 영양/식량에 미치는 영향 분석〉, 2015

2) 건강상 피해

꿀벌 실종으로 인한 식물 생산 감소 → 식량난으로 인한 영양실조 심화

→ 전 세계적으로 한 해 142만 명 추가 사망 발생 추정

Ⅱ. 지구 온난화가 꿀벌 실종에 미치는 영향

1. 온도 변화로 인한 월동 실패

기후 변화로 인해 계절 간 극심한 온도 변화 발생 → 꿀벌의 동면(월동)

리듬 교란 → 폐사율 증가

2021~2022년 온도 변화가 꿀벌에게 미친 영향 분석

기후 변화	꿀벌에 미친 영향
2021년 9월 비정상적인 높은 기온 후 10월 초에 평균 기온이 10도 이상 하락	월동 준비 시기 혼선
이후 12월 초반까지 평년 대비 높은 기온 지속	적기에 월동에 들어가지 못함
12월 말 평균 기온 영하 10도로 급격히 하강	월동하지 못한 벌들의 폐사
2022년 1월 따뜻한 날씨 이후 1월 말 강추위	봄으로 착각하고 깨어난 벌들이 다시 추위로 폐사

2. 기후 변화로 인한 밀원 식물(꿀의 원료가 되는 식물) 감소[6]

1) 공간적 불일치

기후 변화로 인해 기존 밀원 식물 분포와 꿀벌 변화 분포가 어긋남 → 기

존 밀원 식물 재배지가 북쪽으로 이동 → 꿀벌 군집은 이에 맞춰 북상하

---

6 한국환경생태학회지, 〈전국 야생 벌목 분포에 대한 기후 요인 영향 연구〉, 2022.3

지 못함 → 먹이 부족 장기화 → 생존율 감소

2) 시간적 불일치

기후 변화로 인한 꿀벌 활동 시기와 식물의 개화 시기 불일치 → 벌이 동면에서 깨어나기 전 꽃이 이미 피었다 지는 상황 발생(우리나라 봄꽃 개화일: 과거 1950~2010년 대비 3~9일 빨라짐) → 수분 기회 상실 → 군집 약화

3) 형태적 불일치

기후 변화로 인해 달라진 주위 식물의 형태가 꿀벌의 혀 길이 등 신체 구조와 맞지 않음 → 영양결핍 발생

Ⅲ. 해결 방안

1. 기후 변화로 인한 꿀벌의 행동 교란 문제: 스마트 벌통 보급

1) 필요성

이상 기후로 인한 급격한 온도 변화로 제대로 동면하지 못해 꿀벌이 폐사하는 피해 증가

2) 방법

① 인공지능을 활용해 외부 기온과 상관없이 자동으로 온도, 습도 등 환경 요소를 꿀벌들의 동면에 가장 적합하게 제공

② 내부 센서를 통해 벌의 활동 상태를 실시간으로 분석하여 이상 징후

를 조기 감지

3) 효과

외부 기온 변화에 상관없이 충분한 동면이 가능하도록 환경을 제공하여 ① 폐사 방지, ② 양봉 생산성 향상 기대

2. 기후 변화로 인한 밀원 식물 부족 문제: 개화 시기가 다양한 밀원 식물을 심은 꿀벌 서식지 조성

1) 필요성

꿀벌 군집 구성의 영향 요인 가운데 꽃이 피어 있는 시간이 꿀벌 번식에 가장 중요한 조건 → 기후 변화로 개화 시기가 앞당겨지거나 불규칙해지면 먹이 부족으로 꿀벌의 번식률과 생존율 감소[7]

2) 방법

꽃이 피는 시기가 다른 다양한 밀원 식물을 함께 심어 먹이를 지속적으로 얻을 수 있는 꿀벌 서식지 조성

---

7 국제 학술지 〈플러스원〉, 「미국 테네시대 생태·진화생물학과, 동물학/식물병리학과 공동 연구팀-꿀벌 번식에 끼치는 영향 조사」, 2024.9

주요 밀원 식물 꽃피는 시기

계절	종류			
봄 (3~5월)	유채 (3~5월)	벚나무 (4월)	아카시아 (5월)	복숭아, 사과 (4~5월)
여름 (6~8월)	밤나무 (6~7월)	자귀나무 (6~7월)	엉겅퀴 (6~8월)	쉬나무 (7~8월)
가을 (9~11월)	싸리나무 (9월)	헛개나무 (9~10월)	메밀 (9~10월)	국화류 (9~11월)

3) 효과

기후 변화로 인해 꿀벌 활동 시기와 식물의 개화 시기가 일치하지 않는 데 따른 피해 방지 → 연중 안정적으로 먹이 확보 가능

주장

최근 발생한 꿀벌 군집붕괴 현상은 이상 기후로 인한 월동 실패와 밀원 식물 감소가 주요 원인이므로 외부 기온에 영향을 받지 않고 안정적으로 월동할 수 있는 스마트 벌통 보급과 개화 시기가 다양한 밀원 식물을 심어 꿀벌이 지속적으로 먹이를 얻을 수 있는 꿀벌 서식지 조성이 필요하다.

과학 토론 입론서 작성 방법

과학 토론은 과학기술이 사람과 사회에 미치는 영향에 대해 서로의 생각과 의견을 나누고, 찬성과 반대 입장으로 나누어 논리적으로 자신의 의견을 펼치는 활동이다. 예를 들어 유전자 편집 기술을 이용해 배아의 유전자를 바꾸는 것이 옳은 일인지, 핵 발전소를 계속 운영하는 것이 바람직한지 등을 주제로 삼아 해당 기술의 장점과 단점, 이익과 불이익, 윤리적인 쟁점, 사회적 영향, 형평성 문제 등을 다각도로 검토해 보는 것이다.

과학 토론은 과학을 지식으로만 이해하는 것을 넘어 과학기술을 실제 생활과 연결해서 사고하도록 돕는다. 즉 새로운 기술이 사회에 적용되었을 때 대중이 어떤 방식으로 수용해야 하는지 비판적으로 고민하는 기회를 제공한다.

특히 21세기 정보사회에서는 그래프, 통계자료, 과학 기사 등 다양한 형태의 정보를 비판적으로 해석하고 활용하는 능력이 핵심 역량으로 강조되고 있다. 이러한 능력은 과학과 관련한 사회적 쟁점을 이해하고 판단하는 데 중요한 역할을 한다. 그러므로 청소년기부터 과학적 쟁점을 사회적·윤리적 문제와 연결하여 논의하는 과학 찬반 토론 활동을 수행하는 것은 이러한 통합적 과학 소양을 기르는 데 매우 효과적이다.

과학 찬반 토론 논제의 요건과 유형

과학 토론 논제의 요건

토론에서 다루어지는 주제를 '논제'라 한다. 논제를 선정할 때 필수적으로 고려해야 할 요건은 시급성, 중요성, 개선의 필요성이다.

논제 선정의 요건	내용과 예시
시급성	현재 시급하게 다뤄져야 하는 주제인가? (예: 플라스틱 제품 사용을 강력히 규제해야 한다 / 대한민국도 탄소세를 도입해야 한다)
중요성	사회, 환경, 인간에게 미치는 영향이 큰가? (예: 인간 배아 유전자의 편집은 금지되어야 한다 / AI 판사를 도입하는 것은 정당하다)
개선의 필요성	현재 상황에서 보완 또는 조정이 필요한가? (예: 정부는 백신 접종을 의무화해야 한다 / 수소차는 적극 보급되어야 한다)

이와 함께 과학 토론 논제는 다음과 같은 표현상의 요건을 충족해야 한다.

첫째, 찬반 입장이 명확히 나눠지도록 명제형 표현으로 제시되어야 한다. 과학 토론은 단순한 의견 교환이 아니라 논리적 근거를 바탕으로 자신의 주장을 검증하고 설득하는 활동이기 때문이다.

둘째, 중심 쟁점이 하나로 일원화되어야 한다. 쟁점이 모호하거나 여러 방향으로 분산되면 토론의 논지가 흐려지고 복잡해질 수 있다.

셋째, 문제를 제기하는 찬성 측의 입장이 담긴 긍정문으로 표현해야 한다. 그래야 찬성과 반대 입장이 명확히 구분된다. 부정문을 사용하면 찬성이 '그렇다'가 되고 반대가 '그렇지 않다'가 되어 입장 구분이 모호해지므로 토론이 혼란스러워질 수 있다.

논제의 요건	논제 예시
명제형 표현	(X) 유전자 편집 기술을 어디까지 허용해야 하나? (O) 인간 배아에 대한 유전자 편집 기술을 허용해야 한다.
쟁점의 일원화	(X) 탄소세는 환경을 위해 올바른 선택이다. (O) 탄소세는 기후 위기 대응을 위한 가장 효과적인 정책 수단이다.
긍정문 형태	(X) AI는 인간의 일자리를 위협하지 않는다 (O) AI는 인간의 일자리를 위협한다.

과학 토론 논제의 유형

일반적으로 과학 토론에서 다루는 논제는 사실의 문제, 가치의 문제, 정책의 문제로 분류할 수 있다.

- 사실 논제: 토론자들의 주장이 객관적 사실과 일치하는지를 검증하는 데 초점을 맞추고 있으므로 실험, 연구 자료, 통계자료 등을 바탕으로 사실 여부를 판단해야 한다. 이러한 논제는 과학적 이해와 해석 능력이 요구되므로 전문적인 지식이 없으면 다루기 어렵다.

  예시 한반도는 지진 안전지대이다/ 화성에는 생명체가 존재한 적이 있다

- 가치 논제: 특정 사안에 대해 어떤 가치가 더 중요하거나 바람직한가를 논의하는 논제이다. 따라서 '좋은가 나쁜가', '바람직한가 바람직하지 않은가' 등의 판단을 중심으로 주장의 찬반을 가린다. 이때 윤리성, 공정성, 안전성 등의 가치판단 기준이 중요하게 작용한다.

  예시 정부의 탈원전 정책은 바람직하다/ AI 창작물도 예술로 인정받아야 한다

- 정책 논제: 과학기술을 둘러싼 사회 문제에 대해 '~하여야 한다'와 같은 당위적 진술로 제시되는 논제를 말한다. 현행 제도의 변화, 새로운 정책 수립, 실천 방안의 필요성 등을 중심으로 토론이 전개된다.

  예시 원자력 발전을 확대해야 한다/ 멸종위기종 보호를 위해 개발을 제한해야 한다

토론 과정은 일반적으로 '입론 → 반론 → 교차 질의 → 최종 발언'의 순서로 진행되며 그중 가장 핵심적인 단계는 입론서 작성이다. 입론서를 작성할 때 가장 먼저 해야 할 일은 논의 배경을 설명하는 것이다. 이는 현재 사회에서 이 논제가 왜 중요한지 설명하는 '문제 제기' 단계다.

독서토론의 경우 대상 도서의 핵심 내용을 요약하고 현실 문제와 연결하여 논의를 시작할 수 있다. 이때 논제에 대한 찬성 또는 반대 입장을 명확히 제시해야 한다.

다음으로는 핵심 용어의 개념을 정의하여 토론의 범위를 명확하게 해야 한다. 핵심 용어는 사전적 정의, 법률적 정의, 전문가들의 정의를 인용하여 정의하면 된다. 단, 상대 측에 지나치게 불리하게 정의를 내릴 경우 토론의 흐름이 자칫 개념 정의가 적절한지에만 맞춰질 수 있으므로 주의한다.

입론서에서 가장 중요한 부분은 주장과 쟁점에 대한 설득력 있는 근거 제시이다. 즉 '주장 → 근거 → (구체적인 사례를 들어) 근거 뒷받침'의 구조를 따르는 것이 적절하다. 독서토론의 경우 페이지 수를 제시하면서 도서의 내용을 설명하면 좀 더 신뢰도를 높일 수 있다. 또한 과학 토론이나 시사 기반 독서토론에서 책 외의 자료를 활용할 때는 국가기관 보고서, 과학 학술지, 주요 언론사의 보도, 과학 잡지, 영문 위키피디아 등 공신력 있는 출처를 인용하는 것이 좋다.

입론서를 작성할 때 '프렙PREP 기법' 또는 '오레오OREO 기법'을 활용하면 효과적이다. 프렙 기법은 서양의 대표적인 논증 방식으로 '주장Point → 근거Reason → 사례Example → 결론적 주장Point'의 순서로 내용을 전개한다. 이 전개는 핵심 주장을 글의 앞과 끝에 두는 양괄식 구조이다. 앞부분에서 이야기하고자 하는 바를 분명히 하고 핵심 메시지를 마지막에 둠으로써 한 번 더 강조하기 때문에 간단하면서도 설득력이 높다.

이와 함께 하버드대에서 가르치는 '오레오OREO' 기법을 활용하는 것도 좋다. 이 기법은 '의견Opinion → 근거Reason → 사례Example → 의견Opinion' 순으로 형식은 '프렙' 기법과 유사하다.

이밖에 '접속어 중심으로 글쓰기' 기법도 자신의 주장을 펼치는 데 있어 적절한 글쓰기 방식이다. 이 방식은 자신이 주장하는 내용만 반복해서 말하지 않고 그것의 문제점은 무엇이며 이를 반대하는 입장의 주장에 대해서 언급한다. 상대의 주장에도 일리는 있으나 자신의 주장이 왜 더 타당하고 수용할 만한 이유가 있는지 입증하는 데 중점을 둔다.

<h2 style="text-align:center">프렙 기법으로 입론서 작성하기</h2>

Point (주장)	탄소세 도입은 기후 위기 대응을 위한 효과적인 수단이다	
Reason/ Example (근거와 사례)	근거	사례
	1. 경제적 부담을 주어 　자발적 배출량 감소 효과 기대	스웨덴과 캐나다
	2. 세금을 통한 수익으로 　기술 개발에 투자	재생에너지 기술, 탄소 저감 기술 개발
	3. EU에 대한 수출 경쟁력 강화	탄소국경세로 인한 패널티
Point (주장 강조)	탄소세 도입은 현실적이면서도 강력한 기후 위기 대응 정책이다.	

<h2 style="text-align:center">접속어 중심으로 입론서 작성하기</h2>

주장	탄소세 도입은 기후 위기 대응을 위한 효과적인 수단이다	
왜냐하면/ 예를 들어 (근거와 사례)	왜냐하면	예를 들어
	1. 경제적 부담을 주어 　자발적 배출량 감소 효과 기대	스웨덴과 캐나다
	2. 세금을 통한 수익으로 　기술 개발에 투자	재생에너지 기술, 탄소 저감 기술 개발
	3. EU에 대한 수출 경쟁력 강화	탄소국경세로 인한 패널티
물론 (반론)	저소득층 피해	
그럼에도 (반론 꺾기)	세금을 통한 복지 혜택	
그러므로 (주장 다지기)	탄소세 도입은 현실적이면서도 강력한 기후 위기 대응 정책이다.	

과학 토론이 일반 토론과 가장 구별되는 점은 과학적 근거를 토대로 대안이나 해결책을 제시해야 한다는 점이다. 과학적 대안이란 논제에 대한 과학적 이해를 바탕으로 제시하는 정책 제안, 기술적인 해결 방안, 또는 실천 가능한 방안 등을 의미한다.

일반적으로 토론은 '주장 펼치기(입론) → 반론(교차 질의를 통한 질문 형식으로도 가능) → 주장 다지기(최종 발언)'의 순서로 진행되며, 감성적 호소가 효과적인 설득 전략이 될 수 있다. 하지만 과학 토론에서는 감정적 설득을 배제하고 논리적 설득을 중심으로 구성해야 한다. 특히 주장에 따른 해결 방안, 대안 등을 제시하는 것이 중요하다. 이러한 과학 토론 능력을 기르기 위해서는 평소 과학적 탐구심과 문제 해결 능력을 향상하기 위해 꾸준히 노력해야 한다.

끝으로 토론은 상대를 이기기 위한 싸움의 자리가 아니라 함께 성장하기 위한 소통의 장임을 잊지 말아야 한다. 대립과 승패에 집착하면 상대를 물리쳐야 하는 대상으로만 여기게 되고 논리적인 근거로 토론을 진행하고자 하는 사람조차 논리의 피해자가 되는 상황이 발생한다. 따라서 토론의 상대는 논리를 기반으로 사고를 확장해 나가는 동반자라는 사실을 명심해야 한다.

기후 티핑포인트

지구 기후 시스템이 온실가스 증가와 같은 점진적인 외부 압력에 반응하다가 임계점에 도달했을 때 작은 변화만으로도 돌이킬 수 없는 급격한 전환이 일어나는 지점을 말한다. 이 지점을 넘어서면 기후는 기존의 안정 상태에서 전혀 다른 새로운 안정 상태로 이동하며 이러한 변화는 되돌리기 어렵다.

대표적인 기후 티핑포인트에는 빙상 붕괴, 아마존 열대우림의 사막화, 대서양 해류의 약화 등이 있다. 유럽연합EU의 〈코페르니쿠스 기후 변화 서비스C3S〉 보고에 따르면 2023~2024년에 이미 기온 상승이 1.64℃를 기록한 것으로 보고되었다. 인류가 우려하던 임계점에 예상보다 훨씬 빠르게 도달하고 있음을 보여주는 사례다.

양의 되먹임Positive Feedback

기후 시스템 내에서 어떤 변화가 또 다른 변화를 유도하고 그 결과가 다시 원래의 변화를 증폭시키는 과정을 말한다. 반대로 변화의 영향을 상쇄하거나 완화하는 작용은 '음의 되먹임Negative Feedback'이라 부른다. 예를 들어 기온이 상승하면 북극의 해빙이 녹고 밝은 얼음 표면이 어두운 바다 표면으로 바뀌면서 태양 에너지를 더 많이 흡수하게 된다. 이로 인해 기온이 추가로 상승하게 되는데, 이는 전형적인 양의 되먹임 작용이다. 이렇게 불안정해진 상황에서는 기후 시스템을 안정적인 상태로 되돌리는 것이 훨씬 더 어려워진다.

탄소 가격제

탄소 배출로 인해 발생하는 환경·사회적 비용을 경제적으로 반영하여 탄소에 '가격'을 매기는 제도이다. 기후 위기 대응을 위한 시장 기반 정책으로 기업과 국가가 탄소 배출을 줄이고 탄소 중립을 실현하도록 유도하는 역할을 한다. 탄소 가격제는 다음과 같은 방식으로 운영된다.

● 탄소세CT, Carbon Tax: 석유, 석탄, 천연가스 등 화석 연료 사용으로 발생하는 이산화탄소 배출량에 비례하여 부과하는 세금을 말한다. 탄소 배출량이 적고 재생 에너지 발전 비율이 높은 나라에서 주로 시행되고 있다. 모든 화석 연료에 동일한 세율로 탄소세를 부과하는 나라도 있고 '석탄-석유-천연가스' 순으로 차등

부과하는 나라도 있다. 1990년 핀란드가 세계 최초로 도입했으며 스웨덴과 노르웨이(1991년), 덴마크(1992년), 그리고 독일, 스위스, 아일랜드, 이탈리아 등으로 확대되었다.

● **탄소국경세**CBAM: 2023년 유럽연합EU이 도입한 탄소국경조정제도를 말한다. 탄소세가 부과되지 않은 국가에서 생산된 상품이 유럽으로 수입될 때 해당 제품의 탄소 배출량에 상응하는 비용을 추가로 부과한다. 비용은 EU의 탄소배출권 가격과 해당 제품의 생산국에서 이미 지불한 탄소 배출 비용의 차액으로 계산된다. 일종의 무역관세라 볼 수 있다. 온실가스 배출량이 많은 국가에서 적은 국가로 상품이나 서비스를 수출할 때 부과되는 일이 점점 확대될 것으로 전망된다. 실제로 EU는 2023년 4월 탄소국경조정제도 법안을 통과시켜 10월부터 철강, 시멘트, 비료, 알루미늄, 전기, 수소 등 6개 품목에 시범적으로 적용하기 시작했다. 이에 따라 EU에 관련 제품을 수출하는 기업은 탄소 배출량을 의무적으로 보고해야 한다.

● **탄소배출권거래제**ETS, Emissions Trading System: 정부가 국가 또는 기업별로 온실가스 배출 허용량(배출권)을 사전에 정해두고 그 범위 내에서 배출권을 사고팔 수 있도록 허용한 제도이다. 1997년 일본 교토에서 맺은 교토의정서에 뿌리를 둔 이 제도는 온실가스 총량을 제한하면서도 시장 메커니즘을 활용해 효율적으로 감축을 유도한다. 국가나 기업이 배출한 탄소량이 허용치를 초과하면 다른 곳에서 남는 배출권을 구매해야 한다. 결과적으로 탄소를 많이 배출하는 기업은 더 큰 비용을 부담하게 되어 탄소 배출량이 줄어들게 된다.

논제: 탄소세 도입은 기후 위기 대응을 위한 효과적인 수단이다

1. 용어 정의: 탄소세CT

탄소 배출량에 비례하여 세금을 부과해 가격을 인상함으로써 기업과 소비자의 경제적 선택을 제한하는 정책이다. 부과 대상은 기업뿐만 아니라 가정 및 상업용 건물에서 사용하는 난방유, 천연가스 등도 포함된다.

우리나라에 탄소세가 도입될 경우 OECD 및 IMF 권고 수준에 따라 2030년까지 톤당 약 70달러 수준에 도달하도록 낮은 세율에서부터 단계적으로 적용될 것으로 보인다. 또한 연간 탄소 배출량이 500톤 미만인 기업은 탄소세를 면제하는 예외 조항을 두어 중소기업의 부담을 완화할 것으로 보인다.

2. 논의 배경

기후 과학자들은 산업화 이후 기온 상승을 2℃에서 막아야 한다고 경고하고 있다. 그 이유는 바로 2℃ 상승이 인류 생존과 지구 생태계 전반에 치명적인 영향을 주는 임계점이기 때문이다. 임계점을 넘어서면 폭염과 건강 위험 증가, 해수면 상승 가속화, 생태계 붕괴와 생물다양성 감소, 농업 생산성 감소에 의한 식량 위기로 인류의 생존이 위협받게 된다. 유럽연합의 〈코페르니쿠스 기후 변화 서비스c3s〉에 따르면 최근 기후 변화 속도가 급격하게 빨라져 2023년 7월부터 2024년 6월까지 1년의 기간만을 놓고 볼 때 이미 산업화 이후 기온 상승이 1.64도에 달한 것으로 드러났다.

이에 대응하기 위해 전 세계는 온실가스 배출량 감축에 심혈을 기울이고 있다. 특히 스웨덴, 핀란드, 노르웨이, 덴마크, 스위스 등의 선진국들은 2050년까지 실질적인 탄소 배출량을 '0'으로 만든다는 탄소 중립 실현을 목표로 하고 있다.

한편 탄소세 도입에 반대하는 입장에서는 기후 위기의 심각성 자체는 인정하지만 그 해결 수단으로서 탄소세 도입에는 한계가 있다고 본다. 탄소세는 에너지 가격 상승을 통해 저소득층에 더 큰 부담을 주는 소득 역진성을 초래할 수 있으며 배출권 거래제와의 중복으로 인해 정책 효율성이 저하될 가능성도 있다. 또한 규제 중심 접근보다 기술 개발과 친환경 투자 확대가 더 효과적인 대안이 될 수 있다는 주장도 제기된다. 따라서 본 토론에서는 탄소세 도입의 필요성과 타당성을 종합적으로 살펴보고자 한다.

3. 찬성 측 주장

1) 경제적 부담을 통해 자발적 탄소 배출량 감소 효과를 기대할 수 있다

2021년 녹색연합이 밝힌 온실가스 배출량 명세서 자료에 따르면 상위 10대 그룹과 공기업인 한국전력공사가 배출하는 온실가스의 양이 전체 국가 배출량의 64%에 달하는 것으로 나타났다. 이는 온실가스 배출이 대기업에 집중되어 있음을 보여주는 수치로 이들 기업의 감축 노력이 국가 전체 배출량 감소로 이어질 수 있음을 의미한다. 따라서 온실가스를 많이 배출하는 기업에 톤당 70달러 수준의 세금을 순차적으로 부과한다면 이들 경제 주체는 재생에너지 확대를 중심으로 생산구조의 전환을 적극적으로 모색하게 될 것이다.

탄소세를 도입해 성공적인 성과를 거둔 해외 사례를 살펴보면 다음과 같다. 먼저 스웨덴은 1991년에 탄소세를 도입해 현재 톤당 약 130달러라는 세계 최고 수준의 세율을 적용하고 있으며 그 결과 이산화탄소를 약 27% 감축하는 데 성공했다. 스위스의 경우 2008년에 탄소세를 도입하여 현재 톤당 129달러의 탄소 가격을 유지하고 있다. 이를 통해 2008년부터 2020년 사이 난방용 건물 등 탄소세 적용 대상 부문에서 30% 이상의 탄소 배출량 감소 효과를 거두었다. 한편 캐나다는 2019년 톤당 20캐나다달러의 탄소세를 도입한 이후 2023년 65캐나다달러로 인상했으며 2030년까지 170캐나다달러로 높일 예정이다. 캐나다는 탄소세 도입 이후 2019년부터 2022년까지 온실가스 배출량을 약 8% 줄이는 데 성공했다.

2) 세금을 통한 수익으로 기술 개발에 투자할 수 있다

톤당 40~50달러 수준으로 탄소세를 부과할 경우 연간 수조 원대의 세수를 확보할 수 있을 것으로 예상된다. 이 재원을 탄소 중립 기술 개발에 재투자하는 것은 기후 위기 대응을 위한 효과적인 수단이 될 수 있다. 현재 우리나라는 탄소 중립과 에너지 전환을 국가 목표로 설정했음에도 투자 비용 부족으로 재생에너지 분야의 핵심 기술 발전에 속도를 내지 못하고 있다.

예를 들어 파력, 조력, 조류 등 해양에너지는 삼면이 바다로 둘러싸인 한반도의 지리적 조건에 매우 적합하지만 그 개발은 지극히 제한적인 수준에 머물러 있다. 대표적으로 시화호 조력발전소는 세계 최대 규모로 건설되었으나 이후 추가적인 발전 프로젝트는 거의 추진되지 않았다. 초기 설비 구축 비용이 막대한 데다 투자 대비 경제성이 불확실하기 때문이다.

또한 페로브스카이트 태양전지와 같은 차세대 태양광 기술 역시 연구 단계에서는 세계적 경쟁력을 보유했지만 대규모 설비 구축에 필요한 자금 부족 탓에 본격적인 상용화에 이르지 못하고 있다.

이처럼 탄소세 수익을 혁신적인 기술 개발과 상용화에 적극적으로 재투자한다면 온실가스 감축은 물론 국가적 에너지 자립 측면에서도 큰 효과를 거둘 수 있을 것이다.

3) EU 대한 수출 경쟁력이 강화된다

국가 차원의 탄소세를 부과하지 않는 국가는 '탄소 낙원Carbon Haven'으로 분류되어 향후 수출입 과정에서 탄소국경조정제도CBAM를 비롯한 다양한 환경 규제와 무역장벽에 직면할 가능성이 크다. 실제로 유럽연합은 2023년 4월 탄소국경조정제도 법안을 통과시켰으며 같은 해 10월부터 철강, 시멘트, 비료, 알루미늄, 전기, 수소 등 6개 품목을 대상으로 이를 시범 시행하고 있다. 이에 따라 해당 품목을 유럽연합에 수출하는 기업은 탄소 배출량을 의무적으로 보고해야만 한다. 앞으로는 온실가스 배출량이 많은 국가에서 적은 국가로 상품이나 서비스를 수출할 때 그 배출량 차이에 상응하는 비용을 온전히 부담해야 하는 사례가 점차 늘어날 전망이다. 이러한 국제적 흐름 속에서 우리나라가 선제적으로 탄소세를 도입하지 않는다면 국내 수출 기업들은 유럽연합 등 주요 글로벌 시장에서 심각한 불이익을 받을 수밖에 없다.

가령 한국의 철강 기업이 탄소세 부담 없이 제품을 생산해 유럽연합에 수출한다고 가정해 보자. 유럽연합은 이를 환경 비용을 부담하지 않은 제품으로 간주하여 그에 상응하는 탄소국경세를 매길 것이다. 이는 곧 수출 가격 상승과 기업 경쟁력 하락으로 직결된다. 즉 국내에서 탄소세를 내지 않으면 결국 해외 수출 시장에서 일종의 '벌금' 성격의 세금을 대신 물게 되는 셈이다.

따라서 탄소세 도입은 단순히 온실가스를 감축하는 직접적인 효과를 넘어 확보한 세수를 친환경 기술 개발과 산업 구조 전환의 마중물로 활용할 수 있는 강력한 정책 수단이라 할 수 있다. 나아가 탄소국경세 도입 등 급변하는 국제 무역 질서에 능동적으로 대응하기 위한 필수불가결한 전략적 선택이기도 하다. 우리나라도 하루빨리 탄소세를 도입함으로써 다가오는 기후 위기에 주도적으로 대처하고 지속 가능한 미래를 담보할 탄소 중립 사회로 발돋움해야 한다.

4. 반대 측 주장

1) 소득 역진성 문제를 초래할 수 있다

‘소득 역진성’이란 소득이 낮은 사람일수록 소득 대비 더 큰 세금 부담을 지게 되는 현상을 말한다. 탄소세는 전기, 연료, 난방 등 에너지 소비량에 비례해 부과되므로 소득 수준과 상관없이 모든 가정에 동일하게 적용된다. 그러나 저소득층일수록 가계 지출에서 전기료, 난방비, 교통비 등 에너지 관련 지출의 비중이 높으므로 결과적으로 더 큰 경제적 부담을 떠안게 된다. 즉 탄소세와 같은 세금 정책은 의도와는 달리 사회적 약자에게 더 큰 부담을 지울 위험이 있다.

실제로 2018년 프랑스에서 발생한 ‘노란 조끼 운동’은 이러한 문제의 대표적인 사례로 꼽힌다. 당시 프랑스 마크롱 정부는 기후 변화 대응을 위해 휘발유와 경유에 유류세를 인상하는 정책을 추진했다. 이는 교통 부문의 온실가스 배출량을 줄이기 위한 탄소세의 일종이었다. 그러나 세금 인상으로 인한 부담이 중산층과 저소득층에게 집중되면서 시민들의 반발이 거세졌다. 결국 시민들은 눈에 잘 띄는 노란 조끼를 입고 유류세 인상 반대 시

위에 나섰고 결국 정부는 유류세 인상을 철회했다.

이 사례는 탄소 감축 정책이 아무리 공익적 목표라고 할지라도 사회적 합의와 형평성 없이는 정책이 지속 가능하지 않다는 사실을 보여준다.

2) 탄소배출권 거래제와의 중복 규제 문제로 기업에 과도한 부담을 준다

우리나라는 이미 탄소배출권 거래제K-ETS를 시행하고 있는 국가이다. 동일한 업종을 대상으로 탄소세를 추가로 부과할 경우 기업은 이중의 규제와 경제적 비용을 동시에 부담하게 된다. 탄소세가 도입되면 특히 석유화학, 철강, 시멘트 등 탄소를 다량 배출하는 업종을 중심으로 영업이익률이 하락하고 탄소 저감을 위한 설비투자 비용이 증가할 것으로 예상된다. 이러한 규제 중복은 우리나라의 산업 경쟁력을 떨어뜨리는 원인이 될 것이다.

예를 들어 한 철강회사가 연간 10만 톤의 이산화탄소를 배출한다고 가정할 경우 현재의 탄소배출권 거래에서 배출권을 톤당 30달러에 구매한다면 300만 달러를 부담해야 한다. 여기에 정부가 탄소세를 톤당 70달러로 부과한다면 추가로 700만 달러의 세금을 내야 한다. 결국 이 기업은 한 해에 총 1,000만 달러의 탄소 배출 비용을 지불하게 되는 것이다. 이처럼 중복으로 부과되면 해당 기업의 생산비가 급격히 상승하고 그 부담이 제품 가격 인상으로 이어져 소비자에게 전가될 가능성이 높다. 더 나아가 해외 시장에서의 가격 경쟁력 약화로 이어질 수 있다.

3) 이미 배출된 이산화탄소는 공학 기술로 해결해야 한다

탄소세는 향후 배출될 온실가스를 줄이는 데는 효과적일 수 있으나 이미 배출되어 축적된 온실가스를 줄이는 데는 직접적인 역할을 하지 못한다. 따라서 과거에 배출된 탄소는 결국 공학적 기술로 해결해야만 한다. 따라서 기후 위기 해결을 위해 정부와 기업 차원에서 실질적인 해결 방안이 될 수 있는 공학 기술 개발에 투자하는 것이 바람직하다.

기후 위기를 완화하기 위한 공학 기술 중에는 지구 대기권 밖에서 태양 복사에너지의 일부를 차단하는 기술이나 대기권에 미세 입자를 뿌려 태양광을 차단하는 기술 등이 논의되고 있다. 그러나 현재 가장 현실적이면서도 혁신적인 대안으로 평가받는 것은 탄소 포집 및 저장ccs 기술이다.

탄소 포집 및 저장 기술은 대기 중 또는 배출원에서 이산화탄소를 직접 포집한 뒤 이를 지하 깊은 지층에 안전하게 저장하여 온실가스 농도를 낮추는 방법이다. 이 기술은 지구 온난화 대응이라는 환경적 목적뿐만 아니라 경제적 효과를 동시에 기대할 수 있다. 탄소세나 배출권 거래제 하에서는 온실가스 배출량이 많을수록 기업의 부담이 커지게 마련이다. 하지만 탄소 포집을 통해 탄소 배출량을 줄인다면 기업 입장에서는 배출권에 드는 막대한 비용을 감소할 수 있을 것이다.

기후 위기 대응이라는 목표를 공유한다는 찬성 측의 입장에는 공감한다. 다만 저소득층의 경제적 타격이 커지는 소득 역진성, 국가 주요 산업의 경쟁력 약화, 기존 배출권 거래제 등과의 정책 중복성 같은 현실적인 문제들을 고려할 때 탄소세는 단기적으로 기업과 국민의 부담만 가중할 뿐 실질적인 온실가스 감축 효과는 제한적일 가능성이 농후하다. 따라서 탄소세 도입이라는 규제에 얽매이기보다는 재생에너지 인프라 투자, 친환경 기술 혁신, 탄소 포집 및 저장 기술 육성과 같은 실용적이고 기술적인 해법에 역량을 집중하는 것이 기후 위기라는 본질적인 문제 해결에 부합한다.

과학 에세이 작성 방법

'에세이'는 특정 주제에 관해 개인의 생각이나 느낌, 의견, 자신이 관찰하고 분석한 것 등을 논리적으로 전개하는 산문 형식의 글이다. 여기에 과학 영역을 접목해 과학적 사실에 대한 궁금증을 풀어주거나 쟁점이 되는 과학기술 문제에 대해 자신의 관점과 해석을 제시하는 글이 '과학 에세이'이다.

이 책에서는 인문학적 성찰을 기반으로 과학 현상을 이해하고 그 의미를 해석하며 더 나아가 해결 방안을 모색하는 과학 에세이 작성 방법을 소개하고자 한다.

과학 에세이를 쓰려면 무엇보다 풍부한 자료 조사가 선행되어야 한다. 수행평가나 교과 활동에서 다룬 주제를 한층 더 깊이 탐구하려면 여러 권의 관련 도서를 읽거나 뉴스, 과학 잡지, 학술 논문 등 다방면의 자료를 참고하는 것이 좋다.

만약 이 모든 과정을 혼자서 감당하기 버겁다면 친구들과의 토론이나 협업을 적극적으로 활용하는 것도 좋은 방법이다. 서로의 다양한 시각을 공유하고 건전하게 비판하는 과정에서 탐구의 지평이 자연스럽게 확장되기 때문이다.

에세이 제목은 독자가 가장 먼저 마주하는 '글의 얼굴'이다. 글의 인상을 결정짓는 중요한 역할을 하므로 전체적인 주제와 흐름을 압축적으로 보여주는 단어, 구, 절, 짧은 문장으로 정하거나 비유를 활용해 주제를 간접적으로 드러내는 것이 좋다. 다만 처음부터 완벽한 제목을 지으려 얽매이기보다는 임시 제목을 정해두고 글을 쓴 뒤 전체 맥락을 조망하며 마지막에 최종 확정하는 방식이 효과적이다.

주제를 확정했다면 본격적인 글쓰기에 앞서 개요를 설계하는 '계획지'를 만들어야 한다. 계획지는 글의 뼈대와 논리를 미리 짜두는 설계도와 같다. 글쓰기 훈련이 충분히 되어 있지 않은 상태에서 무작정 글을 쓰기 시작하면 논리가 산만해지기 십상이다. 따라서 전체적인 흐름을 머릿속으로 구상하며 계획지를 먼저 작성하는 것이 글의 완성도를 끌어올리는 지름길이다.

사실 학생들은 물론이고 일반 성인에게조차 과학 글쓰기는 만만한 작업이 아니다. 처음 펜을 들 때는 계획지를 짜는 것조차 막막할 수 있다. 이때 이미 마련된 간단한 양식의 작성 계획지를 차근차근 따라가다 보면 한결 수월하게 글을 전개할 수 있고 종국에는 정해진 목표 분량을 거뜬히 채울 수 있다.

실제로 중학생을 대상으로 1,200자 분량의 서평 쓰기를 지도했을 때의 일이다. 처음에 학생들은 무엇을 써야 할지 몰라 당황하는 기색이 역력했다. 하지만 서평에 필수적인 요소와 구성 방식을 일목요연하게 정리한 작성 계획지를 제공하자 비교적 쉽게 한 편의 글을 완성해 냈다. 글에 담긴 내용이 최우선이겠으나 주어진 분량을 충실하게 채워내는 능력 역시 글쓰기에서 간과할 수 없는 중요한 요소이다.

다음 페이지에 제시된 표는 과학 에세이 작성 과정을 누구나 쉽게 따라 할 수 있도록 매뉴얼한 작성 계획지이다. 이 양식에 따라 핵심 키워드를 먼저 정리한 다음 이를 바탕으로 짜임새 있는 한 편의 글을 구성해 보자.

과학 에세이 작성 계획지

도입 부분	(나의 경험이나 관심 분야 중 이 문제와 연결되는 것은?) • 주제와 관련된 개인 에피소드, 과학 내용과 관련한 자신의 경험 또는 보편적인 사례 제시 • 영화, 책과 관련된 내용, 최신 뉴스나 이슈, 독자에게 던지는 질문 등으로 시작하는 것이 좋음
내용 전개	(주제를 설명하는 과학 개념과 현상은? 왜 이 문제가 중요한가?) • 과학적 근거를 바탕으로 자신의 관점과 논리 전개 • 사회적으로 쟁점이 되는 과학 주제에 대한 문제 제기, 문제 상황과 원인 등
해결 방안	(효과적이고 현실 가능한 대안은 무엇인가?) • 문제의 원인과 그에 대한 해결책, 실행 가능성 있는 구체적 대안 제시 • 과학적 효과와 기대 결과, 교과 개념과 원리를 벗어나지 않는 선에서 작성 • 단순한 주장이나 감정적 호소가 아닌 논리적 근거와 과학적 타당성 제시 • 과도한 과장이나 비현실적인 해결책 지양
결말	(이 주제가 내 삶과 어떤 관련이 있는가?) • 과학 주제가 나의 삶과 어떤 방식으로 연결되는지 인문학적 성찰 담아 마무리 • 결말은 길지 않고 간결하게 정리
제목 정하기	• 제목은 에세이 내용을 토대로 하여 마지막에 짓는 것이 효과적 • 제목을 보고 읽고 싶다는 느낌을 줄 수 있는 흥미로운 표현 사용

과학 에세이에는 어떤 내용이 들어가야 할까?

서론: 개인적인 에피소드로 시작 (도입)

서론에서는 자신이 직접 겪은 경험으로 시작하는 것이 효과적이다. 과학 글쓰기에서도 자신만의 진솔하고 특별한 에피소드와 연관시키면 다른 글과 차별화될 뿐만 아니라 글이 더 자연스러워지고 생동감을 준다. 다만 에피소드를 추가할 때 자신이 겪은 일의 나열에 그쳐서는 안 된다. 개인의 경험을 통해 느끼고 깨달은 바가 무엇인지 밝히는 것이 중요하다.

누구나 공감할 수 있는 보편적인 사례나 최근 뉴스나 쟁점이 되는 주제, 책, 영화 등을 활용해 서론을 시작해도 좋다. 이때 독자에게 질문을 던지거나 문제의식을 제시하는 방식도 평가자의 시선을 끌 수 있다.

본론: 과학적 근거를 바탕으로 논리 전개 (내용 전개, 해결 방안)

본론에서는 주제로 정한 과학 개념과 현상을 명확히 정의한 뒤 이에 대한 과학적 근거를 바탕으로 자신의 관점과 논리를 전개해야 한다. 논쟁적 과학 에세이의 경우 사회적으로 쟁점이 되는 과학기술과 관련한 정책의 장단점, 과학기술로 인한 이익과 문제점을 자세히 적어야 한다. 이때 사례를 충분히 드는 것이 좋다.

해결 방안을 제시하는 에세이의 경우에는 제기된 문제를 해결하는 방안을 논리적으로 제시해야 한다. 창의성을 의식한 나머지 지나치게 비현실적이거나 과장된 해결책을 제시하는 것은 오히려 설득력을 떨어뜨린다. 해결 방안을 탐구하는 과정에서 드러나는 성실한 고민과 진정성이 잘 드러나면 좋은 평가를 받을 수 있다.

결론: 과학적 주제를 자신의 삶에 접목하는 것으로 마무리 (결말)

결론은 지나치게 길지 않게, 글 전체에서 얻은 통찰을 간결하게 정리하는 것이 바람직하다. 앞선 내용을 반복하기보다 글을 쓰는

과정에서 생겨난 인문학적 성찰을 담아 마무리하면 글의 깊이가 살
아난다. 인문학적 성찰이란 과학적 사실이 나의 삶, 사회, 가치관과
어떻게 연결되는지를 사유하는 과정이다.

이때 다음과 같은 관점을 담아 마무리하면 결론에 더욱 깊이를
담을 수 있다.

첫째, 과학기술이 인간의 행복이나 윤리를 위해 어떤 역할을 해
야 하는지 고민하는 가치적 성찰.

둘째, 과학이 진리, 지식, 인간 존재에 대해 어떤 질문을 던지는
지 생각하는 철학적 성찰.

셋째, 현재의 과학이 앞으로 인류에게 어떤 변화를 불러올지 전
망하는 미래적 성찰.

넷째, 과학 탐구 과정에서 스스로 무엇을 배우고 느꼈는지 정리
하는 개인적 성찰.

과학 에세이의 흐름
개인 경험 → 과학적 탐구 → 대안 제시 → 인문학적 성찰

'보이지 않는 값, 탄소세'로
인류를 여섯 번째 대멸종에서 구하자

2015년 전 세계를 충격에 빠뜨린 한 장의 사진이 있다. 바닷물이 일렁이는 모래사장에 엎드려 숨진 채 발견된 아기의 모습이 담긴 사진이었다. 시리아 내전의 참상을 피해 부모와 함께 배에 올랐다가 목숨을 잃은 세 살배기 난민 아기, 쿠르디였다.

세계인들은 이 비극적인 사진을 마주하고 나서야 비로소 시리아 내전과 난민 문제에 진지한 관심을 기울이기 시작했다. 그 전까지만 해도 타국의 내전은 먼 나라 이야기라 여겼으나 한 어린 생명의 죽음은 사람들로 하여금 스스로 전쟁의 근본적인 배경을 찾아보게 만들었다. 시리아 내전의 발발 원인은 독재와 종파 갈등이라는 정치적 요인도 컸지만 환경적 측면에서 더욱 주목해 봐야 하는 원인이 있었다. 2006년부터 2011년까지 극심한 가뭄이 이어졌고 만성적인 물 부족은 농업 기반을 붕괴시켰다. 이는 굶주린 민심을 자극해 결국 피비린내 나는 내전으로 이어졌다. 이 일련의 비극을 통해 사람들은 기후 위기가 환경 문제를 넘어 인간의 삶과 국가의 안보에 직접적인 영향을 미칠 수 있다는 점을 실감하게 되었다.

기후 변화가 기후 안보에 치명적인 타격을 주는 것은 비단 시리아만의 문제가 아니다. 우리나라 역시 봄철만 되면 시시각각 전해지는 대형 산불 뉴스로 보는 이의 마음을 졸이게 한다. 잦은 산불의 원인으로는 기후 변화에 따른 이상 고온 현상을 꼽을 수 있다. 전문가들은 인간의 활동이 유발한 기후 변화가 기온을 끌어올리고 가뭄을 심화시켜 산불 발생의 뇌관을 건드리고 있다고 지적한다. 특히 2025년 3월 21일부터 26일까지 전국 평균 기온은 14.2도로 역대 최고치를 기록하고 경북 지역의 상대습도는 평년 대비 15% 포인트 이상 떨어졌다. 이처럼 산불이 발생하고 번지기에 가장 치명적인 기상 조건이 형성되면서 대형 산불이 잇따랐다.

이처럼 기후 변화는 북극의 빙하 문제를 넘어 인류의 기후 안보에 직접적인 영향을 미칠 수 있는 치명적인 위협 요소가 되고 있다. 또한 기후 변화에서 파생된 자연재해, 식량과 물 부족, 강제 이주와 분쟁 등의 위험 요소들은 어느덧 기후 안보를 위협하는 지극히 현실적인 문제가 되었다. (도입)

기후 위기의 가장 큰 원인은 석유·가스 등 화석 연료에 전적으로 의지하는 에너지 체계에 있다. 화석 연료의 무분별한 사용은 기후 위기를 가속할 뿐 아니라 산불·가뭄·분쟁·난민 발생 등 국가와 개인의 생존을 직접적으로 위협한다. 이러한 기후 안보 문제가 심화되는 이유는 대기 중 이산화탄소 농도가 계속 상승하고 있기 때문이다. 앞서 언급한 기상청 통계에서처럼 2025년 3월 21~26일 전국 평균 기온은 평년보다 높아 14.2도를 기록했고 상대습도는 평년 대비 15%포인트 이상 낮았다. 기온 상승과 가뭄, 낮은 습도라는 조건은 산불 발생 확률과 확산 속도를 폭발적으로 증가시키는 과학적 요인이다. 시리아 내전과 산불은 서로 다른 사건 같지만 모두 기후 위기라는 같은 뿌리를 가지고 있다. 따라서 기후 위기는 환경 분야만의 문제가 아니라 정치·경제·사회 전반에 영향을 미치는 복합 위기이며 이를 해결하기 위해서는 구조적 접근이 필요하다. (내용 전개)

이토록 인류에게 가혹한 기후 위기를 늦추기 위해서는 재생에너지의 자립률을 높여 탄소 배출을 줄이는 정책이 수반되어야 한다. 그중에서도 시장 경제 체제에서 가장 효과적인 경제적 유인책으로 탄소세Carbon Tax 도입을 들 수 있다. 탄소세는 배출하는 이산화탄소의 양에 비례하여 세금을 부과함으로써 기업과 소비자가 스스로 탄소 배출을 줄이는 선택을 하도록 유도하는 정책이다. 예를 들어 정부가 톤당 70달러 수준의 탄소세를 부과하면 철강, 시멘트, 알루미늄, 화학제품 등 고탄소 산업 주체들은 비용을 줄이기 위해 에너지 시스템을 재생에너지로 전환할 것이다. 그뿐만 아니라 저탄소 기술 개발을 자연스럽게 확대하게 될 것이다.

한국에너지공단에 따르면 우리나라의 재생에너지 비중은 8.5%로 여전히 낮은 편이다. 반면 스웨덴은 1991년 선도적으로 탄소세를 도입하여 거둬들인 막대한 세수의 대부분을 바이오매스 기반의 지역난방 시스템과 태양열 보급 등에 투자했고 그 결과 탄소 배출 감소와 에너지 전환을 동시에 이루어냈다. (해결 방안)

과학자들은 우리 인류가 이미 '여섯 번째 대멸종 시기'에 들어섰다고 경고한다. 물론 멸종은 진화 과정에서 자연스럽게 수반되는 현상이다. 멸종이 없다면 진화도 불가능하다. 즉 생명체의 탄생을 위해서는 멸종이 불가피한 통과의례인 셈이다. 지구 역사상 존재했던 과거 다섯 번의 대멸종 역시 기후 위기로 인해 발생했으며 이는 역설적으로 인류가 현재 최상위 포식자로 군림하는 데 기여한 '고마운' 멸종이기도 했다. 하지만 여섯 번째 대멸종의 한가운데에는 다름 아닌 인간이 놓여 있다. 멸종은 자연스러운 현상이니 그대로 두자고 말할 수 없는 이유는 이번 멸종의 속도가 인간의 무분별한 활동으로 인해 비정상적으로 가속화되고 있기 때문이다. 본 에세이를 작성하는 과정에서 기후 위기와 탄소세 문제를 탐구하면서 과학이란 그저 교과서 속의 지식이 아니라 인간의 존엄, 안전, 미래와 직접 연결된 문제임을 깨달았다. 우리가 지금 어떤 선택을 하느냐에 따라 인류와 지구 생태계의 미래는 완전히 다른 궤도로 흘러갈 것이다. 대멸종을 막아낼 수 있는 마지막 세대가 바로 우리라면, 탄소세 도입과 같은 책임 있는 선택을 더 이상 뒤로 미룰 수는 없다. (결말)

과학 탐구보고서 작성 방법

탐구보고서란 무엇일까?

탐구보고서란 학생이 스스로 발견한 문제나 궁금증을 해결하기 위해 계획을 세우고, 자료를 조사하거나 실험·분석을 수행한 뒤 그 과정을 논리적으로 기록한 문서를 의미한다.

학교 현장에서 탐구보고서는 2022 개정 교육과정과 고교학점제 도입에 따라 그 중요성이 더 커졌다. 개인의 흥미와 진로에 맞춰 과목을 선택하게 되었고 수업 시간에 배운 내용을 심화·확장해 탐구보고서를 작성하는 능력이 더욱 요구되었기 때문이다.

5개 대학(연세대, 경희대, 중앙대, 한국외대, 건국대)이 공동으로 연구 발표한 'NEW 학생부 종합전형 공통 평가 요소 및 평가 항목'에서도 학업성취도, 학업 태도와 함께 탐구력을 학업 역량의 핵심 평가

요소로 제시하고 있다. 여기서 말하는 탐구력이란 어떤 대상에 대해 호기심을 가지고 꾸준히 연구하며 문제를 해결해 나가는 능력을 의미한다.

탐구보고서는 바로 이러한 탐구력을 보여줄 수 있는 대표적인 평가 자료로 주로 학교에서 수행평가 과제를 비롯해 자유 탐구 활동, 교내 대회 등에서 활용된다.

흔히 탐구보고서라고 하면 과학 과목만을 떠올리기 쉽지만 사실 일련의 탐구 과정이 충실히 담겨 있다면 모든 교과목에서 두루 활용할 수 있는 보편적인 형식이다. 학교 수업이나 교내 대회에서 주로 작성하는 실험 보고서, 발명 보고서, 친환경 설계 보고서, 프로젝트 보고서 등도 명칭만 다를 뿐 대체로 비슷한 뼈대와 구조를 따른다. 이에 이 책에서는 과학 탐구보고서를 '과학 주제를 기반으로 탐구의 전 과정을 기록한 보고서'로 규정하고, 누구나 기본기를 탄탄하게 다질 수 있도록 핵심적인 탐구보고서 작성법을 제시하고자 한다.

탐구보고서를 쓸 때는 어떤 주제를 선정해야 할까?

주제 선정을 위한 질문 방법

탐구보고서를 쓰는 첫걸음은 다름 아닌 호기심에서 비롯된다. 흔히들 호기심이라고 하면 매우 독창적이고 창의적인 발상이어야 한다고 생각하지만 지금껏 아무도 떠올리지 못한 획기적인 주제를 찾아내기란 여간 어려운 일이 아니다. 학교에서 요구하는 탐구보고서의 주제는 결코 거창하지 않다. 평소 수업 시간에 배우는 교과 과정 속에서 자연스럽게 생겨난 의문을 바탕으로 그 문제의 본질을 깊이 있게 파고드는 것만으로도 훌륭하고 의미 있는 탐구가 완성된다.

수업 과정에서 어떤 현상이나 문제에 대해 '왜 그럴까?'와 같은 의문이 들었다면 그 순간이 탐구의 출발점이다. 다음 단계는 질문으로 확장하는 과정이다. '궁금하다, 알아보겠다'라는 수준에 머무르는 것이 아니라 그 현상에 대해 깊이 있고 구체적인 질문으로 발전시켜야 비로소 탐구가 시작되었다고 할 수 있다.

이때 알고자 하는 주제에 대해 제대로 된 답을 얻으려면 질문을 다양하고 구체적으로 해야 한다. 단순히 '왜'라는 의문사를 붙이는 것만으로는 부족하다. 탐구보고서를 쓸 때는 효과, 영향, 관계, 차이, 적용에 대해 다양한 방향으로 질문을 확장해 나가야 좋은 주제를 찾을 수 있다.

예를 들어 과학 수업에서 '열의 이동' 단원을 배운 뒤 얼룩말의 검고 하얀 무늬를 보며 표면 색상에 따라 열이 어떻게 이동하는지 의문을 품을 수 있다. 이렇게 처음 싹튼 호기심을 바탕으로 스스로 꼬리에 꼬리를 무는 다양한 질문을 던지다 보면 막연했던 생각이 점차 구체적인 탐구 주제로 발전하게 된다.

단, 과학 탐구보고서를 작성할 때는 반드시 측정이나 계량이 가능한 주제를 선정해야 한다. 단순한 추측이나 주관적인 판단에 머무른다면 온전한 과학적 탐구라고 부르기 어렵다. 구체적인 실험이나 측정, 관찰, 설문 조사 등의 방법을 동원하여 그 결과를 수치로 확인하고 객관적으로 분석할 수 있어야 비로소 제대로 된 과학 탐구보고서의 형태를 갖추었다고 볼 수 있다.

탐구 주제 선정을 위한 질문 예시

사고 흐름	사고 과정	활동 예시
문제 인식	왜 이러한 현상이 나타날까?	왜 얼룩말의 무늬는 검정과 흰색이 번갈아 가며 있을까?
관계	원인과 결과는 어떻게 연결될까?	줄무늬와 표면 온도 사이에는 어떤 관계가 있을까?
효과	어떤 결과나 효과가 있을까?	얼룩말의 줄무늬는 표면 온도에 어떤 효과를 미칠까?
영향	어떤 영향을 주었을까?	얼룩말 무늬의 두께도 온도 차이에 영향을 줄 수 있을까?
차이	어떤 차이가 있을까?	얼룩말 무늬와 흰색 또는 검은색의 단색 무늬 온도를 비교하면 어떤 차이가 있을까?
적용	어디에 활용할 수 있을까?	일상생활에서 적용할 수 있는 기술이나 제품에는 무엇이 있을까?

선행 연구를 통해 주제 좁히기

선행 연구란 탐구하고자 하는 주제와 관련하여 이전에 발표되거나 연구된 모든 자료를 일컫는다. 탐구 주제를 선정할 때는 반드시 선행 연구를 조사하고 그 결과를 바탕으로 주제의 범위를 점차 구체화해 나가야 한다.

완벽하고 구체적인 주제를 처음부터 선정한다는 것은 누구에게나 어려운 일이다. 주제의 윤곽을 뚜렷하게 잡기 위해 선행 연구를 조사할 때는 먼저 적절한 '핵심 단어(키워드)'를 선정하는 과정이 필요하다. 그런 다음 학술 논문, 연구 보고서, 단행본, 뉴스 기사 등 다방면의 자료를 검색하며 기존의 연구 동향을 파악한다. 가령 얼룩말 무늬에 호기심이 생겼다면 '얼룩말 무늬', '생체 모방', '자연을 닮은 기술', '열의 이동'과 같은 핵심 단어를 활용하여 관련 연구를 탐색하고 그중 어떤 지점을 자신의 탐구와 연결할 수 있을지 면밀히 검토하는 것이다.

이처럼 핵심 단어를 중심으로 수집한 자료를 읽어 나가는 과정에서 크게 네 가지 방식, 즉 ① 기존 연구의 확장, ② 기존 연구의 한계 보완, ③ 새로운 시각의 접근, ④ 기존 내용의 실험적 검증을 통해 나만의 주제를 발굴할 수 있다. 예를 들어 '얼룩말 무늬가 표면 온도 변화에 영향을 미친다'라는 선행 자료를 읽고 흥미를 느꼈다면 '실제로 온도는 몇 도나 차이 날까?', '자연광인 햇빛뿐만 아니라 인공적인 실내조명 아래에서도 동일한 효과가 나타날까?'와 같은 꼬리에 꼬리를 무는 궁금증이 생겨날 수 있다.

바로 이러한 합리적 의문들이 구체적인 탐구를 이끄는 훌륭한 출발점이 되고, 이 아이디어를 다듬으면 '빛의 종류(자연광과 실내조명)에 따른 얼룩말 무늬와 검은색·흰색 표면의 온도 변화 탐구'라는 구체적인 주제를 선정할 수 있게 되는 것이다. 결과적으로 이 주제는 기존 선행 연구의 내용을 직접 확인하는 '검증'의 성격과, 실내조명이라는 새로운 변인을 추가한 '확장'의 성격을 동시에 지닌 입체적인 탐구로 발전시킨 셈이다.

가설 설정

가설이란 탐구 주제에 대한 잠정적인 답이나 예상되는 결론을 의미한다. 즉 선행 연구를 바탕으로 스스로 제기한 문제의 원인과 결과(인과 관계)를 논리적으로 예측해 보는 과정이다. 가설을 세울 때는 반드시 구체적인 관찰이나 실험을 통해 검증할 수 있는 형태로 정리해야 하며 보통 '만약 ~라면 ~일 것이다'와 같은 조건문 형식으로 표현한다.

가설을 설정할 때 중요한 것은 분석 대상과 분석 목적을 먼저 명확히 분류하는 일이다. 분석 대상을 구분해 두면 탐구 방향이 확실해지고 실험 설계 역시 구체적으로 세울 수 있다. 이때 분석 대상이 여러 개로 나뉘면 그에 따라 가설도 각각 세분화하여 설정하는 것이 일반적이다.

예를 들어 '얼룩말 무늬의 표면 온도 변화'를 탐구한다고 가정해 보자. 이 경우 분석 대상은 '표면의 무늬(줄무늬 vs 단색)'와 '빛의 환경(햇빛 vs 실내조명)'으로 나눌 수 있으며, 분석 목적은 '얼룩말 무늬의 온도 변화가 빛의 종류에 따라 차이가 있는지 비교하는 것'이 된다. 이처럼 분석 대상을 두 가지로 나누었다면 가설 역시 다음과 같이 두 가지로 분리하여 설정할 수 있다.

- 가설 1: 만약 햇빛 아래에서 검은색과 흰색의 온도 차이로 인해 대류 현상이 발생한다면 얼룩말 무늬의 표면 온도는 단색(흰색 또는 검은색) 표면보다 낮을 것이다.

- 가설 2: 만약 실외(햇빛)뿐만 아니라 실내조명 아래에서도 열의 이동이 발생한다면 얼룩말 무늬의 표면 온도는 단색(흰색 또는 검은색) 표면보다 낮을 것이다.

가설 설정 예시

단계	내용	예시
분석 대상	무엇을 비교하는가?	1. 얼룩말 무늬와 단색(흰색과 검은색) 표면 2. 실내조명과 실외 햇빛
분석 목적	무엇을 알고 싶은가?	온도 변화 차이
가설	예상되는 결과는?	1. 대류 현상으로 인해 햇빛을 받는 얼룩말 무늬 표면 온도가 단색(흰색과 검은색)보다 낮을 것이다. 2. 실내조명 아래에서도 표면 온도가 얼룩말 무늬 표면 온도가 단색(흰색과 검은색)보다 낮을 것이다.

어떤 탐구 방법을 활용해야 할까?

가설 설정을 마쳤다면 이제 그 가설이 맞는지 확인하기 위해 어떤 과학적 조사법을 활용할지 정하고 구체적인 탐구의 밑그림을 그려야 한다. 탐구 설계의 뼈대는 크게 조사 방법, 조사 기간, 조사 대상, 조사 도구, 조사 절차 및 과정 등으로 구성된다.

여기서 가장 심혈을 기울여야 할 핵심 단계가 바로 적절한 '조사 방법'을 선택하는 것이다. 과학적 조사법의 종류로는 실험, 관찰, 설문, 면접, 문헌 조사 등 여러 갈래가 있지만 학교 단위의 과학 탐구에서는 실험과 관찰, 설문 방식이 가장 빈번하게 쓰인다. 각각의 조사 방법은 탐구하려는 주제의 성격에 맞춰 한 가지만 골라 쓰기도 하고, 두세 가지 방법을 복합적으로 엮어서 설계할 수도 있다.

실험 조사

실험이란 세워둔 가설이나 이론이 실제로 맞는지 확인하기 위해 통제된 다양한 조건 아래에서 측정과 비교를 수행하는 일련의 과정을 말한다. 올바른 실험을 설계하려면 먼저 결과에 영향을 미치는 여러 요인인 '변인'을 명확하게 구분하고 이를 기준으로 실험군과 대조군을 정확히 설정해야 한다. 탐구에 쓰이는 변인은 크게 세 가지로 나뉜다.

첫째, 독립 변인은 실험자가 의도적으로 변화를 주는 조건을 말한다. 단 한 번의 실험에서는 독립 변인을 오직 하나만 다르게 조작해야만 도출된 결과의 정확한 원인을 파악할 수 있다. 가령 얼룩말 무늬 탐구에서 '표면의 색상(얼룩말 무늬·흰색·검은색)'과 '빛의 종류(햇빛·실내조명)'라는 두 개의 독립 변인을 설정했다면 이를 각각 검증하는 두 번의 독립적인 실험을 설계해야 한다.

둘째, 종속 변인은 독립 변인의 조작에 따라 실험 결과로 나타나는, 즉 관찰하고 측정해야 하는 요소를 의미하며 반드시 객관적인 데이터로 기록해야 한다. 예를 들어 "얼룩말 무늬의 표면 온도가 더 낮았다"라는 모호한 표현 대신 "실내조명 아래에서 3시간이 경과한 후 측정했을 때 얼룩말 무늬의 표면 온도가 검은색 표면보다 2℃ 더 낮았다"처럼 구체적인 수치로 명확하게 표현해야 한다.

셋째, 통제 변인은 실험 결과에 원치 않는 영향을 미칠 수 있어서 처음부터 끝까지 반드시 일정하게 유지해야 하는 환경 조건을 말한다. 통제 변인을 동일하게 묶어두어야만 해당 실험의 정확성과 신뢰성을 확보할 수 있다.

아울러 실험 결과의 신뢰도를 한층 더 끌어올리기 위해서는 단한 번의 실험만으로 섣불리 결론을 내리지 않도록 해야 한다. 되도록 동일한 실험을 3회 이상 반복하여 얻은 평균값을 데이터로 활용하는 것이 바람직하다.

실험 조사 예시

변인의 종류	내용	예: 무늬에 따른 표면 온도 변화 실험
독립 변인 (조작 변인)	실험에서 다르게 해야 할 조건	1) 무늬 종류(얼룩말vs흰색/검은색) 2) 햇빛 vs 실내조명(백열등)
종속 변인 (결과 변인)	실험 결과로 측정하는 요소	온도 변화
통제 변인 (고정 변인)	일정하게 유지해야 하는 조건	공간, 실험 시간, 표면 크기, 재질 등

관찰 조사

관찰이란 일정 시간 동안 감각기관(눈, 코, 입, 귀, 피부 등)을 이용해 조사 대상을 살펴보는 활동을 말한다. 감각기관으로 관찰이 어려운 대상은 온도계, 돋보기, 현미경과 같은 도구를 활용해 관찰할수도 있다. 있는 그대로 지켜본다는 점에서 변인을 바꿔서 그 결과를 측정하는 실험과는 차이가 있다. 실험이 원인과 결과의 관계를밝히는 것이 목적이라면 관찰은 사실을 있는 그대로 파악하는 것이 목적이다.

따라서 언제, 어디서, 무엇을, 어떻게 관찰했는지 현상 자체를 구체적으로 기록하고 수치나 변화를 바탕으로 결과를 요약한 후 왜그런 결과가 나왔는지 해석을 추가하면 된다.

관찰 조사 예시

관찰 내용	햇빛을 받지 못한 식물의 잎은 노란색으로 바뀌었다.
해석	햇빛이 부족하면 광합성이 이뤄지지 않아 엽록소가 줄어들어 노랗게 변한 것으로 보인다.

설문 조사

설문 조사란 구조화된 설문지나 면접을 통해 특정 현상에 관한 자료를 수집하고 분석하는 연구 방법이다. 과거에는 주로 종이에 인쇄된 설문지를 배포했으나 인터넷과 스마트폰이 발달함에 따라 최근에는 구글 폼이나 네이버 폼 같은 온라인 설문 조사 도구가 널리 활용된다. 탐구보고서에서 설문 조사를 실시하는 주된 목적은 탐구 주제와 관련된 실태, 사람들의 인식, 원인과 결과 등을 객관적으로 분석하는 데 있다.

설문 문항은 질문의 목적에 따라 크게 객관식과 주관식으로 나뉜다. 먼저 객관식 문항은 응답 속도가 빠르고 통계 처리가 쉬워 가장 많이 활용되는 방식이다. 응답자가 제한된 범위 내에서 답을 선택하도록 설계되어 '폐쇄형 문항'이라고도 부른다. 세부 종류로는 보기 중 하나만 고르는 단일 선택형, 두 개 이상을 고를 수 있는 중복 선택형, 여러 항목을 우선순위에 따라 배열하는 순위 선택형, 별의 개수로 만족도나 평가를 표시하는 별점 평가형 등이 있다.

반면 응답자의 의견을 보다 깊이 있게 파악하고 싶을 때는 주관식 문항을 사용한다. 주관식 문항은 미리 정해진 선택지가 없어 자유로운 응답이 가능하므로 '개방형 문항'이라고도 한다. 이는 다시 단어나 짧은 문장으로 답변하는 단답형과 문장 형식으로 길게 서술하는 서술형 등으로 나뉜다.

실제 설문지를 구성할 때는 도입부에 설문 조사의 목적, 설문 대상, 장소, 일시, 조사 방법(대면, 온라인 등)을 명확히 제시한 뒤에 본 문항을 배치해야 한다. 이때 한 문항에서는 오직 하나의 주제만 묻도록 설계해야 하며 특정 답변을 유도하거나 작성자의 편견이 개입된 유도 질문은 배제해야 한다. 아울러 간결하고 이해하기 쉬운 표현을 사용하여 응답자의 혼란을 최소화하는 것이 중요하다.

탐구보고서 어떻게 써야 할까?

학교 생활기록부에 기재되는 모든 활동은 기본적으로 '동기(의문) → 과정 → 결과 → 배우고 느낀 점'의 흐름이 분명하게 드러나야 한다. 탐구보고서 역시 이와 같은 맥락에서 '왜 탐구 활동을 하게 되었는가(동기) → 어떤 과정을 통해 탐구를 진행했는가(과정) → 탐구 후 어떤 결과를 얻었는가(결과) → 배우고 느낀 점은 무엇인가'의 순서로 작성하면 된다. 완벽하게 정해진 단일 형식은 없으나 대체로 '탐구 동기 → 탐구 목적 → 탐구 문제 및 가설 설정 → 사전 탐구 → 탐구 내용 및 분석 → 탐구 결과 → 느낀 점 → 참고 문헌'의 구조를 많이 활용한다.

탐구 동기

탐구 동기는 어떠한 계기나 경험을 통해 해당 주제를 선택하고 탐구하게 되었는지 그 이유를 서술하는 부분이다. 평소 관심을 두었던 주제나 문제의식을 바탕으로 자신의 구체적인 경험과 연결해 탐구의 필요성을 드러내는 것이 좋다. 비록 개인적인 경험이나 흥미에서 출발했을지라도 이를 사회적 의미와 연결하면 탐구의 가치는 훨씬 커진다. 따라서 '이 문제에 대해서 알아보자'라는 다짐에 그치는 것이 아니라 '이 문제를 해결함으로써 우리 사회에 어떤 가치를 창출할 수 있는가?'까지 시야를 확장하여 서술하는 것이 바람직하다.

탐구 동기 예시

생활 경험	일상생활 속에서 ○○ 현상을 보고 왜 그런지 알고 싶었다.
관심도	평소 ○○ 문제에 대해 흥미를 느꼈다.
교과 내용 확장	수업 시간에 ○○을 배우면서 ~~ 한 궁금증이 생겼다.
사회적 이슈	뉴스나 유튜브 등에서 ○○을 접하면서 더 알아보고 싶었다.
이전 연구 문제 해결	책이나 논문 등 과거 실험 결과에서 발견한 문제점에 대한 실질적인 해결 방안을 찾고 싶었다.

탐구 목적

탐구 목적은 이 탐구를 통해 '무엇을, 왜, 어떻게' 알아보고자 하는지를 구체적으로 밝히는 부분이다. 탐구를 통해 도달하려는 중심 목표와 탐구가 지니는 의미 등을 명확히 기록해야 한다. 단순히 개인적인 궁금증을 해결하는 차원을 넘어 탐구의 결과가 개인의 성장은 물론 사회적 가치와 어떻게 연결될 수 있는지 함께 서술한다면 탐구의 목적이 한층 더 설득력 있게 전달된다.

탐구 목적 예시

이 탐구에서 밝히려는 중심 목표는? (목표)	○○을 알아보고자 한다. ○○을 분석하고자 한다.
이 탐구가 왜 의미가 있는가? (의미)	○○에 도움이 될 것으로 기대한다. ○○에 활용할 수 있을 것으로 생각된다.

탐구 문제 및 가설 설정

탐구 문제는 탐구하고자 하는 핵심 의문을 명확한 '질문' 형태로 구체화하여 정리하는 부분이다. 이때 질문이 너무 막연하게 느껴지지 않도록 구체적인 상황과 조건을 반드시 함께 제시해야 한다. 탐구 문제를 뚜렷하게 세운 후에는 이를 바탕으로 실험 결과를 합리적으로 추측해 보는 '가설'을 설정한다. 대개 탐구 문제 하나당 가설 하나를 짝지어 연결하는 것이 일반적이다. 다만 실태 조사나 인식 조사처럼 변인 통제와 가설 설정이 까다로운 탐구 활동일 경우에는 이 단계를 생략해도 무방하다.

사전 탐구

사전 탐구는 본격적인 탐구에 착수하기 전에 연구할 주제와 관련된 근거 자료를 수집하고 정리하는 과정을 말한다. 이는 자신의 연구가 그저 우발적인 호기심이 아니라 이미 축적된 지식과 자료를 딛고 진행되는 타당하고 의미 있는 작업임을 증명하는 부분이다. 학계에서는 이를 '관련 연구 검토' 혹은 '이론적 배경'이라고도 부른다. 논문, 학술 보고서, 단행본, 뉴스 기사 등 다방면의 자료를 정리하여 내 연구의 필요성을 탄탄하게 뒷받침할 구체적인 근거를 찾아 정리한다.

이 단계는 수집한 자료를 통해 연구의 당위성을 증명하고 탐구 활동의 출발점을 단단히 다지는 준비 역할을 하므로 방대한 모든 자료를 시시콜콜 상세히 적기보다는 핵심적인 내용만 간추려 간단히 서술한다. 이 과정에서 효율적인 자료 검색은 필수적이며 주제와 맞닿아 있는 핵심 키워드를 활용해 신뢰성 있는 1차 자료를 선별해 내는 능력이 무엇보다 중요하다. 구체적인 자료 검색 방법은 뒤에 수록한 '과학 글쓰기를 위한 자료 조사 방법'(130쪽)을 참고해 보자.

탐구 내용 및 분석

탐구 내용 파트에서는 앞선 탐구 설계 단계에서 정한 조사 방법(실험, 설문 등)을 바탕으로 실제 탐구가 어떤 절차를 거쳐 수행되었는지를 항목별로 번호를 매겨 단계적이고 상세하게 적어 내려가야 한다. 항목을 제대로 구분하지 않고 줄글로만 서술하면 탐구의 뼈대가 잘 드러나지 않아 글의 전달력과 설득력이 크게 떨어질 수 있다.

실험 조사의 경우 일반적으로 '준비 과정 → 실험 방법 및 절차 → 실험 결과 및 분석'의 순서로 구성하는 것이 정석이다. 이때 실제 실험 과정을 담은 사진이나 측정 기록을 함께 제시하면 보고서의 신뢰성과 재현 가능성이 높아진다.

설문 조사를 진행했다면 '조사 대상 → 설문 방법 → 설문 내용 및 분석' 순으로 짚어주는 것이 적절하다. 방대한 전체 설문 문항을 본문에 일일이 나열하기보다는 핵심 문항만 다루고 전체 설문지는 보고서 맨 뒷부분의 부록에 첨부하는 편이 깔끔하다.

또한 실험과 설문을 통해 얻은 결과 데이터는 반드시 보기 좋게 표로 정리한 후 분석에 들어가야 한다. 단순한 수치 나열에 그치지 말고 해당 결과가 어떤 과학적 의미를 띠며 무엇을 증명하고 있는지 논리적으로 해석하는 과정이 필수적이다. 이때 데이터의 성격에 맞는 그래프를 활용하면 독자가 자료를 훨씬 직관적으로 이해할 수 있다. 그래프는 상황과 목적에 맞게 골라 써야 한다.

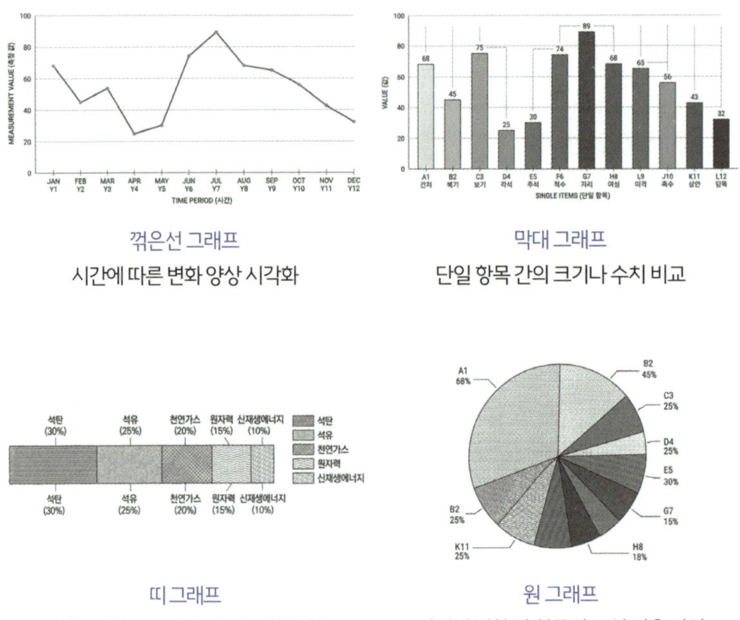

꺾은선 그래프
시간에 따른 변화 양상 시각화

막대 그래프
단일 항목 간의 크기나 수치 비교

띠 그래프
전체에서 각 항목이 차지하는 비중 비교

원 그래프
전체에 대한 각 항목의 구성 비율 파악

탐구 결과

탐구 전체 과정을 거쳐 얻어낸 최종 결론이나 핵심적인 성과를 명료하고 간결하게 정리하는 부분이다. 이 단계의 궁극적인 목적은 처음에 던졌던 '탐구 문제'에 대해 확고한 해답을 제시하는 데 있다. 결론은 철저히 수집된 실험 결과와 데이터로만 근거해야 하며 데이터가 말해주지 않는 과도한 예측이나 주관적인 추측은 배제해야 한다.

또한 실험이나 설문 조사의 결과가 처음 자신이 설정했던 가설을 올바르게 뒷받침하는지 꼼꼼히 비교 분석해야 한다. 만약 예상했던 가설과 다른 결과가 도출되었다면 이를 실패로 간주할 것이 아니라 그 이유가 무엇인지 과학적이고 합리적으로 설명해 내야 한다. 마지막으로 도출된 결과가 실제 우리 생활에 어떻게 적용 및 확장될 수 있는지, 나아가 탐구 과정에서 새롭게 발견한 한계점이나 향후 보완할 점은 무엇인지 함께 제시한다면 보고서의 완성도가 한 차원 더 높아질 것이다.

단계	내용	예시
1. 결과 요약	실험/설문조사 결과의 핵심 요약	얼룩말 무늬는 검은색과 흰색의 단색 무늬보다 표면 평균 온도가 더 낮게 측정되었다.
2. 원인	결과에 대해 과학적으로 설명	이는 얼룩말 무늬의 검은색과 흰색 경계에서 대류 현상이 발생했기 때문으로 추측된다.
3. 탐구 목적과 연결	탐구 목적과 결론지어 설명	얼룩말 무늬는 더운 환경에서 체온 조절에 효과적이라는 가설이 타당함을 확인할 수 있었다.
4. 실생활 적용 가능성	어떤 곳에 활용될 수 있는지 제시	이 원리는 블라인드, 건물 지붕 등 다양한 생활 환경에 활용할 수 있다.
5. 한계점 및 보완점	한계 혹은 추후 개선 방안	얼룩말의 줄무늬 간격에 따라서 온도 조절 효과가 어떻게 달라지는지 더 탐구하고 싶다.

느낀 점

탐구 과정을 거치며 연구자 스스로 어떤 깨달음을 얻고 내적 변화를 경험했는지 솔직하게 정리하는 항목이다. 실험이나 조사를 진행하는 도중 부딪혔던 난관과 이를 극복해 낸 과정, 새롭게 체득하게 된 지식, 탐구 전후로 자신의 생각이나 시각이 어떻게 달라졌는지 등을 진솔하게 적어 내려가면 된다. 아울러 이 탐구를 통해 꼬리를 물고 새로 피어난 호기심이나 앞으로 더 깊이 파고들고 싶은 후속 탐구 주제를 덧붙여도 좋다.

참고 문헌

보고서의 마지막 부분으로 탐구 과정에서 참고하거나 인용한 모든 단행본, 학술 논문, 웹사이트 등의 출처를 투명하게 정리하여 보고서를 완성한다. 참고 문헌을 올바르게 표기하는 방법은 과학 글쓰기뿐만 아니라 모든 학술 글쓰기의 공통된 기본 원칙이므로 이 책의 뒷부분에 따로 정리해 둔 지침을 꼼꼼히 참고하여 작성하도록 한다.

탐구보고서를 쓸 때 어떤 점을 유의해야 할까?

다양한 분야를 이용한 자료 탐색을 통해 주제를 확장해야 한다

탐구보고서의 주제는 기본적으로 학교 수업 범위 안에서 정하게 되지만 그 범위에만 갇혀 있어서는 본인의 탐구력을 보여주기 어렵다. 다시 말해 교과서에 등장하는 핵심 단어나 개념을 출발점 삼아 꼬리에 꼬리를 무는 지적 호기심의 확장 과정을 보여주어야 한다. '아는 만큼 보인다'라는 옛말처럼 수준 높은 보고서를 완성하기 위해서는 무엇보다 관련 지식을 탄탄하게 쌓는 과정이 선행되어야 한다.

특정 관심 분야가 생겼다면 가장 먼저 관련 책과 논문을 찾아보자. 책과 논문은 앞서 길을 걸어간 다른 학자들의 연구 성과와 경험을 가장 손쉽고 정확하게 살펴볼 수 있는 훌륭한 매개체이다. 수업 시간에 배운 내용 중 흥미가 생긴 부분이 있다면 관련 단행본을 찾아 읽고 학술 논문은 주제와 맞닿은 적절한 키워드를 조합하여 검색하면 된다. 최근에는 온라인 강좌 플랫폼이 활성화되어 있으므로 다양한 분야의 흥미로운 명강의를 무료로 수강하며 생각의 폭을 넓히는 것도 큰 도움이 된다.

자료 조사를 통해 어느 정도 주제가 구체화되었다면 인공지능AI 도구 역시 적극적으로 활용해 보자. AI에게 보고서 작성을 통째로 맡기라는 뜻은 절대 아니다. 구체적인 전제 조건이 빠진 애매모호한 질문을 던지면 인공지능은 뻔하고 일반적인 답변만을 내놓는다. 자신이 정교하게 다듬은 주제와 앞서 수집한 관련 자료를 바탕으로 명확하고 구체적인 질문(프롬프트)을 입력해 인공지능을 탐구 과정에서 생기는 의문점을 해결하는 보조 도구로 활용한다면 훨씬 폭넓은 주제를 효율적으로 탐구해 낼 수 있을 것이다.

학생 스스로 쓸 수 있는 수준으로 작성해야 한다

탐구보고서의 본질은 학생 스스로 탐구한 내용을 정리하고 글로 표현해 내는 과정을 담는 데 있다. 따라서 본인이 온전히 이해하고 무리 없이 다룰 수 있는 적절한 수준의 주제를 선정하는 것이 바람직하다. 자신의 관심사를 바탕으로 현실적으로 실천 가능한 조사 방법을 동원해 탐구할 수 있는 주제를 고르되 막연한 큰 주제보다 범위를 좀 더 세부적으로 좁혀 깊이 있게 파고드는 자세가 필요하다.

이를 위해서는 '과연 왜 그런 걸까?', '이것 말고 다른 방법은 없을까?', '여기에 새로 나온 혁신 기술을 접목하면 결과가 어떻게 달라질까?'와 같이 꼬리를 무는 다양한 질문을 던지며 주제를 다각도의 관점에서 입체적으로 접근해 보는 훈련이 중요하다. 바로 이러한 치열한 질문의 과정을 통해 직면한 문제를 스스로 탐색하고 주도적으로 해결하려는 학생 본연의 긍정적인 모습을 탐구보고서에 고스란히 담아내야 한다.

얼룩말 줄무늬의 원리를 이용한
에너지 절감 방안 탐구

동패중 공서현, 박준호, 박지환

Ⅰ. 탐구 동기

과학 시간 '빛과 파동' 단원에서 빛의 반사와 흡수 원리를 학습한 뒤 여름철에 검은색 옷을 입으면 덥고 흰색 옷을 입으면 비교적 시원하게 느껴졌던 경험이 떠올랐다. 이를 계기로 색과 빛, 그리고 열의 상관관계에 깊은 관심이 생겼다. 그러던 중 단행본《블루 이코노미》를 읽으며 얼룩말의 무늬가 다른 단색보다 열을 낮추는 데 훨씬 효과적이라는 흥미로운 사실을 접하게 되었다. 나아가 이와 같은 색, 빛, 열의 상호작용 원리를 옷뿐만 아니라 건축물 등 다양한 일상 환경에 적용한다면 낭비되는 에너지 소비를 크게 줄일 수 있겠다는 생각에 미쳐 본격적인 탐구를 시작하게 되었다.

Ⅱ. 탐구 목적

본 탐구의 핵심 목적은 얼룩말 줄무늬처럼 자연 생태계의 원리를 적극적으로 활용하여 일상 속 에너지 사용량을 줄이는 실질적인 방안을 모색하는 것이다. 이를 위해 얼룩말 무늬와 흰색, 검은색 표면의 온도 변화를 비교 및 분석하여 에너지 절감에 가장 효과적인 색상 패턴을 도출하고자 한다. 더 나아가 실험을 통해 확인된 과학적 원리를 바탕으로 오늘날의 심각한 환경 문제를 개선하는 데 어떻게 적용할 수 있을지 그 구체적인 활용 방안을 탐구하고자 한다.

III. 탐구 문제 및 가설 설정

빛을 받았을 때 얼룩말 무늬의 표면 온도에 유의미한 변화가 있다는 선행 자료를 접한 후 이를 단색인 검은색, 흰색과 비교했을 때 실제 어떤 온도 차이가 발생하는지, 그리고 실외(햇빛)뿐만 아니라 실내조명 환경에서도 동일한 온도 변화 양상이 나타나는지 탐구하고자 하였다. 이에 따라 '빛의 종류에 따른 색상별 표면 온도 변화 비교'를 탐구 주제로 선정하고 다음과 같이 구체적인 탐구 문제와 가설을 설정하였다.

1. 탐구 문제

1) 얼룩말 무늬를 검은색, 흰색과 비교했을 때 표면 온도에서 어떤 차이를 보일까?

흰색과 검은색, 얼룩말 무늬 표면이 햇빛을 받았을 때 각각의 표면 온도의 차이를 확인하고 어떤 색상이 가장 낮은 표면 온도를 유지하는지 조사한다.

2) 빛의 공급원이 실내조명일 때도 동일한 색상별 온도 변화가 있을까?

흰색과 검은색, 얼룩말 무늬 표면이 실외(햇빛)와 마찬가지로 실내조명 환경에서도 동일한 표면 온도 변화를 보이는지 확인한다.

2. 가설 설정

1) 가설 1: 표면 색상별 온도 차이

동일한 외부 조건에서 얼룩말 무늬 표면이 흰색이나 검은색보다 더 낮은 온도를 나타낼 것이다.

2) 가설 2: 조명별 온도 차이

실외뿐 아니라 실내조명 아래에서도 얼룩말 무늬 표면 온도가 단색(흰색과 검은색) 표면보다 낮게 유지될 것이다.

IV. 사전 탐구

1. 색과 열의 이동을 이용한 조상들의 에너지 절감 지혜: 한옥의 대청마루

한옥의 대청마루는 방과 방 사이에 위치한 널찍한 나무 마루를 일컫는다. 대청마루는 앞쪽이 시원하게 트여 있고 뒤쪽에도 커다란 창을 달아 수시로 여닫을 수 있게 설계되어 있는데, 이는 바람이 원활하게 통하도록 고안된 과학적인 구조다. 전통 한옥의 앞마당에는 보통 빛을 반사하는 백토를 깔고 뒤뜰에는 그늘을 드리우는 나무를 심는다. 여름날 강한 볕이 내리쬘 때 백토가 깔린 앞마당은 열을 받아 온도가 크게 상승하지만 나무가 우거진 뒤뜰은 상대적으로 서늘한 상태를 유지한다. 이러한 온도 차이로 인해 앞마당의 뜨거워진 공기는 위로 솟아오르고 빈자리를 채우기 위해 뒤뜰의 시원한 공기가 대청마루를 통과해 앞마당 쪽으로 빠져나가는 '대류 현상'이 발생한다. 조상들은 바로 이 자연스러운 대류 현상을 이용해 한여름에도 집 안을 서늘하게 유지했다.

2. 건물 지붕의 색을 이용한 에너지 절감 사례

1) 쿨루프 사업: 옥상을 흰색으로 칠하다

2014년부터 서울시는 여름철 냉방 에너지 절감과 도시 열섬 현상 완화를 위해 옥탑방 옥상에 무료로 흰색 페인트를 칠하는 '쿨루프Cool Roof' 캠페인을 시작했다. 여름철 옥상이 뜨거운 태양열을 고스란히 흡수하면 건물 내부의 냉방 에너지 사용량이 급증하고, 이는 곧 도시 열섬 현상을 심화시키는 원인이 된다. 이때 햇빛을 튕겨내는 반사 효과가 뛰어난 흰색 페인트를 지붕에 칠하면 열기가 건물에 축적되는 것을 막아준다. 이 효과가 알려지면서 부산, 대구, 광주, 대전, 경기도, 충남, 전북 등 전국의 각 지자체에서도 쿨루프 사업을 시행하며 에너지 효율 상승과 열섬 현상 완화에 크게 기여하고 있다.

2) 쿨루프의 실질적 온도 저감 효과

2016년 한국생태환경건축학회에서 조사 및 발표한 학술 논문 〈쿨루프 적용에 따른 업무용 건물의 내·외부 온도 저감 효과〉에 따르면 쿨루프는 건물 내·외부의 온도를 낮추는 데 뚜렷한 효과를 나타냈다. 난방 일수보다 냉방 일수가 많은 경상남도 창원시의 시청사 건물에 이를 적용해 본 결과 쿨루프가 시공된 옥상 표면의 온도는 일반 옥상보다 최고 9℃나 낮게 측정되었다. 천장 내부 공간의 온도는 쿨루프의 영향으로 약 1~2℃가량 떨어졌으며 사무실 실내 온도 역시 에어컨 등 냉방기의 영향을 받는 조건임에도 쿨루프 적용 구역에서 약 0.5~1.0℃ 더 낮게 나타나 실질적인 실내 온도 저감 효과를 과학적으로 입증했다.

3. 얼룩말 줄무늬 에너지 절감 효과

아프리카의 덥고 건조한 기후에 서식하는 얼룩말은 가혹한 환경에서 살아남기 위해 특유의 줄무늬로 진화했다. 흰색 줄무늬는 쏟아지는 태양빛을 반사하여 열기를 식히는 반면, 검은색 줄무늬는 빛을 고스란히 흡수하여 표면 온도를 빠르게 높인다. 이로 인해 검은 줄무늬 위쪽의 뜨거워진 공기는 상승 기류를 타고 위로 올라가고, 아래쪽 흰 줄무늬 표면의 공기와 미세한 기압 차이를 만들어 낸다. 결과적으로 이 기압 차이가 표면에 작은 공기의 흐름(미세 대류)을 형성함으로써 별도의 기계적 통풍 장치 없이도 스스로 피부 온도를 낮추는 놀라운 냉각 효과를 만들어 내는 것이다.

선행 연구에서 살펴보았듯 한옥에서부터 오늘날 쿨루프 사업에 이르기까지 색과 열의 이동을 활용하면 에너지원을 사용하지 않고도 에너지를 절약할 수 있다. 이를 바탕으로 얼룩말 줄무늬의 원리를 적용한 에너지 절감 방안에 관하여 탐구하고자 한다.

V.탐구 내용 및 분석

1. 탐구 1: 태양열과 실내조명에서 색상별 표면 온도 비교 실험

1-1. 실험 조사 1: 태양열 아래에서 색상별 온도 비교 실험

1) 준비 과정

　① 재료: 투명 유리병 4개, 흰색·검은색 종이, 온도계 4개,

　② 실험 장소: 동패중학교 5층 창가(1차 실험), 아파트 베란다(2차 실험)

③ 변인 설정

변인 종류	내용
독립 변인	태양광 아래에서 표면 색상(흰색, 검은색, 얼룩말 무늬)
종속 변인	표면의 온도 변화
통제 변인	조사 장소, 조사 시간, 종이판, 온도계, 유리병의 크기와 재질

2) 실험 방법 및 과정

① 투명 유리병 4개 중 3개를 흰색, 검은색, 얼룩말 줄무늬 색으로 감싸고 각각의 유리병에 온도계를 고정한다.

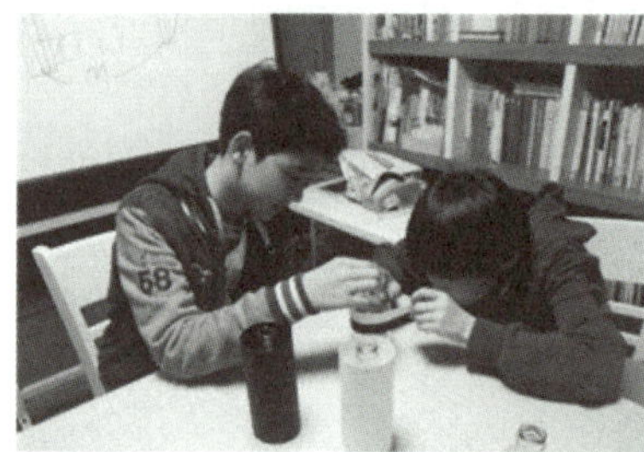
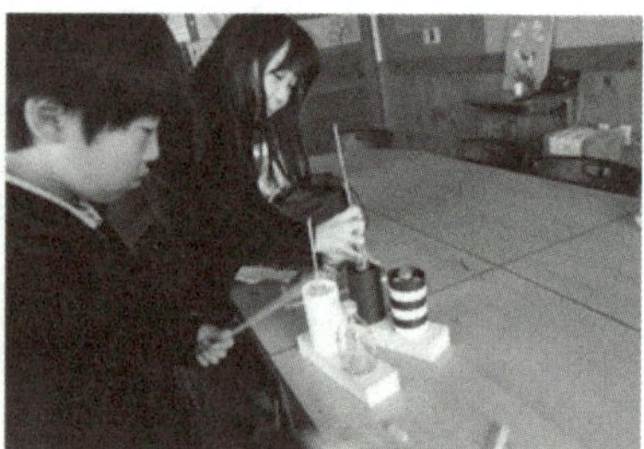

② 햇빛이 잘 드는 넓은 창문 가에 유리병을 설치하고 한 시간 간격으로 온도를 측정한다.

3) 실험 결과 및 분석

태양열에서 시간에 따른 온도 변화

측정 시간	측정 온도(℃)							
	투명 병		흰색 병		검은색 병		줄무늬 병	
	1차	2차	1차	2차	1차	2차	1차	2차
10시	15	15	13	15	11	15	15	15
11시	17	21	15	19	19	20	17	18.5
12시	21	24	16	23	20	25	18	22
1시	23	28	19	26	21	28	19	25
2시	25	29	20	26	22	29	20	26
3시	23	28.5	20	27	22	29	20	26
4시	21	27.5	20	27	20	28	19	25.5

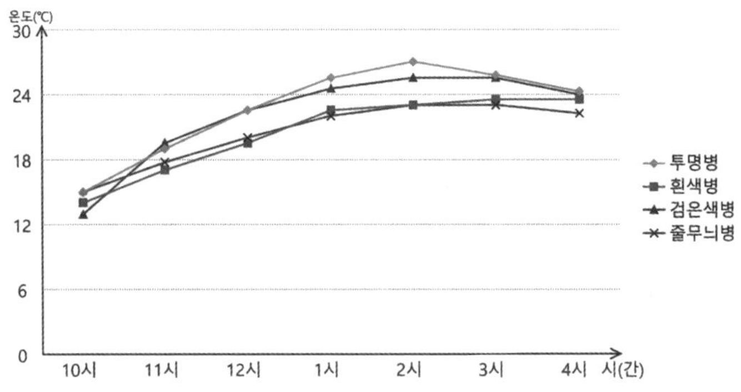

태양열 아래에서 6시간 동안 온도 변화를 측정한 결과 투명 병이나 검은 색 병에 비해 흰색 병과 줄무늬 병이 약 1℃에서 2℃ 정도 온도가 낮게 나타났다. 처음에는 흰색 병과 줄무늬 병의 온도 차이가 크게 없었으나 시간이 지남에 따라 줄무늬 병의 온도가 더 낮아졌다.

1-2. 실험 조사 2: 실내 백열등 아래에서 색상별 온도 비교 실험

1) 준비 과정

① 재료: 투명 아크릴 통(15cm, 15cm, 25cm) 4개, 흰색·검은색 종이, 디지털 온도계 4개, 220V-60W 백열등 8개

② 실험 장소: 동패중학교 3층 과학실

③ 변인 설정

변인 종류	내용
독립 변인	표면 색상(흰색, 검은색, 얼룩말 무늬)
종속 변인	표면의 온도 변화
통제 변인	조사 장소, 조사 시간, 종이판, 온도계, 아크릴 통, 백열등의 크기와 재질

2) 실험 방법

① 투명 아크릴 통 4개 중 3개를 흰색, 검은색, 얼룩말 줄무늬 색으로 감싼다.

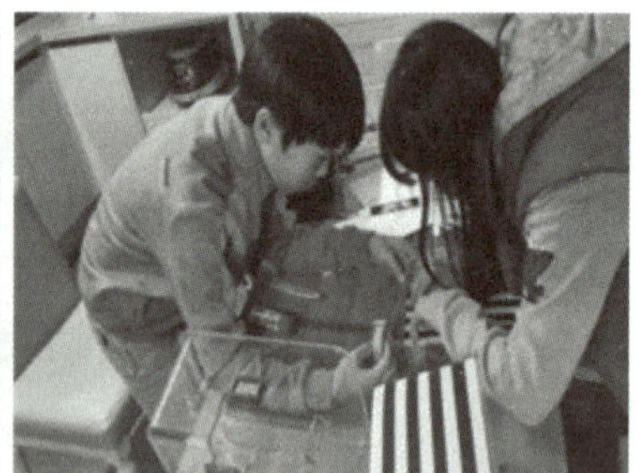

② 아크릴 통 안에 디지털 온도계를 설치한다.

③ 각 아크릴 통 양옆에 220V-60W 백열등을 바닥에서 30㎝ 위치에 설치하고 10분 단위로 온도를 측정한다.

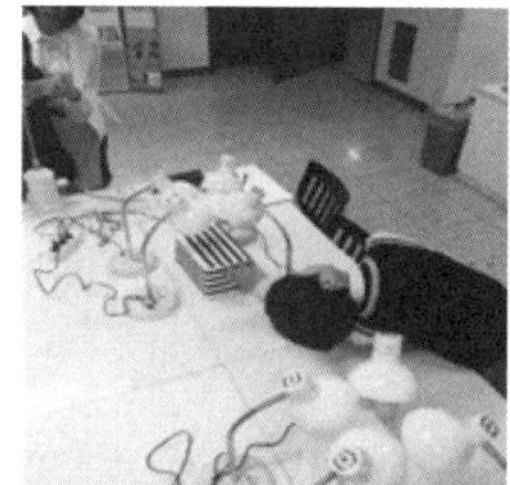 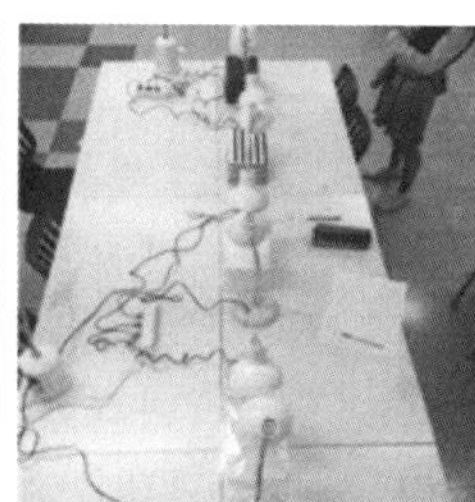 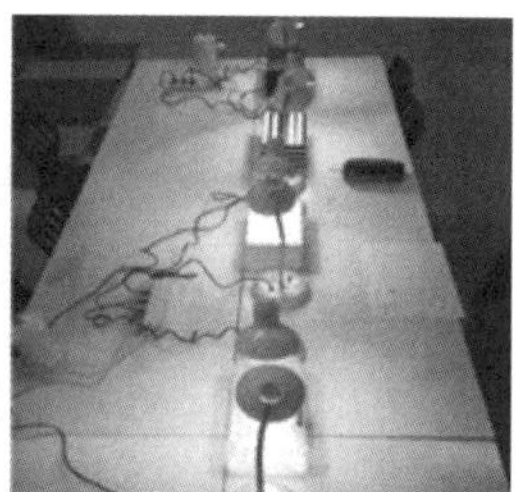

3) 실험 결과

백열등에서 시간에 따른 온도 변화

측정 시간 (분)	측정 온도(℃)											
	투명 병			흰색			줄무늬			검은색		
	1차	2차	3차	1차	2차	3차	1차	2차	3차	1차	2차	3차
처음	23.5	25.1	20.1	23.8	25.2	20.2	23.5	24.8	20.0	23.8	25.3	20.1
10분 후	30.4	30.8	24.8	26.3	27.4	23.3	26.1	26.8	22.2	27.2	27.8	25.5
20분 후	32.2	32.2	28.7	28.2	28.8	26.6	27.3	28.2	25.4	29.7	29.4	28.5
30분 후	32.5	32.5	29.6	28.9	29.2	27.2	27.9	28.3	26.1	29.8	30.1	29.7
40분 후	32.5	32.5	28.5	29.2	29.4	27.1	28.1	28.3	25.3	30.1	30.2	29.4

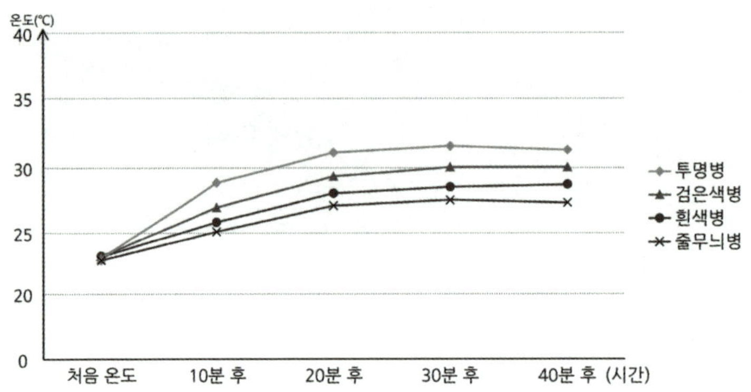

투명, 흰색, 검은색, 그리고 얼룩말 줄무늬 색 통의 온도 변화를 비교한 결과 온도 상승은 '얼룩말 줄무늬 〈 흰색 〈 검은색 〈 투명 순'으로 나타났다. 이 결과는 태양열 아래뿐만 아니라 백열등 아래에서도 동일하게 확인되었다. 실험 결과 얼룩말 줄무늬의 단열 효과가 흰색보다 큰 것으로 나타났으며 '쿨루프 사업' 시행 시 얼룩말 줄무늬가 흰색보다 효과적으로 에너지를 절감할 수 있을 것으로 기대된다. 또한 가정에서도 얼룩말 무늬를 적용한 블라인드와 같은 제품을 사용하면 에너지 절약 효과를 기대할 수 있다.

2. 탐구 2: 줄무늬의 에너지 절감 효과에 대한 인식 조사

2-1. 설문조사: 얼룩말 무늬의 에너지 절약 효과와 관련 제품 사용 의향 조사

얼룩말 줄무늬의 에너지 절감 효과에 대한 인식과 가정에서 에너지를 절약하기 위해 얼룩말 무늬 제품을 사용할 의향이 있는지 교사와 학생들에 대한 설문조사를 진행하였다.

1) 조사 대상: 동패중학교 교사 26명/학생 32명 총 58명

2) 설문 방법: 객관식 문항으로 대면 조사 실시

3) 설문 내용 및 분석: 얼룩말 줄무늬가 냉방비 절약 효과가 있다는 사실에 대한 인식 및 줄무늬 블라인드가 실내 온도를 다른 색상보다 더 낮출 수 있다면 교체할 의향이 있는지 조사하였다.

설문 결과 블라인드에 적용된 줄무늬가 실내 온도를 낮추는 효과가 있다는 사실에 대해 전체 응답자의 95%에 달하는 55명이 '알지 못한다'고 답하여 대다수가 관련 정보를 접해 본 적이 없는 것으로 확인되었다. 또한 평소 블라인드를 냉방 목적으로 사용해 보지 않은 응답자는 33명(전체의 57%)이었는데, 이들 중 82%에 해당하는 27명은 냉방비 절감 효과가 입증된다면 블라인드를 적극적으로 사용할 의향이 있다고 밝혔다. 특히 설문 과정에서 블라인드 줄무늬의 실내 온도 저감 원리를 구체적으로 설명한 뒤 사용 의사를 다시 묻자 전체 응답자의 86%인 50명이 긍정적인 반응을 보였다. 이는 과거 겨울철 창문 단열용 '뽁뽁이(에어캡)'의 뛰어난 보온 효과가 언론 매체와 인터넷을 통해 입소문을 타며 전국적으로 널리 보급된 사례와 유사하다. 얼룩말 줄무늬의 과학적인 냉각 효과 역시 대중에게 제대로 알려지기만 한다면 실생활에서 에너지 절감을 위해 널리 활용될 것으로 판단된다.

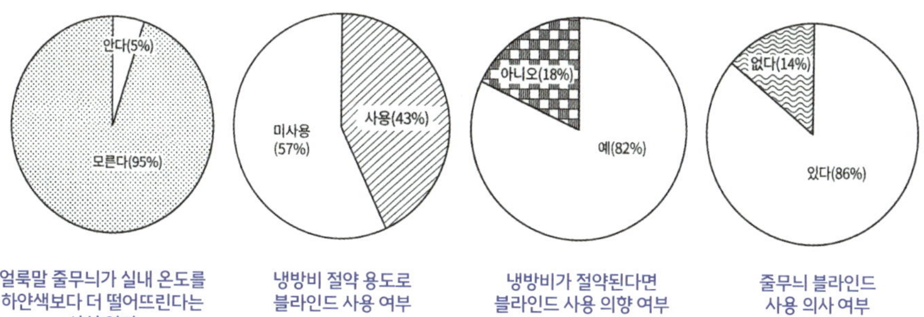

얼룩말 줄무늬가 실내 온도를 하얀색보다 더 떨어뜨린다는 사실 인지

냉방비 절약 용도로 블라인드 사용 여부

냉방비가 절약된다면 블라인드 사용 의향 여부

줄무늬 블라인드 사용 의사 여부

2-2 인터뷰 조사: 십년후연구소의 '쿨루프 사업'에 관한 자료

현재 서울시와 협력하여 쿨루프 사업을 주도하고 있는 '십년후연구소' 측에 이메일을 보내 인터뷰를 진행했다. 이를 통해 쿨루프 사업의 구체적인 효과를 묻고 나아가 얼룩말 줄무늬가 기존 흰색 지붕보다 실내 온도를 더 낮출 수 있음이 입증된다면 향후 이 방식을 도입할 의향이 있는지 조사하였다.

1) **조사 대상:** 십년후연구소

2) **설문 방법**: 객관식 문항을 활용한 이메일 인터뷰 조사 실시

3) **인터뷰 내용 및 분석**

십년후연구소의 설명에 따르면 서울 시내의 옥상과 지붕을 모두 하얗게 칠할 경우 여름철 냉방 전력 중 무려 373.65GWh를 절약할 수 있다. 이는 18만 697톤의 온실가스를 감축하고 결과적으로 20만 그루의 나무를 심는 것과 맞먹는 엄청난 효과다. 연구소 측은 이 같은 쿨루프 사업이 가장 저렴하고 손쉽게 실천할 수 있는 온실가스 저감 방법임을 강조했다. 아울러 얼룩말 무늬처럼 기존의 흰색 지붕보다 실내 온도 저감에 더 효과적인 방법이 있다면 이를 적극적으로 받아들일 의향이 있다고 답변했다.

VI. 탐구 결과

본 실험을 통해 널리 알려진 흰색 표면의 단순한 열 반사 효과보다 흰색과 검은색이 반복되는 '얼룩말 줄무늬'가 표면 온도를 낮추는 데 더 효과적임을 확인할 수 있었다. 이는 색상별 온도 차이가 표면에 미세한 대류 현상

을 발생시켜 열을 식혀주기 때문이다.

2023년 한국에너지공단의 발표 자료를 살펴보면 에어컨 설정 온도를 1℃ 낮출 때마다 전국 가정에서 여름철 냉방 기간(100일) 동안 추가로 부담해야 하는 전기 요금이 총 2,530억 원에 달하는 것으로 나타났다. 이 막대한 수치는 에어컨 온도를 1℃ 낮추는 데 하루 평균 0.41kWh의 전력이 추가로 소모된다는 점과 전국의 가구 수 2,371만 가구를 기준으로 계산된 결과이다. 이번 탐구 실험에서 얼룩말 줄무늬 표면은 일반 흰색 표면과 비교했을 때 약 1℃ 이상의 유의미한 온도 저감 효과를 보였다. 이러한 데이터를 종합해 볼 때 가정과 상업용 건물 외벽 등에 얼룩말 무늬 원리를 적용한다면 국가적인 에너지 절약과 온실가스 감축에 막대한 효과를 거둘 것으로 예상된다.

따라서 현재 여러 지자체에서 적극적으로 시행 중인 기존의 단색 '쿨루프Cool Roof 사업'을 '줄무늬 루프Striped Roof 사업'으로 변경하여 추진하는 것이 훨씬 바람직해 보인다. 아울러 아파트나 일반 건축물의 창문에 얼룩말 줄무늬 패턴을 적용한 '줄무늬 블라인드'를 개발해 설치한다면 여름철 막대한 냉방비를 효과적으로 절감할 수 있을 것이다.

한편 실험을 진행하는 과정에서 주변 환경 통제의 어려움으로 인해 각 온도계의 초기 온도를 완벽하게 동일하게 맞추지 못했던 점은 아쉬운 한계로 남는다. 기회가 닿는다면 얼룩말 줄무늬의 '폭(간격)'에 따른 온도 저감 차이를 정밀하게 분석해 보고 싶다. 또한 검은색과 흰색의 조합이 아닌 다른 색상 조합으로 줄무늬를 구성했을 때도 동일한 대류 현상과 냉각 효과가 나타나는지에 대해 심도 있는 추가 실험을 진행해 보고 싶다.

VII. 느낀 점

공서현: 지구 온난화로 점점 바닷물 속으로 잠기고 있는 나라인 키리바시 공화국의 대통령이 기후 변화의 피해를 알리고 온실가스 감축을 호소하려고 우리나라를 방문했다는 뉴스를 봤던 기억이 난다. 그 뉴스를 보면서도 온실가스 배출은 중국 같은 나라의 일로만 생각하며 대수롭지 않게 생각했다. 그런데 보고서를 쓰면서 우리나라 역시 온실가스 배출량이 세계 7위라는 사실에 충격을 받았다. 에너지 절약이 나와 상관없는 일이 절대 아니라는 생각이 들었다. 이번 실험이 온실가스를 줄이는 데 작은 도움이 될 수 있었으면 좋겠다.

박준호: 조사를 하면서 과거 사람들이 자연환경을 이용해 에너지를 절약한 사실이 놀라웠고 화석 연료의 편리한 점이 좋은 것은 아니라는 걸 알았다. 학생인 우리가 실생활에 바로 도움을 줄 수 있는 방법을 고민하다 제안한 얼룩말 줄무늬 제품이 널리 보급되어 지구 온난화를 막는 데 도움이 되면 좋겠다. 여름이 다가오니 당장 우리 집의 블라인드와 커튼부터 바꿔보자고 해야겠다.

박지환: 학교에서 온난화에 대한 많은 수업을 받았다. 하지만 부족함 없이 에너지를 쓰고 있기 때문에 그 심각성을 느끼지 못했다. 이번 주제를 탐구하면서 무분별한 에너지 사용의 문제점에 대해 깊이 고민하고 대안도 찾아볼 수 있어 뜻깊은 시간이었다. 새로운 에너지를 개발하는 것만큼 아껴 쓰는 것도 중요하다는 것을 배울 수 있었다.

참고 문헌

1. 군터 파울라, 《블루 이코노미》, 가교, 2010

2. 임태훈, 《지구에서 제일 멋진 집 에코 하우스》, 스콜라, 2014

3. 송봉근·김경아·박경훈, 〈쿨루프 적용에 따른 업무용 건물의 내·외부 온도 저감 효과〉, 한국생태환경건축학회, 2016.12

4. 십년후연구소, 화이트루프 프로젝트 블로그

5. EBS 원터풀 사이언스, 첨단건축 '한옥의 비밀'편, 2008

에너지 절약을 위한 환경개선 방법을 주제로 한 탐구보고서를 준비하면서 실시하는 설문조사입니다. 성실한 답변 부탁드립니다.

1. 성별:　　　　　(1) 남　　　(2) 여

2. 연령대:　　　　(1) 10대　　(2) 20대　　(3) 30대　　(4) 40대　　(6) 50대

3. 기온이 높을 경우 가정에서 주로 사용하는 냉방 방법은 무엇입니까?
　　(1) 에어컨　　　(2) 선풍기　　　(3) 부채　　　(4) 냉방기　　　(5) 기타

4. 전기를 사용하지 않는 냉방방법을 사용한 경험이 있습니까?
　　(1) 많다.　　　　　(2) 1,2번 있다.　　　　　(3) 전혀 없다

5. 4번 문항에서 (1),(2)번을 선택한 경우 그 방법을 구체적으로 설명해 보세요.

6. 얼룩말 줄무늬가 실내온도를 더 떨어뜨린다는 사실을 알고 있습니까?
　　(1) 예　　　　　(2) 아니오

7. 블라인드를 여름철 냉방비 절약 용도로 사용하십니까?
　　(1) 예　　　　　(2) 아니오

8. 7번 문항에서 (2)번을 선택한 경우 여름철 냉방비가 절약된다면 블라인드를 사용할 생각이 있습니까?
　　(1) 예　　　　　(2) 아니오

8. 창 내부에 블라인드를 설치하면 열 흡수량을 줄일 수 있습니다. 줄무늬 블라인드가 실내온도를 다른 색보다 더 낮출 수 있다면 사용할 생각이 있습니까?
　　(1) 예　　　　　(2) 아니오

동패중학교 1학년 학생입니다. 탐구보고서를 쓰면서 십년후연구소의 '쿨루프 사업'에 관한 정보가 필요해 인터뷰를 요청드립니다.

1. 쿨루프 사업의 추진 배경은 무엇인가요?

'쿨루프Cool Roof'는 글자 그대로 '시원한 지붕'을 뜻하며 햇빛과 태양열에 대한 반사 및 방사 효과가 뛰어난 흰색 도료를 지붕에 칠해 열기 축적을 줄이는 건축 공법입니다. 이 개념은 2010년 미국 에너지부DOE의 발표를 계기로 전 세계에 널리 확산하기 시작했습니다. 당시 미국 에너지부는 어두운 색상의 일반 지붕이 최고 66℃까지 달아오르는 반면, 같은 조건에서 쿨루프를 시공하면 표면 온도를 28℃ 이상 낮추는 냉각 효과가 있다고 밝혔습니다.

쿨루프가 크게 주목받는 이유는 시공의 범용성과 경제성 때문입니다. 식물을 심는 옥상 녹화 방식은 하중 문제로 주로 평평한 콘크리트 지붕에만 제한적으로 적용할 수 있는 반면, 쿨루프 도료는 지붕의 형태나 소재와 무관하게 거의 모든 지붕에 칠할 수 있고 시공 비용도 훨씬 저렴합니다.

무엇보다 태양광 반사율을 획기적으로 개선하여 건물 내부의 냉방 에너지를 대폭 절감할 수 있습니다. 나아가 대기 온도를 낮춰 도심의 열섬 현상을 완화하는 데 도움을 주며 화석 연료를 주로 사용하는 발전소의 냉방 에너지 수요 자체를 감소시켜 대기질 개선 효과까지 거둘 수 있는 것으로 확인되었습니다.

2. 쿨루프 사업 비용은 약 얼마가 발생했나요? (사업 효과에 대해 기술하였습니다.)

서울의 옥상과 지붕을 모두 하얗게 칠하면 여름철 냉방 전력 중 373.65GWH를 절약할 수 있습니다. 이는 18만 697톤의 온실가스를 절감하고 20만 그루의 나무를 심는 효과와 맞먹습니다.

3. 쿨루프 사업의 장점은 무엇인가요?

가장 저렴하고 손쉽게 할 수 있는 온실가스 저감 방법입니다.

4. 쿨루프 사업의 보완점이 있다면 무엇인가요?

겨울에는 추워집니다. 하지만 지난 20년간 서울지역의 일사량 평균을 보면 겨울철 일사량은 여름철 일사량의 1/3 정도이므로 여름철에 절약한 에너지가 더 많습니다.[1]

5. 현재보다 얼룩말 줄무늬 색이 단열에 더 효과가 있는 색상이라면 기존 사업에 적용할 의향이 있으신가요?

(1) 있다　　(2) 없다

6. 있다면 이유는 무엇인가요?

효과가 있고 건축물 미관 심의를 통과할 수 있다면 당연히 적용하겠습니다.

7. 없다면 이유는 무엇인가요?

인터뷰에 응해주셔서 감사합니다.

1　신재생에너지 데이터센터 http://kredc.kier.re.kr/kier

과학 독후감/서평 작성 방법

과학 독후감은 무엇일까?

과학 독후감은 책에서 다루는 과학적 개념과 사례가 자신의 생각, 감정, 질문과 어떻게 조우했는지를 보여주는 글이다. 따라서 책의 줄거리만 요약하거나 단순히 새로 알게 된 과학적 지식을 나열하는 수준에 그쳐서는 좋은 독후감이 될 수 없다. 책 속의 과학적 지식이 세상을 바라보는 자신의 관점과 사회에 대한 인식에 어떤 변화를 일으켰는지를 중심에 두고 서술해야 한다.

이를 위해서는 줄거리와 내용 요약은 글의 전개를 위한 최소한의 비중으로 남겨두고 그 내용을 바탕으로 생겨난 생각, 성찰, 의문 등을 충분히 펼쳐내야 한다. 글의 구성은 '줄거리와 내용 정리'를 40~50%, '개인의 생각과 성찰'을 50~60%의 비율로 배분하는 것이 적절하다. 특히 생각과 성찰의 비중이 요약보다 클 때 글의 깊이가 살아난다. 이처럼 짜임새 있게 구성된 글은 책에서 얻은 과학적 지식이 단순한 정보의 축적을 넘어 독자 자신의 삶과 사회적 맥락 속에서 과연 어떤 의미를 지니는지 탐색하는 훌륭한 독후감이 된다.

과학 독후감을 어떻게 작성해야 할까?

과학 독후감은 일반 독후감과 달리 책 속의 과학 개념을 정확히 이해하고 이를 바탕으로 사고를 확장하는 글이다. 따라서 개념을 잘못 이해한 채 사용하는 일이 없도록 주의해야 하며 가능하면 책에서 다룬 핵심 개념을 먼저 정리해 두는 것이 도움이 된다. 글을 쓸 때는 추상적인 표현보다 구체적 사례와 정확한 과학적 설명을 활용해야 독후감의 깊이가 살아난다.

과학 독후감에서 중요한 것은 책을 통해 얻게 된 지식 자체보다 그 지식으로 인해 생겨난 새로운 질문과 변화된 생각이다. 예를 들어 "이 책은 기후 위기의 심각성을 강조한다"라는 진술에 그치지 않고 "그렇다면 기후 위기를 늦추기 위해 내가 할 수 있는 실천은 무엇일까?"와 같이 책의 내용을 바탕으로 스스로 질문을 던지는 과정이 필요하다.

또한 "무서웠다", "환경을 지켜야겠다고 생각했다"와 같은 단순한 감상에서 머무르는 것이 아니라 과학적 이해가 나의 태도, 행동, 가치관에 어떠한 변화를 일으켰는지를 분명하게 보여주어야 한다. 예를 들어 "이 책을 읽고 인상 깊었던 부분은 양의 되먹임positive feedback 개념이었다. 빙하가 줄어들면 반사되는 햇빛이 감소하고 드러난 바다와 땅이 더 많은 에너지를 흡수해 지구가 더 빠르게 따뜻해진다는 악순환 구조를 깨달았다. 이 내용을 통해 겨울철 실내 온도를 과도하게 높였던 생활 습관을 떠올리게 되었고 작은 행동이지만 에너지 절약을 실천해야겠다고 결심하게 되었다"와 같이 구체적으로 서술하는 것이 좋다.

책을 읽게 된 계기

- 이 책을 읽기 전에는 ○○에 대해 깊이 생각해 본 적이 없었다.
- 수업 시간에 ○○ 배우며 자연스럽게 이 주제에 관심이 생겼고 그 과정에서 이 책을 선택하게 되었다.
- 평소 ○○에 대해 궁금했기 때문에 더 알고 싶다는 마음으로 이 책을 읽게 되었다.

인상 깊었던 내용

- 특히 ○○에 대한 설명이 가장 기억에 남았다.
- ○○ 실험에 대한 부분을 읽으며 과학이 교과서 속 지식이 아니라 일상과 밀접하게 연결되어 있음을 느꼈다.
- 이 장면은 내가 기존에 가지고 있던 생각과 달라서 더욱 인상

깊게 다가왔다.

나의 생각과 변화

- 이 책을 읽고 ○○에 대한 나의 생각이 이전과 달라졌음을 느꼈다.
- 처음에는 저자의 주장에 쉽게 공감하지 못했지만 내용을 따라가며 읽다 보니 점차 이해하게 되었다.
- 그동안 당연하게 여겼던 ○○에 대해 다시 생각하게 되었다.

삶과의 연결

- 책의 내용을 떠올리며 나의 생활 습관과 태도를 돌아보게 되었다.
- 앞으로 ○○에 대해 조금 더 신중하게 행동해 보고 싶다는 생각이 들었다.
- 이 책은 나의 가치관에 ○○한 변화를 가져왔다.

결론

- 이 책을 통해 과학이 어려운 지식이 아니라 우리의 삶과 밀접하게 연결된 것임을 깨달았다.
- 앞으로 과학 뉴스를 접할 때 그대로 받아들이기보다 한 번 더 생각해 보려는 태도를 갖고자 한다.

과학 독후감 작성 계획지

책 소개 및 읽게 된 계기	• 어떤 책인지, 왜 읽게 되었는지 간단히 소개
인상 깊은 내용	• 기억에 남는 과학 개념·실험·이론·사례를 한두 가지 정리하기 • 왜 인상적이었는지 이유 쓰기
나의 생각과 새롭게 떠오른 질문	• 저자의 주장에 대한 나의 생각(동의하는지, 동의하지 않는지) 쓰기 • 책을 읽고 새롭게 떠오른 질문 적기
삶과의 연결	• 책을 읽고 나의 생활, 습관, 가치관이 어떻게 변했는지 쓰기 • 달라지거나 실천하고 싶은 점 적기
결론	• 책을 통해 얻은 가장 큰 깨달음과 앞으로의 다짐 정리

과학 서평은 무엇일까?

서평은 책을 읽은 후 '분석과 판단을 바탕으로 평가하는 글'로 일반적인 독후감과는 성격이 다르다. 서평에는 반드시 비평적 관점이 포함되어야 한다. 여기서 '비평'이란 부정적인 면을 찾아 비난하는 것이 아니다. 책의 내용과 구성, 개념의 타당성, 전달 방식의 특징과 의의 등을 분석적으로 살펴보고 판단하는 일련의 과정을 의미한다. 다시 말해 장단점 모두를 아우르며 균형감 있게 평가하는 작업이다. 요컨대 과학 독후감이 '이 책을 통해 내가 어떻게 달라졌는지'를 고백하는 글이라면 과학 서평은 '이 책이 무엇을 어떻게 말하고 있는지'를 객관적으로 평가하는 글이다.

서평 쓰기는 분석과 비평이 꼭 들어가야 해서 학생뿐만 아니라 성인에게도 결코 만만한 작업이 아니다. 이 까다로운 서평 쓰기를 조금이나마 수월하게 수행하려면 본격적인 쓰기에 앞서 독서토론을 진행해 보는 것이 도움이 된다. 독서토론은 책 읽기와 글쓰기를 자연스럽게 이어주는 징검다리 역할을 할 뿐만 아니라 타인의 다양한 해석과 관점을 접하게 하여 서평의 시야를 넓혀 준다. 특히 토론 과정에서 나온 질문들은 향후 서평의 주제문, 문제의식, 관점을 형성하는 데 직접적인 도움을 준다.

만약 여건상 누군가와 함께 토론하기가 어렵다면 혼자서라도 책을 읽는 내내 스스로 질문을 던지고 그 답을 찾아 나가는 과정이 필요하다. 이러한 자기 주도적인 질문의 과정은 서평의 방향성을 잡아 주고 글에 담길 내용의 깊이를 한층 더해준다.

과학 서평은 어떻게 작성해야 할까?

감정이 아닌 '메타인지적 관점'으로 읽기

과학 서평을 잘 쓰려면 자기만의 관점을 갖되 개인적 감정에 치우치지 않은 보편적 시각을 유지하는 것이 무엇보다 중요하다. 우리는 흔히 '감(느낌)'과 '평(분석과 판단)'을 혼동하기 쉽지만 이 둘은 분명히 구분되어야 한다. 서평에서 필요한 것은 단순한 감정 표현이 아니라 근거에 기반한 비판적 판단이기 때문이다.

결국 서평 쓰기에서 가장 중요한 것은 글을 대하는 '태도'이며 그 중심에는 자신의 생각과 감정을 객관화하여 한 단계 높은 곳에서 조망하는 '메타인지'가 자리한다. 예를 들어 기후 위기에 대해 강한 분노를 느꼈더라도 글에서는 단지 "기후 변화는 나쁘다"라는 감정적 호소에만 머무는 경우가 많다. 이는 자신의 가치관과 판단 기준을 스스로 명확히 자각하지 못했기 때문이다. 글의 깊이는 결국 '무엇을 느꼈는가'가 아니라 '왜 그렇게 느꼈는지'를 얼마나 정밀하게 인식하고 논리적으로 증명하는가에 의해 결정된다.

따라서 좋은 서평을 쓰기 위해서는 자신의 가치관과 태도에 대한 성찰이 반드시 선행되어야 한다. 자기 이해가 깊어질수록 글은 비로소 성찰이 담긴 '있는 그대로의 관점'을 갖추게 되며 이러한 메타인지는 곧 좋은 서평을 넘어 좋은 글을 만드는 핵심 조건이 된다.

분석과 비평의 출발점이 되는 과학 서평을 위한 사전 질문

과학 서평은 책의 주장과 근거를 분석하고 자신의 관점에서 평가하는 글이다. 따라서 서평 쓰기를 시작하기 전에 다음과 같은 질문을 스스로에게 던지며 생각을 정리하는 과정이 필요하다.

- 이 책에서 제시하는 핵심 과학 개념이나 주장은 무엇인가?
- 저자의 주장에 대한 나의 관점은 무엇인가? (찬성, 반대, 부분 동의를 모두 포함한다)
- 저자의 주장이 과학적으로 타당한가? 제시한 근거, 자료, 사례는 충분하고 신뢰할 만한가?
- 책에서 다룬 과학 이슈는 현재 우리 사회와 어떤 방식으로 연결되어 있는가?
- 이 책의 강점과 한계는 무엇이라고 판단하는가?
- 이 책이 독자에게 던지는 핵심 메시지(문제의식)는 무엇인가?

이 질문들은 서평을 감상문이 아닌 비판적 사고에 기반한 과학 비평으로 이끄는 든든한 출발점이 된다. 이 질문들에 대해 나름의 답을 정교하게 정리할 때 서평은 비로소 '느낌의 글'을 넘어 '사고의 글'로 완성된다.

과학 서평에서 자주 사용되는 문장에는 어떤 것들이 있을까?

책 소개 및 문제의식

- 이 책은 ○○라는 문제를 중심으로 현대 과학이 사회와 맺는 관계를 다루고 있다.
- 저자는 ○○을 통해 과학이 개인과 사회에 어떤 영향을 미치는지를 설명하고자 한다.
- 이 책은 ○○ 분야의 최근 논의를 일반 독자도 이해할 수 있도록 풀어낸 과학 교양서이다.

핵심 주장 요약

- 저자의 핵심 주장은 ○○이라고 할 수 있다,
- 책 전반에 걸쳐 ○○이라는 관점이 반복적으로 제시된다.
- 이 책은 ○○에서 출발해 ○○이라는 결론으로 논의를 전개한다.

사례 및 개념 분석

- ○○ 실험은 저자의 주장을 구체화하는 핵심 사례로 제시된다.
- 해당 개념은 이론 설명 이후 여러 차례 반복적으로 등장하며 논의의 중심축 역할을 한다.
- ○○ 사례는 추상적인 과학 원리를 독자가 이해하기 쉬운 상황으로 전환하는 역할을 한다.

평가와 한계

- 이러한 구성은 과학적 배경지식이 없는 독자에게도 접근성을 높인다는 점에서 장점으로 평가할 수 있다.
- 다만 사례 중심 설명에 비해 이론적 배경에 대한 심화 설명은 상대적으로 부족한 편이다.
- 저자의 관점은 일관되게 제시되지만 반대 입장이나 다른 해석 가능성에 대한 검토는 충분하지 않다.
- 따라서 이 책은 입문서로서의 강점은 분명하지만 심화 독서용으로는 아쉬움이 남는다.

추천 대상

- 과학과 사회 문제에 관심 있는 중고등학생에게 적합한 책이다.
- ○○ 관련 진로를 고민하는 독자에게 기초적인 시각과 문제의식을 제공한다.

과학 서평 작성 계획지

도입 (책과 저자에 대한 소개 및 출간 배경, 에피소드로 시작하는 것도 좋음)	책의 출간 배경과 문제의식, 저자의 전공, 연구 분야, 대표 저서, 필요한 경우 강연, 연구 일화, 사회적 활동 등 저자의 관점과 문제의식이 드러나는 사례를 덧붙여 서술한다.
책의 주제와 핵심 주장 요약 (3~5문장)	책에서 다루는 가장 중심적인 문제의식과 핵심 주장을 중심으로 내용 요약, 이야기 구조가 있는 경우에는 줄거리 전체를 나열하기보다 저자의 주장이 전개되는 큰 흐름과 논지의 방향을 중심으로 압축하여 정리한다.
핵심 장면, 사례, 실험의 제시와 의미 분석	책 속에서 핵심 주장을 잘 보여주는 실험, 사례, 인물, 장면을 선택하여 소개하고 이 장면이 저자의 논지를 뒷받침하거나 드러내는 방식에서 어떤 의미를 갖는지를 중심으로 분석한다.
책에 사용된 과학 개념의 설명과 평가	책에 등장하는 과학 개념을 선택하여 정의와 과학적 원리를 정리하고, 해당 개념이 책 속에서 얼마나 정확하고 적절하게 설명되고 있는지 서술한다. (교과서 내용과 연계된 부분이 있다면 추가)
관점 연결 (독자의 경험이 아니라 해석의 근거로서의 연결)	나의 생활 및 수업 경험, 뉴스, 실험, 토론 사례 등을 활용하여 책의 주장이나 설명 방식에 대한 해석의 근거를 제시한다. 이 과정에서 공감이나 생각의 변화 언급한다. (개인적 감상보다 책의 주장에 대한 이해와 평가를 강화하는 방향)
책의 장점과 한계에 대한 평가	책의 장점으로는 설명의 명확성, 사례의 적절성, 사회적 의미, 새로운 관점 제시 등을 중심으로 평가한다. 동시에 설명이 부족하거나 어려운 부분, 특정 관점에 치우친 서술, 더 다루었으면 좋았을 주제 등 한계점도 함께 제시한다. (무조건 긍정적인 측면만 서술하는 것은 지양)
추천 대상 설정과 이유	추천하고 싶은 구체적인 대상(학년, 관심 분야, 진로 등)을 설정하고, 그 대상에게 이 책이 어떤 점에서 의미 있는 읽기가 될 수 있는지를 서술한다. (학습, 진로, 가치관 형성에 도움을 줄 수 있는 이유를 서술)

과학 독후감과 과학 서평의 비교

구분	과학 독후감	과학 서평
글의 목적	책을 읽은 나의 생각과 변화 정리	책의 주장과 설명 방식 분석 및 평가
중심 질문	이 책은 나에게 무엇을 남겼는가?	이 책은 무엇을, 어떻게 말하는가?
글의 출발점	읽기 전의 나(선택 계기, 궁금증)	책의 배경과 문제의식
필자의 위치	경험자, 학습자	해석자, 평가자
핵심 내용	인상 깊은 내용 + 나의 생각	핵심 주장 요약 + 의미 분석
과학 개념	내가 이해한 수준에서 설명	개념의 정확성, 사용 방식 평가
삶과의 연결	나의 생활과 가치관 변화	사회적, 교육적 의미
결론	깨달음과 다짐	종합 평가와 추천

《찬란한 멸종》을 읽고

《찬란한 멸종》은 멸종이 비극적 사건에 머물지 않고 오히려 새로운 진화를 여는 창조적 힘이라는 사실을, 시간의 흐름을 거슬러 탐구하는 스토리텔링 과학책이다. 이 책을 읽게 된 계기는 이정모 전 과천 국립과학관장님의 '진화' 강연을 들은 직후였다. 과학에 관심을 갖게 된 후 다양한 과학자들의 강연을 찾아다니던 중 이정모 관장님의 강연은 유익함과 유머가 조화를 이루어 특히 강한 인상을 주었다. 강연에서 '대멸종의 의미'에 대한 설명은 내가 알고 있던 지식을 뒤흔드는 충격이었다. 이러한 흥미와 놀라움이 자연스럽게 이 책으로 이어졌다. (책 소개 및 읽게 된 계기)

가장 인상 깊었던 내용은 대멸종의 정확한 의미, 그리고 진화와 멸종의 관계였다. 고생대에는 세 번의 대멸종이 있었는데 그중 세 번째 대멸종에서 생물의 95%가 멸종했다. 이는 "100마리 중 95마리가 죽었다"라는 뜻이 아니라 "100종 중 95종이 단 한 마리도 살아남지 못하고 사라졌다"라는 의미이다. 살아남은 다섯 종 또한 개체 대부분이 죽고 극히 일부만 남은 것이므로 결국 수만 마리 가운데 단 다섯 마리만 살아남는 것에 비견될 정도의 사건이었다.

대멸종의 충격은 나에게 생명의 근본에 대해 다시 생각하게 했다. 이를 이해하기 위해서는 먼저 진화라는 개념을 살펴볼 필요가 있었다. 그렇다면 진화란 무엇인가? 시간이 지남에 따라 생물의 형질이 점진적으로 변화하는 과정을 말한다. 다시 말해 한 종의 생물이 여러 세대를 거치며 유전적인 특징이 변하고 그 결과로 새로운 종이 생기기도 하는 생물학적 변화의 과정이 바로 진화다. 즉 좋은 방향으로 변화하는 것이 진화가 아니라 환경에 적응하여 살아남는 것이 진화이다. 그런데 진화를 위해서는 멸종이라는 조건이 필요하다. 누군가 차지하고 있던 자리가 비지 않으면 새로운 종은 탄생할 수 없다.

지구상에서는 그간 다섯 번의 대멸종이 있었다. 그리고 그 이유는 모두 기후 변화이다. 가장 최근에 있었던 다섯 번째 대멸종의 이유는 소행성 충돌의 결과이고 이때 세상을 지배했던 거대한 공룡이 멸종의 운명을 맞았다는 사실을 우리는 잘 알고 있다. 6,600만 년 전 지름 10km가 넘는 거대한 운석이 유카탄반도에 부딪혔다. 그 영향으로 지진이 났고 지진의 여파로 화산이 터졌다. 화산이 터지면 화산재로 인해 햇빛이 지구에 도달할 수 없다. 그러면 광합성을 할 수 없게 되고 화산재와 함께 산성 가스들이 나오기 때문에 토양이 산성화된다. 즉 생명이 살기 어려워지는 환경이 된 것이다. 그 결과 육상에서는 고양이보다 덩치가 큰 동물들은 대부분 사라졌다.

과학자들은 이미 여섯 번째 대멸종이 시작되었다고 경고한다. 산업화이후 기온 상승을 2℃에서 막아야 한다고 주장해 왔는데, 그 이유는 바로 2℃ 상승이 인류 생존과 지구 생태계 전반에 치명적인 영향을 주는 임계점이기 때문이다. 임계점을 넘으면 폭염과 건강 위험 증가, 해수면 상승 가속화, 생태계 붕괴와 생물다양성 감소, 농업 생산성 감소에 의한 식량 위기로 인류의 생존 자체가 어려워진다. 〈코페르니쿠스 기후 변화 서비스c3s〉에 따르면 최근 기후 변화 속도가 급격하게 빨라져 2023년 7월부터 2024년 6월까지 1년의 기간만을 놓고 볼 때 이미 산업화 이후 기온 상승이 1.64℃에 달한 것으로 드러났다. (인상 깊은 과학 개념, 이론, 사례)

그동안 있었던 다섯 번의 대멸종이 자연현상 때문이었다면 이번 대멸종의 주체는 인간이다. 인간들은 산업혁명 이후 땅속 깊은 곳에 있는 화석 연료를 꺼내 마음껏 사용하며 안락하고 편리한 생활을 영위했다. 그 결과 지구는 빠른 속도로 뜨거워져 더 이상 '지구 온난화'로는 지구의 상태를 설명하기 어렵게 되었다. '지구 가열화', '지구비등화'가 현실이 된 것이다. 그간의 대멸종에서 알 수 있는 공통적인 현상은 최상위 포식자는 반드시 멸종한다는 사실이다. 현재 지구에서 최상위 포식자는 인간이다. 또한 한 종으로 보았을 때 개체 수 역시 가장 많다. 이것은 여섯 번째 대멸종에서 우리 인간이 살아남지 못할 가능성이 거의 100%에 가깝다는 것을 의미한다.

이러한 사실을 생각할 때 인간으로서 고통스러운 마음이 크지만 반대로 생각하면 최상위 포식자인 인간에게 기회가 되는 부분이기도 하다. 자연현상이 어찌해 볼 도리 없는 장벽이라면 인간이 자초한 일은 스스로 해결할 수 있기 때문이다. 그렇다면 인류는 어떻게 기후 변화 문제를 해결할 수 있을까? 이 대목이 바로 내가 이 책을 읽고 갖게 된 핵심 질문이다.

저자는 기후 위기 해결의 열쇠는 인간의 의지에 달려 있다고 강조한다. 나는 이 주장에 동의한다. 기후 위기의 심각성이 명백한데도 대부분의 사람은 무관심하거나 책임을 회피한다. 유엔 기후협약UNFCCC 체계 아래 각국이 탄소 감축을 약속했지만 실질적 변화는 미미하며 전 세계 탄소 배출량은 오히려 증가하고 있다. 산업혁명 이후 누적 탄소 배출의 70%를 차지하는 선진국들은 감축 의무의 강제성이 약해 책임을 다하지 않는다. 기후 행동의 상징이 된 청소년 활동가 그레타 툰베리가 분노한 이유가 여기에 있다. (도입)

이 책을 읽은 뒤 나는 기후 위기를 더 이상 먼 미래의 문제가 아닌, 지금 당장 실천해야 하는 현실적인 문제로 받아들이게 되었다. 그 과정에서 자연스럽게 정치·경제·환경 분야의 뉴스를 적극적으로 찾아보게 되었고 평소에는 무관심하게 지나치던 정책 발표나 과학적 전망도 놓치지 않게 되었다. 특히 기후 과학자들이 제시하는 미래 기후 변화 예측, 국제기구의 탄소 배출 전망, 각국의 정책 시나리오를 살펴보며 현재의 선택이 미래의 환경과 사회에 어떤 영향을 미치는지 더 깊이 고민하게 되었다.

물론 개인이 탄소발자국을 줄이는 실천은 중요하다. 하지만 기후 위기의 규모를 고려할 때 정부의 개입과 탄소 다배출 기업의 구조적 변화 없이는 근본적 해결이 어렵다는 사실을 깨달았다. 결국 개인이 모여 형성하는 여론과 시민 행동이 기업과 정부를 움직이는 힘이며, 이것이 실제 변화를 유도한다는 사실도 체감하게 되었다. 이러한 관심과 고민이 쌓이다 보면 언젠가 기후 문제 해결에 기여할 수 있는 행동으로 이어질 것이라 믿는다. (삶과의 연결)

이 책을 덮으며 나는 인류가 지금 어떤 지점에 서 있는지를 다시 생각하게 되었다. 과거 다섯 번의 대멸종은 인간에게 '찬란한 기회'를 제공했기에 인류가 존재할 수 있었지만 이번 여섯 번째 대멸종은 인간 스스로가 만든 위기다. 그동안 자연이 길을 열어주었다면 이번에는 인간이 스스로 길을 열어야 한다. 이 책은 나에게 묻는다.

"이번 대멸종 앞에서 인간은 어떤 선택을 할 것인가?"

그 질문을 잊지 않고 나의 삶 속에서 답을 계속 찾아갈 것이다. (결론)

결자해지(結者解之), 인간이 자초한 일이니
인간이 해결해야 하지 않겠는가?
—《찬란한 멸종》을 읽고 —

　나는 에어컨 바람을 좋아하지 않는다. 그래서 그동안은 집에 에어컨이 있어도 일 년에 다섯 번도 채 켜지 않고 지냈다. 그것도 햇빛이 쏟아진 뒤 데워진 아파트의 열기를 잠시 식힐 때만 사용하곤 했다. 하지만 2025년 한반도의 여름은 달랐다. 에어컨 없이는 한나절도 견디기 힘든 날들이 이어졌고 여름 내내 에어컨을 켜지 않은 날이 손꼽을 정도였다. 그런데 더 충격적인 것은 앞으로 맞이할 여름 중 그해가 가장 시원했던 여름으로 남을 것이라는 사실이다.

　이러한 상황에서 국내에는 61기의 석탄발전소가 가동 중이며 에너지 경제 연구원의 〈2024 에너지 통계 연보〉에 따르면 국내 온실가스 배출량 가운데 38.9%가 바로 이 석탄화력발전소에서 나오고 있다. 오늘도 열심히 일하고 있는 석탄화력발전소들은 그 일의 의미를 알고 있기는 한 걸까? 뿌연 연기를 내뿜고 있는 석탄화력발전소의 사진을 보면 마치 결과를 예측하지 못하고 행동하는 인간의 모습을 보는 듯하다. (도입)

　이 책은 지구 생명의 역사에서 반복된 다섯 번의 대멸종을 과학적으로 설명하며 멸종이 진화 과정에서 자연스럽게 수반되는 현상임을 강조한다. 새 생명의 탄생에는 반드시 멸종이 필요했고 과거의 대멸종은 기후 변화가 촉발했다. 그러나 여섯 번째 대멸종은 인간이 직접 초래한 기후 위기로부터 시작된다는 점에서 본질적으로 다르다. 따라서 이 위기를 해결해야 할 주체 또한 인간임을 저자는 명확하게 드러낸다. (책의 주제와 핵심

주장 요약 3~5문장)

"행복한 대형 포유류는 모두 저마다의 이유로 평화롭게 살지만 불행한 대형 포유류는 모두 같은 이유로 멸종한다. 바로 인간 때문이다."

생태적 슬픔Ecological grief에 빠질 수도 있는 주제를 톨스토이의《안나 카레니나》첫 문장을 빌려 유머러스하게 표현할 수 있는 과학자가 또 있을까? 책을 읽다 보면 스토리텔러인 저자의 능력에 감탄하게 된다. 그의 스토리텔링과 문장에는 누구도 흉내 내기 어려운 위트가 있다. 과학을 어렵게 느끼는 사람도 책장을 열면 그의 문장에 빠져들 수밖에 없다. 결국 이런 유머는 기후 슬픔으로 무기력에 빠질 수도 있는 독자들로 하여금 희망을 주고 그에 따른 기후 문제 개선의 노력 의지를 갖도록 해준다.

이 책의 또 다른 장점은 매우 친절하다는 점이다. 어려운 어휘의 뜻을 각주로 설명하는 대신 문장 속에 자연스럽게 녹여 독자로 하여금 독서의 흐름을 방해하지 않고 물 흐르듯 자연스럽게 책을 읽게 만든다. 예를 들어,

"여기서 잠깐! 유기물이란 무엇인가? 유기물이란 생명에서 기인한 모든 물질을 말한다. 탄수화물, 지방, 비타민, 핵산 같은 것에서 온 것들이다. 모든 유기물은 공통점이 있다. 바로 탄소가 들어 있다는 것이다. 왜냐하면 생명의 모든 분자는 탄소로 된 뼈대를 기반으로 만들어지기 때문이다. 우리가 영양소라고 하는 것 중 물을 제외하면 모두 유기물이다." (295쪽)

이처럼 독자가 과학 개념을 쉽게 이해할 수 있도록 친절하게 풀어주기 때문에 과학책인데도 딱딱하거나 어렵다는 느낌 없이 자연스럽게 내용을 따라갈 수 있었다. (핵심 장면, 사례, 실험의 제시와 의미 분석/책에 사용된 과학 개념의 설명과 평가)

　이 책을 읽다 보면 인간이라는 존재를 다시 생각하게 된다. 우리 인간은 미미한 '우주 먼지'에 불과하지만 지구에서 벌어지는 수많은 문제를 초래하는 당사자이기도 하다. 하지만 동시에 우리 스스로 자신과 우주를 인식한 존재이기 때문에 문제를 해결할 주체도 우리 인간이다. '종으로서의 인간'에 불과한 우리 자신을 이해하고 보듬을 이는 우리뿐인 것처럼 지구를 지키고 대변해 줄 이들도 우리뿐이다.

　물론 멸종은 진화 과정에서 자연스럽게 수반되는 현상이다. 멸종이 없다면 진화도 있을 수 없다. 즉 새로운 생명체가 탄생하기 위해서는 멸종이 반드시 있어야 한다. 그간 다섯 번의 대멸종은 자연적인 기후 변화로 인해 발생했지만 그 과정 덕분에 인간은 현재 최상위 포식자의 위치에 설 수 있게 해준 고마운 멸종이었다. 그러나 여섯 번째의 대멸종은 상황이 전혀 다르다. 바로 이번 멸종의 당사자가 우리 인간이기 때문이다. 우리 인간이 그 과녁 끝에 놓인 만큼 "멸종은 자연스러운 현상이니 그냥 사라져도 된다"라고 말할 수는 없다. 자연스러운 것이 반드시 좋은 것은 아니기 때문이다.

　'찬란한 멸종'이라는 제목은 마치 '운수 좋은 날'이나 '화수분'을 떠올리게 하는 아이러니한 느낌을 준다. 멸종의 사전적 의미는 '생물의 한 종류가 아주 없어짐. 또는 생물의 한 종류를 아주 없애 버림'을 뜻한다. 이러한 의미는 '찬란하다'라는 형용사와는 어울리지 않는다. 그렇다면 왜 저자는 멸종에 '찬란한'이라는 단어를 붙였을까. 그리고 우리는 이 멸종의 과정에서 어떤 방식으로 '찬란하게' 존재해야 할까.

　그 답은 이미 우리 안에 있다. 우리에게 필요한 것은 바로 의지다. 최상위 포식자의 자리에 있는 우리는 자본과 기술 모두를 갖추고 있다. 즉 이번 멸종은 인간이 일으킨 것이지만 그것을 해결할 수 있는 주체 역시 인간이다. 다음의 문장은 우리 인류가 나아갈 바를 말해 주고 있다. 인간의 멸종을 조금이라도 늦추기 위해 우리는 지금 당장 실천해야 한다.

"바로 나, 백상아리는 현대의 상징적인 포식자 중 하나다. 하지만 해양 생태계에서 핵심종 역할을 할 뿐 인간에게는 그다지 해가 되지 않는다. 〈죠스〉는 영화일 뿐이다. 우리가 네 차례의 대멸종을 겪으면서도 여전히 버티고 있는 이유가 무엇이겠는가? 우리의 기회주의적 속성 때문이기도 하고 생태계에 꼭 필요한 핵심종이기 때문이다. 인간은 우리에게 배우시라. 지구에서 조금이라도 더 버티고 싶다면." (290쪽)

저자의 경고는 더 이상 백상아리만의 이야기가 아니다. 그렇다면 우리에게 남겨진 과제는 무엇일까? 이제 우리는 편리함을 조금씩 내려놓는 법을 배워야 한다. 에어컨의 시원한 바람, 자가용의 속도, 지나친 소비의 유혹까지도 스스로 조절해야 한다. 이것이 인류가 스스로를 지키는 첫걸음이며 우리 호모 사피엔스도 인류에게 '필요한 종'으로 남는 길이다. (관점 연결-독자의 경험이 아니라 해석의 근거로서의 연결)

이 책의 가장 큰 장점은 앞에서 언급했듯 친절함과 위트 안에서 기후 위기의 심각성을 자연스럽게 깨달을 수 있게 하는 것이다. 반면 기후 위기와 멸종에 대한 강렬한 현실 인식은 때때로 우리의 마음을 무겁게 한다. 그러나 이는 오히려 저자의 메시지를 정확히 전달하는 데 필요한 요소이기도 하다. (책의 장점과 한계에 대한 평가)

마지막으로 기후 위기, 진화와 생물다양성에 관심 있는 독자뿐 아니라 과학을 어렵게 느끼는 사람에게 이 책을 추천한다. 특히 청소년에게는 기후 위기의 심각성, 사회정책에 대한 비판적 사고, 미래세대의 책임 의식을 키우는 데 도움을 줄 것이다. (추천 대상과 이유)

과학 주제 발표문(페임랩 원고) 작성 방법

과학 주제 발표문이란 무엇일까?

과학 주제 발표문이란 과학 관련 주제를 요약해 짧은 시간 안에 발표하기 위해 작성하는 글로 특별한 형식이 정해져 있는 것은 아니다. 최근 교내 대회나 수행평가에 사용되는 경우가 늘고 있는데, 이때 페임랩FameLab이라는 국제 과학 발표 경연 대회의 형식을 주로 따르고 있다.

페임랩은 3분 안에 발표 자료 없이 설명하는 과학 주제 발표 경연 대회로 2005년 영국의 첼트넘 과학 축제에서 시작되었다. 'Fame(명성, 유명함)'과 'Lab(실험실)'의 합성어로 과학을 세상에 널리 퍼뜨릴 수 있도록 대중과 소통하는 실험의 장이라는 의미를 담고 있다. 전문적인 과학기술 지식을 쉽고 흥미로운 방식으로 전달하자는 취지에서 과학자들에게 자신의 연구 분야나 좋아하는 과학 주제에 대해 직접 설명해 보는 실험적인 시간을 마련한 것이 시작이었다.

현재 페임랩 대회는 전 세계 50여 개국에서 운영되고 있으며, 우리나라에서도 2014년부터 2023년까지 '페임랩 코리아'를 개최해 국제 대회 참가 대표를 선발해 왔다. 2025년 기준으로는 충북 과학 문화거점센터의 '충북 청소년 페임랩', 국립중앙과학관의 '주니어 과학 커뮤니티 경진대회', 포항공과대학교의 '내 연구를 소개합니다(내연소)' 등 페임랩 형식의 청소년 과학 커뮤니케이션 대회도 지속적으로 확대되고 있다.

이 책에서는 과학 주제 발표문을 '페임랩 대회 원고' 형식에 맞추어 작성 방법을 설명하고자 한다.

과학 주제 발표문을 작성할 때 어떤 주제를 고르면 좋을까?

주제를 선정할 때는 다른 과학 글쓰기와 마찬가지로 교과서 내용에서 출발하는 것이 가장 바람직하다. 이때 단순히 배운 개념을 나열하는 것이 아니라 일상의 관심사를 과학 교과 내용과 연결하는 과정에서 떠오른 궁금증을 질문으로 확장하면 주제를 발견하기가 훨씬 수월하다. 즉 세상을 해석하는 렌즈로 과학을 활용해 주제를 찾는 것이다.

페임랩에서 발표할 개념을 선택했다면 그 개념을 청중의 머릿속에서 하나의 그림으로 시각화할 수 있는 비유 대상을 찾아 정리해야 한다. 예를 들어 "화석 연료에서 이산화탄소가 나오는 배출 과정과 문제점에 관해 설명하겠습니다"라고 말하면 청중의 기억 속에 각인되지 않는다. 하지만 "여기 많이 먹으면 안 되는 통조림이 있습니다. 이 통조림 안에는 화석 연료가 들어있습니다"라고 시작한다면 화석 연료가 통조림이라는 하나의 이미지로 형상화되기 때문에 훨씬 기억에 남는다.

주제는 단 하나의 문장으로 정리될 수 있어야 한다. 3분이라는 짧은 시간 동안 너무 많은 내용을 전달하려 하면 오히려 남는 게 없다. 가령 "화석 연료는 지구가 수억 년간 밀봉해 놓은 탄소 통조림이다"라는 핵심 문장을 정했다면 그 문장의 의미를 중심으로 3분 동안 차근차근 풀어가면서 설명하면 된다.

질문에서 발표 주제로 연결하는 과정

단계	질문	설명
1단계	왜 화석 연료를 태우면 이산화탄소가 생길까?	화석 연료는 탄소(C)가 많은 유기물 → 연소할 때 산소 (O_2)와 결합 → 이산화탄소(CO_2) 발생
2단계	화석 연료 안에는 왜 탄소가 많을까?	이산화탄소가 들어와 산소가 나가고 광합성 과정에서 식물 속에 탄소만 남음 → 석탄과 같은 화석 연료는 과거 식물의 유기물이 땅속에서 수백만 년 압축되어 형성 → 화석 연료 안에 많은 탄소 저장
3단계	이산화탄소가 많이 생기면 무엇이 문제일까?	이산화탄소는 대기 중에 머무르며 열을 흡수 → 온실효과 발생 → 지구 온난화를 일으켜 각종 피해 발생
4단계	무엇을 비유 대상으로 표현하면 좋을까?	화석 연료는 오랜 기간 압축되어 있고 많이 먹으면 건강에 좋지 않은 점이 통조림과 비슷 → 화석 연료는 탄소 통조림
5단계	최종 발표 주제	바꿔야 할 지구의 식단, 탄소 통조림

일반적으로 '도입→전개→정리' 세 부분으로 나눠서 구성하면 효과적으로 내용을 전달할 수 있다.

도입: 청중의 시선을 사로잡아야 한다

발표 도입부에서 가장 중요한 것은 청중의 시선을 사로잡는 것이다. 질문, 경험, 통계, 상상 등 다양한 방법을 활용해 몰입할 수 있도록 공감을 끌어내야 한다.

형태	설명	사례
질문	호기심을 자극할 수 있는 질문	통조림, 좋아하세요?
경험	공감대를 형성할 수 있는 경험	어렸을 때 하늘에서 떨어지는 빗방울을 보면서 어디에서 내려오는 것인지 늘 궁금했죠.
통계/사실	일반적이지 않은 예상 밖의 통계나 사실	우리가 먹는 식량의 75%는 꿀벌이 수분을 담당하고 있습니다.
상상	감각적으로 몰입할 수 있는 상상	이런 상상 한 번쯤 해보지 않으셨어요?

전개: 핵심 개념을 쉽고 재미있게 설명해야 한다

주제의 핵심을 구체적으로 정확하게 설명하고 근거와 예시를 통해 설득력을 높여야 한다. 이때 청중을 이 내용을 전혀 모르는 사람이라고 가정하고 최대한 쉽게 설명해야 한다. 전문 용어는 필요한 경우에만 사용하고 사용했을 때는 꼭 뜻을 풀이해 줘야 한다.

낯선 과학 개념을 익숙한 이미지나 경험에 연결하면 더 효과적이다. 새로운 개념을 익히기 위해 이미 알고 있는 상황이나 사물을 떠올릴 수 있도록 도와주는 것이다. 핵심은 시각 자료가 없으므로 말로 그림을 그리듯이 생생하게 설명하는 것이다. 설명할 때 ppt는 안 되지만 소품은 적극적으로 사용하는 것이 좋다.

그 뒤 이 과학 주제가 왜 중요한지, 인간과 어떤 연결고리가 있는지, 주제의 과학기술이 미래에 어떤 영향을 줄지까지 확장하면 더 깊이 있는 발표가 된다.

정리: 내용을 정리하고 생각의 변화를 끌어내야 한다

핵심 요점을 다시 한번 정리해 주고 발표가 끝난 뒤에도 관점, 생각의 변화가 이어질 수 있는 마무리를 해야 한다. 왜 우리에게 중요한지까지 연결 지을 수 있도록 질문, 명언, 비유나 상징 이미지 등을 이용하면 효과적이다.

과학 주제 발표문(페임랩 원고) 메뉴얼

구분	내용
도입	질문, 경험, 통계, 상상 등으로 시작
전개	핵심 개념, 개념의 중요성, 미래에 끼치는 영향 등 정리
정리	요약 및 명언, 상징, 질문 등으로 마무리

바꿔야 할 지구의 식단: 탄소 통조림

준비물: 진짜 통조림 하나

여기 통조림이 있습니다. 맞아요. 집 앞 마트에서 어제 사 온 진짜 통조림입니다. 통조림은 보관도 쉽고 꺼내서 바로 먹을 수 있어 매우 편리한 식품이죠. 통조림은 프랑스에서 처음 만들어졌습니다. 나폴레옹이 전쟁에서 승리하기 위해 오랜 기간 보관 가능한 식량이 필요했던 것이 시작이었습니다. 그 덕분에 만들어진 통조림은 당시에는 혁신적인 발명품으로 불렸습니다. 하지만 냉장 기술이 발전한 지금은 어떨까요? 여전히 오래 보존할 수 있는 장점이 있지만 편하다고 자주 먹으면 건강에 좋지 않기 때문에 예전만큼 환영받지는 못합니다.

오늘 소개할 통조림도 마찬가지입니다. 편리하다고 먹으면 먹을수록 건강에 해로운 통조림. 우리가 먹는 게 아니라 지구가 먹고 있는 통조림입니다. 안에는 뭐가 들어 있냐고요? 바로 화석 연료, 즉 탄소입니다.

이 탄소 통조림은 어떻게 만들어지는지 여기서 제작 과정을 잠깐 살펴보겠습니다.

식물이 이산화탄소를 흡수하고 산소를 뱉는다는 사실, 다들 알고 계시죠? 이산화탄소는 탄소 1개, 산소 2개로 이뤄진 CO_2라는 분자입니다. 식물은 햇빛을 이용해 몸속으로 들어온 이산화탄소 분자를 쪼개 산소는 내보내고 탄소만 몸 안에 저장합니다. 이러한 광합성 과정 덕분에 식물의 잎에서부터 줄기, 뿌리에 이르기까지 모두 탄소가 들어있습니다. 한마디로 '탄소 덩어리'인 셈이지요.

그리고 그 식물들이 오랜 세월 땅에 묻혀 수억 년이 지나면 석탄이 됩니다. 바로 지구가 만든 탄소 통조림인 거죠. 탄소 통조림 속에는 오랜 시간 동안 땅속에서 뭉쳐진 탄소가 가득 들어 있습니다. 이 뚜껑을 열고 불을 붙여 태우는 순간! 탄소는 공기 중 산소와 결합해 다시 이산화탄소로 변해 하늘로 날아갑니다.

그런데 산업혁명 이후 사람들이 탄소 통조림의 뚜껑을 너무 자주, 너무 많이 열었습니다. 그 결과 공기 중 이산화탄소 농도가 급격히 상승했고 결국 지구의 건강이 나빠지기 시작했습니다. 탄소 통조림을 너무 많이 먹은 지구가 앓게 된 병이 무엇일까요? 맞습니다. 병명은 바로 여러분도 많이 들어보셨을 지구 온난화입니다.

오늘 그다지 덥지도 않은데 에어컨을 빵빵하게 틀고 있으셨다고요? 보지도 않는 TV를 계속 켜 두셨다고요? 안 열어도 되는 통조림을 또 하나 여신 겁니다.

건강을 회복하려면 먹고 싶은 대로 먹지 말고 식단을 바꿔야 합니다. 무조건 먹고 싶은 만큼 먹는 것이 아니라 에너지 사용량은 줄이고 햇빛, 바람, 물처럼 탄소가 첨가되지 않은 안전하고 청정한 에너지 식단으로 바꿔야 합니다. 우리도, 지구도 이제 통조림은 그만 줄여야 할 때입니다.
감사합니다.

과학글쓰기를 위한 자료 조사 방법

과학 글쓰기에 필요한 자료 탐색은 단 한 번으로 끝나는 과정이 아니다. 주제 선정 단계에서부터 선행 연구 조사, 글의 완성까지, 자료 탐색은 탐구 과정 전반에 걸쳐 지속적으로 이뤄진다. 이 과정에서 중요한 것은 단순히 정보를 수집하는 것이 아니라 신뢰할 수 있는 자료를 선별하고 체계적으로 정리하는 능력이다.

학생들에게 탐구 주제를 찾으라고 하면 무작정 인터넷 검색부터 시작하는 경우가 많다. 하지만 바쁜 학교생활 속에서 아무 기준 없이 자료를 찾다 보면 아까운 시간만 낭비할 뿐, 정작 필요한 정보는 얻지 못하기 마련이다. 따라서 본격적인 탐색에 앞서 '어디에서, 어떤 기준으로 자료를 찾을 것인지' 명확한 기준부터 세워야 한다. 필요한 자료의 종류를 미리 판단하고 집중적으로 탐색하면 조사 시간도 단축되고 이후의 글쓰기 과정도 한결 수월해진다. 이 장에서는 이러한 효율적인 자료 조사 방법과 더불어 올바른 참고 문헌 작성법까지 단계별로 살펴본다.

어디에서 자료를 찾을까?

과학 정보 사이트 (배경지식 습득)

과학 글쓰기를 준비할 때 가장 먼저 참고하면 좋은 곳은 과학 정보 사이트이다. 다양한 관련 정보들을 폭넓게 제공할 뿐만 아니라, 공공기관에서 운영하는 경우가 많아 자료의 정확성과 신뢰도가 높다.

- **사이언스 타임즈:** 국내외 과학기술동향·정책·문화 등 최신 흐름을 파악하는 데 유용하다. 과학자 인터뷰 및 칼럼과 각종 행사 기사도 함께 제공한다. (www) https://www.sciencetimes.co.kr
- **사이언스 올:** 한국과학창의재단이 운영하는 과학 교육 웹사이트로 최신 과학 이슈의 기사·영상은 물론 학생 눈높이에 맞는 웹툰과 카드뉴스 등 흥미로운 형태의 자료도 제공한다. (www) https://www.scienceall.com
- **동아 사이언스:** 국내외 주요 과학 뉴스를 보도하는 과학 전문 뉴스 사이트다. 생생한 취재 기사와 심층분석으로 과학 이슈를 이해하는 데 도움을 준다. (www) https://www.dongascience.com
- **BRIC:** 생명과학 및 생명공학 관련 커뮤니티 사이트로 생명공학·바이오 관련 국내 최신 연구, 뉴스 등의 정보가 많다. (www) https://www.bric.postech.ac.kr
- **네이버 지식백과-과학 기술 파트:** 과학 교과 개념을 쉽게 설명해 주며 실생활 연결 사례도 제시해 준다. 하지만 심화 자료는 아니기 때문에 기초 개념 파악 단계에서 활용하는 것이 적절하다. (www) https://terms.naver.com
- **위키백과:** 과학 개념 정보를 빠르게 찾아볼 수 있는 온라인 백과사전이다. 단 누구나 편집할 수 있는 구조이므로 학술적 근거 자료로 인용하기보다 확인용으로 활용하는 것이 바람직하다. (www) https://ko.wikipedia.org

학술 정보 사이트 (전문적인 자료 확보)

학술적 권위를 가진 자료들이므로 주제의 이론적 배경이나 선행 연구 등을 파악할 때 중요한 자료로 활용할 수 있다.

- **RISS:** 국내 최대의 통합학술 검색 엔진으로 대학 및 연구기관에서 논문뿐만 아니라 학술지, 단행본, 보고서 등 다양한 유형의 자료를 한 곳에서 검색할 수 있다. (WWW) http://www.riss.kr

- **DBpia:** 국내 학술지와 논문을 실시간으로 제공하며 분야별로 잘 분류되어 있다. 특히 주제별 인기 논문을 통해 최신 동향을 파악할 수 있다. (WWW) https://www.dbpia.co.kr

- **KISS:** 인문학, 사회과학, 자연과학, 의약학, 농수해양학 등 주제별 카테고리 구성이 체계적이어서 연구 흐름을 분석하에 좋다. (WWW) https://kiss.kstudy.com

- **Google Scholar:** 전 세계의 학술논문을 검색할 수 있는 글로벌 검색 엔진이다. 해당 논문을 인용한 문헌 목록을 확인할 수 있어 권위 있는 논문 선별이 가능하다. (WWW) https://scholar.google.com

공공기관 및 통계 사이트 (객관적인 데이터 확보)

주장의 신뢰도를 높여주는 객관적 수치와 검증된 데이터를 얻을 수 있다.

- **국회도서관:** 국내에서 가장 방대한 정책 및 입법 자료를 제공한다. 의회 자료, 법률, 통계뿐만 아니라 각종 학술정보와 그래프 데이터를 제공해 다각적 분석이 가능하다. (WWW) https://www.nanet.go.kr

- **국가정책연구포털 NKIS:** 정부 및 공공연구기관의 정책보고서, 실태조사, 연구결과 등을 한곳에서 통합 검색할 수 있다. 전문적인 정책 제언과 분석 자료를 찾는 데 유용하다. (WWW) https://www.nkis.re.kr

- **국가 통계포털 KOSIS:** 통계청이 제공하는 국내 최대의 통계 서비스로 환경·에너지·보건 등 과학 관련 국가 승인 통계를 제공한다. (WWW) https://kosis.kr

- **특허정보넷 KIPRIS:** 특허청이 운영하는 국가특허정보시스템으로 구체적인 기술의 설계 도면, 작동 원리 등을 확인할 수 있다. (WWW) hhttps://kipris.or.kr

- **정부 부처 사이트:** 담당 분야의 정책 자료, 법령, 실태 조사 결과 등을 확인할 수 있다.

부서	제공 자료
교육부 https://www.moe.go.kr	교육정책, 학생 실태조사, 학제 자료 등
환경부 https://www.me.go.kr	환경 정책, 법령, 환경 조사 자료 등
과학기술정보통신부 https://www.msit.go.kr	과학기술 정책, 연구개발 동향 등
농림축산식품부 https://www.mafra.go.kr	농업, 식품, 축산 정책과 통계
산업통상자원부 https://www.motie.go.kr	산업 정책, 무역, 에너지 관련 통계
보건복지부 https://www.mohw.go.kr	복지 정책, 건강 실태조사 등
국토교통부 https://www.molit.go.kr	도시·교통 계획, 주거·시설 관련 자료

기사 검색

기사 검색은 실시간으로 변하는 과학 동향을 파악하는 데 유용하다. 다만 기사에 인용된 자료가 항상 정확한 것은 아니므로 기사에 등장한 자료는 수치나 출처를 반드시 확인할 필요가 있다.

- **빅카인즈:** 한국언론진흥재단에서 운영하는 뉴스 빅데이터 분석 서비스. 국내 주요 언론사의 뉴스 데이터를 수집하여 키워드 간의 관계를 시각적으로 보여준다. 이를 통해 특정 과학 기술이나 이슈가 어떻게 변화하고 논의되는지 한눈에 파악할 수 있다. ⓦⓦⓦ https://www.bigkinds.or.kr
- **포털 뉴스 검색:** 네이버나 다음 등의 뉴스 검색을 활용하면 최근 사회 이슈나 연구 흐름을 빠르게 확인할 수 있다.

온라인 강의

전문가의 해설이 담긴 온라인 강의를 시청하면 이론적 배경을 보충하고 탐구의 깊이를 높일 수 있다.

- **K-MOOC:** 국내 대학의 전공 강의를 무료로 수강할 수 있다. ⓦⓦⓦ https://www.kmooc.kr
- **KOCW:** 대학별 강의 자료를 다양하게 공유한다. ⓦⓦⓦ https://www.kocw.net
- **EBSi:** 교과 과정 중심 ⓦⓦⓦ https://www.ebsi.co.kr
- **기타:** 국외 사이트인 TED(https://www.ted.com), edX(https://www.edx.

org) 등을 활용하면 세계적 학자나 기업인들의 혁신적인 강연을 통해 탐구 주제를 발전시키는 데 도움이 된다.

인공지능은 어떻게 활용하면 좋을까?

탐구 주제가 구체화되었다면 생성형 인공지능AI도 자료 탐색의 보조도구로 활용할 수 있다. 단 인공지능은 질문(프롬프트)의 질에 따라 답변의 수준이 달라지므로 주제·대상·기간·목적 등 구체적인 조건을 포함하는 질문을 구성하는 것이 중요하다.

텍스트 생성형 인공지능

ChatGPT, WRTN, Bing AI, Gemini, Perplexity, SciSpace 등. 주제와 관련된 초기자료를 찾을 때 또는 연구 방향을 정리할 때 활용할 수 있다. 다만 존재하지 않는 정보를 사실처럼 말하는 '환각 현상Hallucination'이 발생할 수 있으므로 인공지능이 제공한 정보는 사실 여부를 영문 위키피디아나 국내외 공신력 있는 기관의 공식 자료를 통해 반드시 교차 검증해야 한다. 학술적으로 정확한 자료를 찾을 때는 Perplexity, SciSpace 등 출처를 명확하게 제시하는 AI를 활용하는 것이 효과적이다.

이미지 생성형 인공지능

Midjourney, DALL·E, Lasco 등. 복잡한 개념이나 구조를 시각적으로 이해하거나 보고서에 들어갈 설명용 그림의 아이디어를 얻을 때 활용할 수 있다. 다만 생성된 이미지는 참고용으로 활용하고 사용할 때는 인공지능을 활용했음을 밝히는 것이 바람직하다.

참고 문헌 정리는 어떻게 하면 좋을까?

보고서 마지막에 나오는 참고 문헌 목록은 이 보고서가 어떤 자료에 근거하여 작성되었는지 보여준다. 본문에서 인용한 모든 자료는 참고 문헌 목록에 들어가야 한다. 자료의 유형에 따라 작성 순서는 다음과 같다.

자료 유형	작성 형식
책	저자, 《책 제목》, 출판사, 연도.
논문	저자, 〈논문 제목〉, 학위논문, 대학명, 연도.
학술지 논문	저자, 〈논문 제목〉, 학술지명, 권(호), 연도.
기사	저자 또는 기관명, 〈기사 제목〉, 언론사, 발행일
웹사이트	기관명 또는 저자, 〈페이지 제목〉, 사이트명, 접속일.

과학 글쓰기 대회 준비 요령

각종 대회 준비에 참고할 수 있도록 앞에서 제시한 기본적인 글쓰기 방법 외에 각종 과학 대회 준비에 실질적인 도움을 줄 수 있는 대회별 심사 기준과 구체적인 작성 요령, 참여 방법 등을 살펴보자.

개요서 대회

개요서를 작성해야 하는 대회로는 중·고교별 과학토론대회와 한국과학창의재단에서 주관하는 '청소년 과학페어'가 있다. 각 학교 과학 대회의 표준이 되는 '청소년 과학페어'의 2025년 주요 심사 기준은 다음과 같다.

심사 항목	심사 기준	배점	
과학토론 개요서	논제에 대한 과학적 탐구력과 리터러시 역량을 바탕으로 문제 진단, 정보수집·분석·처리·문제 해결 방안을 논리적 체계성과 진술의 일관성을 갖추어 토론자료를 작성하였는가?	15	
주장발표	과학토론 개요서를 바탕으로 논제에 대한 근거와 문제 해결 방안을 들어 과학적이고 창의적으로 발표하는가?	20	
질의응답	(질의) 상대팀 주장에 대해 타당성, 신뢰성, 합리성의 모순을 검증하는 과학적·논리적인 질의를 효과적으로 하는가?	20	40
	(응답) 상대팀 질의의 요지를 정확히 파악하여 타당성, 신뢰성, 합리성을 검증하는 과학적·논리적인 답변을 효과적으로 하는가?	20	
주장다지기	토론과정에서 드러난 논리의 강·약점을 종합적으로 강조·개선하고, 자기팀 논리의 정당성에 대한 공감대를 이끌어내는가?	17	
역할 분담 및 참여 태도	토론의 전 과정에서 팀워크를 발휘하여 고른 역할을 수행하고, 상대 발표에 대한 경청과 존중의 자세로 토론에 임하는가?	8	
총점		100	

입론서 대회

입론서를 작성한 뒤 실제 대회에서 토론이 진행되는 방식도 알아둬야 한다. 입론서를 바탕으로 하는 과학토론대회 중 한국생명공학연구원, 한국 바이오안전성정보센터에서 주최하는 '전국 고등학생 바이오안전성·바이오산업 토론대회'에서 제시한 토론의 방법은 다음과 같다.

---

1. 입론 (각 팀 ①번 토론자)

- 모든 토론은 논제에 등장하는 주요 개념들을 바르게 정의하는 것에서부터 시작함. 따라서 각 팀 ①번 토론자는 토론 주제에서 반드시 논의되어야 할 주요 개념들을 적절하게 제시하고 이들 개념을 올바르게 이해하고 있음을 입론 과정에서 밝혀야 함

- 더불어 이러한 개념 정의와 논제가 등장한 배경이나 역사, 논제의 현상 및 문제에 관한 분석을 이 과정에서 명시하고 자신의 주장을 펼침

2. 1차 교차조사 (각 팀 ②번 토론자)

- 교차조사는 상대팀 논리상에 나타나는 문제를 부각시킬 수 있는 심문 과정으로 서로의 주장과 논거에 대한 허점이나 오류 또는 반대 생각 등을 들어 질문하고 그에 따른 짧은 답변을 요구하며, 주장 중에서 불충분하다고 판단되거나 나중에 문제 삼을 부분에 대해 상대팀의 분명한 입장을 들어볼 수 있는 기회로 삼아야 함 ('2:2 찬반토론 방식'에서 교차조사에 배정된 점수 비중이 다른 발언 순서에 배정된 점수보다 큼)

- 질문자의 경우 : 주어진 시간을 끝까지 충분하게 활용하여 간략하고 포인트 있는 질문을 많이 하는 것이 중요함. 다만 질문과 답변하는 시간 모두가 발언 시간에 포함되므로 답변을 듣다가 시간이 다 지나가 버리는 경우가 발생할 수 있으므로 상대가 주장하는 논리가 애매해지거나 늘어지는 경우 적정선에서 예의를 갖춰 말을 끊을 줄도 알아야 함

- 답변자의 경우 : 효과적이고 설득력 있는 간단한 답변을 하는 것이 중요하며 상대팀의 주장을 회피하기보다는 전적으로 맞서 반론하는 것이 유리함

3. 반박 (각 팀 ②번 토론자)

- 앞선 교차조사에서 드러난 상대팀의 논리적 허점이 무엇인지를 지적하면서 상대팀의 입론 주장을 논리적으로 재논박하고, 상대팀에 의해 논박되지 않은 내용들을 정리함은 물론 논박되지 않은 주장은 수용된 것으로 인정되므로 이를 심사위원에게 주지시킬 필요가 있음. 추가적인 근거나 자료를 통해 본인 팀의 입론을 보강해 주어야 함

4. 2차 교차조사 (각 팀 ①번 토론자)

- 앞의 교차조사 방법과 동일

5. 요약(재반박) (각 팀 ①번 토론자)

- 본인 팀에 유리한 핵심적인 논점을 요약해서 정리하고 불리한 점을 방어하면서 상대팀의 약점을 효과적으로 드러냄. 그러기 위해서는 토론 전반에 대한 요약 및 핵심 포인트의 간략한 정리가 필요함
- 앞서 언급되지 않았던 새로운 논쟁거리가 처음으로 제시되어서는 안 됨

6. 최종 결론 (각 팀 ②번 토론자)

- 토론의 마지막 발언 기회로 본인 팀이 제시한 필수 쟁점의 논리성과 방안의 실행을 통해 발생할 이익을 상기시키면서 상대팀의 요약(재반박)에서 제시된 주장들을 성공적으로 공격하고 왜 본인 팀이 이 토론에서 승리했는지를 말함
- 다시 말해 상대팀이 입론에서 제시한 논리와 반박한 내용을 중심으로 본인 팀의 필수 쟁점이 모두 성공적으로 방어되었다는 점을 확인시키면 됨

에세이 대회

과학 에세이를 작성하는 대표적인 대회는 '우주의 조약돌'이다. 이 프로그램은 한화그룹의 우주 사업 협의체인 '한화 스페이스 허브Hanwha Space Hub'와 KAIST가 함께 운영한다. 우주의 비밀과 무한한 가능성을 탐구하는 청소년 우주 인재 양성 프로그램으로 매년 개최되며 1차 선발은 과학 에세이를 통해 이루어진다. 선발된 학생들은 KAIST 교수진과 함께 우주에 관한 과학적 지식을 배우고 인문학적 상상력을 키우는 교육 과정을 경험한다.

이 프로그램은 전국 중학교 1~2학년 학생을 대상으로 하며, 과학과 우주 분야의 미래 인재로 성장할 수 있는 다양한 교육 프로그램을 제공한다. 과학 에세이 작성 기준은 다음과 같다.

---

1. 제시하는 질문에 대한 자신의 생각을 담아 2,000자 이내로 작성한다. 구성 방식은 자유이다. (예를 들어 주제가 '태양계 밖으로의 탐사'일 경우 탐사의 목적, 난제, 해결 방법을 하나로 엮어 작성한다.)

2. 평가는 창의성, 논리성, 진정성 세 가지 기준으로 이루어진다.
- 창의성: 문제 선정이나 문제 해결 방법에 있어서 자기만의 새로운 아이디어를 제안함
- 논리성: 문제 선정 이유와 해결 방법을 논리적으로 설명함
- 진정성: 충분한 자료 조사와 고민을 바탕으로 내용을 작성함 (특히 자신의 경험이나 관심사와 연결된 생각을 담아내는 것이 진정성을 높이는 중요한 요소가 됨)

3. 중·고등학교 교과과정 수준 이상의 내용을 담는 것을 지양하여 작성해야 한다. (중·고등학교 교과과정 수준 이상의 내용은 평가에서도 제외된다.)
글에 담은 새로운 아이디어가 과학적으로 엄밀하게 검증되지 않았더라도 심지어 틀린 사실이라도 괜찮다. 하지만 스스로가 제안하는 방법에 대해서는 나름의 논리와 근거를 바탕으로 설득력을 만들어 낼 수 있어야 한다.

4. ChatGPT 등 AI 도구를 이용할 수 있다. 그러나 AI가 제공하는 정보만으로 작성된 글은 좋은 평가를 받을 수 없으므로 자신만의 고민과 창의성을 반드시 담아야 한다. 만약 AI 도구를 사용했다면 반드시 다음 두 가지를 포함해야 한다.
   • 어떤 부분에서 AI의 도움을 받았는지 구체적으로 쓰기
   • 어떤 부분을 스스로 고민하고 생각했는지 명확하게 밝히기

※ 주제와 관련하여 목적이나 해결 방법을 떠올리게 된 계기, 여러분의 관심사, 경험, 감정을 반드시 포함해야 한다. 이것이 여러분의 글을 AI가 만든 글과 구별할 수 있는 가장 중요한 기준이 된다.

탐구보고서 대회

주제에 따라 조금씩 다르지만 일반적으로 탐구보고서 대회들은 과학적 탐구 과정의 체계성, 결과 분석의 논리성, 창의성 등을 중점 평가한다. 다음은 2025년 경기도 교육청에서 실시한 과학탐구 실험대회에서 제시한 탐구보고서 심사 기준이다.

심사 항목	심사 기준	배점
실험 설계	• 학문적, 사회적, 과학적 가치가 있는 실험주제인가? • 실험주제가 탐구 전 과정을 담도록 기술되었는가? • 체계적으로 작성되었는가? • 생활 속 문제를 발견하고 과학원리가 연계되었는가? • 실험 설계 및 변인 통제가 구체적이고 타당한가? • 관련 연구, 이론, 탐구 과정에 대해 정확히 이해하는가? • 결과 도출을 위한 절차 및 제한이 적절한가?	20
실험 과정	• 과학탐구 실험 과정에 자기주도적으로 참여하였는가? • 정밀하고 정확한 실험을 하기 위한 노력을 하는가? • 학생이 수행할 수 있는 실험 과정인가? • 탐구활동이 과학적이고 창의적으로 진행되었는가? • 실험 추진 절차 및 체계가 합리적이며 적절한가? • 데이터 수집 절차가 적절한가?	40
실험 결과	• 실험자료에 근거하여 실험결과를 올바르게 해석하는가? • 관련 연구 및 이론에 대한 정확한 이해에서 결과가 도출되었는가? • 실험결과를 바탕으로 시사점 등을 도출하고 확장·적용하였는가?	40
합계		100

독후감/서평 대회

과학독후감 대회로 잘 알려진 '올해의 과학도서 독후감 대회'는 국립중앙과학관과 아시아태평양이론물리센터APCTP가 매년 공동으로 주최하며 청소년과 일반 시민의 과학 독서 문화 확산과 과학적 사고력 함양을 목적으로 한다. 이 대회의 심사는 다음과 같은 요소를 중심으로 이루어진다.

심사 항목	심사 기준
도서 이해도	선정된 과학 도서의 핵심 내용과 과학 개념을 정확하게 이해하고 있는지 평가한다.
주제 적합성	독후감이 책의 주제와 문제의식을 잘 반영하고 있는지, 책의 내용과 글의 주제가 적절하게 연결되어 있는지 본다.
창의성	책의 내용을 단순히 요약하는 것을 넘어, 독서를 통해 떠오른 새로운 생각이나 질문, 확장된 관점을 제시했는지 평가한다.
성찰과 사고의 깊이	과학 지식을 자신의 경험이나 사회적 문제와 연결하여 의미 있게 성찰했는지를 중요하게 본다.
표현력과 글의 완성도	글의 구성과 문장 표현이 논리적이고 읽기 쉽게 정리되어 있는지, 독후감으로서의 완성도가 높은지 평가한다.

페임랩 관련 대회

페임랩 코리아 대회의 심사기준은 3Cs로 요약된다.

심사 항목	심사 기준
Content(내용)	토크 주제와 내용이 과학적으로 정확한지를 평가한다.
Clarity(명료성)	해당 주제를 3분 만에 명료하게 전달하는가를 본다.
Charisma(카리스마)	청중과 심사위원의 이목을 사로잡을 수 있는지까지 평가한다.

한편 청소년 대상 페임랩 대회인 2025년 주니어 과학커뮤니케이터 경진대회의 심사 기준을 살펴보면 다음과 같다.

심사 영역		기준	배점
예선	전문가 심사(3인)	내용적합성 40%	100점
		의사전달력 30%	
		표현력 30%	
본선	전문가 심사(3인) 관객 반응 점수	내용적합성 30%	100점
		의사전달력 20%	
		표현력 20%	
		관객 반응 30%	

통합과학에서 배우는 과학 글쓰기

1장
통합과학 1

Ⅰ. 과학의 기초
- 생체모방

2008년 베이징 올림픽 수영 경기장에서는 무려 25개의 신기록이 쏟아져 나왔다. 이런 경이로운 결과는 단순히 선수들의 피나는 노력만으로 이뤄진 것이 아니었다. 그 비결은 바로 한 스포츠 용품사에서 2008년 개발한 '전신 수영복'에 있었다. 당시 수립된 25개의 신기록 중 23개가, 그리고 전체 메달의 89%가 이 수영복을 입은 선수들의 차지였기 때문이다.

이러한 사실이 알려진 후 선수들은 앞다투어 전신 수영복을 입기 시작했다. 그 결과 2009년 로마 세계수영선수권대회에서는 올림픽보다 더 많은 43개의 신기록이 경신되었다. 하지만 수영 대회가 실력 겨루기가 아닌 '기술 경쟁 대회'로 별질되고 있다는 비판이 거세지자 국제수영연맹FINA은 만장일치로 해당 수영복의 사용을 금지하기로 결정했다.

첨단 전신 수영복이 사라진 뒤 2011년 상하이 세계수영선수권대회에서는 신기록 소식이 거의 들리지 않았다. 대회 내내 단 1개의 신기록만 수립되었으며 기존 세계 기록 보유자들조차 자신의 기록을 넘어서지 못했다. 베이징 올림픽 8관왕인 미국의 마이클 펠프스 역시 2010년 전미 선수권 자유형 200m에서 1분 45초 61로 1위에 오르며 그해 최고 기록을 세웠으나 이는 전신 수영복을 입고 세웠던 자신의 개인 기록 1분 42초 96보다 2초 이상 느린 기록이었다.

수많은 세계 신기록을 제조한 전신 수영복에는 어떤 놀라운 기술이 숨겨져 있었을까? 비밀은 바로 상어 비늘에 있다. 상어는 거친 바닷속에서 시속 50km로 헤엄칠 수 있다. 육안으로 상어의 피부는 매끄러워 보이지만 실제로는 지느러미 부위에 리블렛riblet이라 불리는 갈비뼈 모양의 미세 돌기가 돋아나 있다. 이 돌기가 바로 고속 유영의 비결이다. 리블렛은 갈비뼈를 뜻하는 'rib'과 작다는 의미의 'let'이 합쳐진 용어로 그 크기가 불과 0.01~0.1mm 정도에 불과하다.

물체가 물속에서 움직이면 표면 근처의 물은 마찰로 인해 속도가 느려지며 '경계층'을 형성한다. 이 경계층 안에서는 물이 불규칙하게 소용돌이치는 난류가 발생하여 강력한 저항을 만든다. 하지만 상어의 리블렛 구조는 물이 돌기 표면에 닿을 때 미세한 회전을 일으켜 큰 난류가 생기는 것을 억제하고 유체가 피부를 따라 매끄럽게 흐르도록 돕는다. 4억 년 전 지구상에 출현한 상어가 다섯 차례의 대멸종 속에서도 살아남을 수가 있었던 것은 바로 이 같은 뛰어난 환경 적응 능력 덕분이었다.

상어의 피부 구조를 모방해 수영복에 적용한 것처럼 자연 생물체가 환경에 적응하여 살아가는 방식을 기술적으로 제현하는 것을 '생체모방Biomimicry'이라고 한다. 전신 수영복 사건은 생체모방 기술의 탁월함을 보여주는 대표적인 사례다. 자연의 아이디어가 인간이 만든 기술의 한계를 뛰어넘을 수 있음을 증명한 사건이기도 하다.

이러한 생체모방 기술은 스포츠를 넘어 우리 생활 곳곳에서 활용되고 있다. 자연은 수억 년 동안 수많은 시행착오를 거치며 각 환경에 최적화된 설계를 스스로 완성해 왔다. 오랜 세월에 거쳐 검증된 이 기술을 인간이 단기간에 따라잡기란 결코 쉬운 일이 아니다.

하지만 과학기술이 발달하면서 자연 속에 숨겨진 지혜의 비밀이 속속 밝혀지고 있으며 이를 배우려는 시도 또한 꾸준히 늘고 있다. 우리가 직면한 수많은 문제의 해답은 이미 자연이 힌트처럼 숨겨두었을지도 모른다. 이제 그 신비로운 힌트를 찾아 본격적인 탐구를 시작해 볼 때다.

1. 도꼬마리 - 찍찍이(벨크로)

옷에 달라붙은 도꼬마리 열매의 갈고리 구조에서 영감을 얻어 '벨크로Velcro'가 개발되었다. 도꼬마리는 씨앗 표면에 돋아난 미세한 갈고리를 동물의 털에 부착해 멀리 이동하며 번식한다. 이 원리를 이용한 벨크로는 손쉽게 붙이고 뗄 수 있으면서도 반복적인 사용이 가능해 의류, 신발, 가방은 물론 정교한 의료용품에 이르기까지 일상 전반에서 폭넓게 활용되고 있다.

2. 게코도마뱀 - 재사용 가능 접착 패드

게코도마뱀(도마뱀붙이)은 매끄러운 유리벽이나 천장에서도 자유자재로 움직일 수 있다. 이는 발바닥에 빽빽하게 돋아난 미세한 털인 '강모' 끝에 수십억 개의 나노 돌기가 있어 물체 표면과의 분자 간 인력인 '반데르발스 힘Van der Waals force'을 극대화하기 때문이다. 이 원리를 모방하면 접착제 없이도 매끄러운 표면에 쉽게 탈부착할 수 있는 재사용 접착 패드를 만들 수 있다. 현재 미끄럼 방지용 장갑, 생체 조직용 의료용 테이프, 우주 로봇, 가전제품 고정 부품 등에 적용되고 있으며 그 분야는 더욱 확대되는 추세다.

3. 딱따구리 - 충격 흡수 장치

딱따구리는 초당 최대 22회, 중력가속도의 1,200배에 달하는 강한 충격에도 뇌 손상을 입지 않는다. 이는 머리 내부에 정교한 충격 완화 장치들이 존재하기 때문이다. 구멍이 숭숭 뚫린 다공성 구조의 머리뼈, 충격을 분산하도록 길이가 다르게 설계된 위아래 부리, 머리뼈 전체를 고리 형태로 감싸 지지대 역할을 하는 긴 혀뼈(설골), 그리고 뇌의 흔들림을 최소화하는 구조 등이 결합하여 충격을 흡수한다. 이 원리는 헬멧, 비행기 블랙박스 보호 케이스, 자동차 충격 완화 장치 등 인명과 정밀 기기를 보호하는 장치에 도입되어 안정성을 높이는 데 기여하고 있다.

4. 모기의 침 - 무통 주사

모기에게 물릴 때 통증을 거의 느끼지 못하는 이유는 모기 침의 독특한 구조 덕분이다. 모기의 침은 매우 가는 6개의 바늘로 이루어져 있는데, 각각 피부 고정

(2개), 피부 절개(2개), 흡혈 통로(1개), 마취 성
분 투입(1개)의 역할을 나누어 수행한다. 여러
가닥이 협력하여 침투하므로 피부가 한꺼번에
찢어지지 않아 통증이 최소화된다. 특히 피부
를 절개하는 바늘의 미세한 톱니 구조는 압력
을 분산해 통증 수용체의 자극을 줄인다. 이러
한 원리를 모방한 무통 주사 기술은 의료 현장
에서 환자의 고통을 덜어주는 데 적극적으로
활용되고 있다.

5. 거미줄 - 초강력 인공섬유

거미는 거미줄을 이용해 자기 몸무게보다 68
배나 무거운 물체를 끌어올릴 수 있다. 거미줄
은 지름 3~8μm(마이크로미터 -100만 분의 1m)로
매우 가늘지만 버티는 힘이 놀라울 정도로 강
력하다. 거미줄이 이토록 강한 힘을 내는 비결
은 단백질 사슬의 배열에 있다. 단단한 기둥처
럼 버티는 역할을 하는 '결정 영역'과 고무줄처
럼 늘어나는 역할을 하는 '비결정 영역'이 나노
구조로 번갈아 배열되어 충격을 유연하게 흡
수하기 때문이다. 이 원리는 방탄복, 방검복,
수술용 실 등 고강도 인공섬유가 필요한 분야
에 활발히 응용되고 있다.

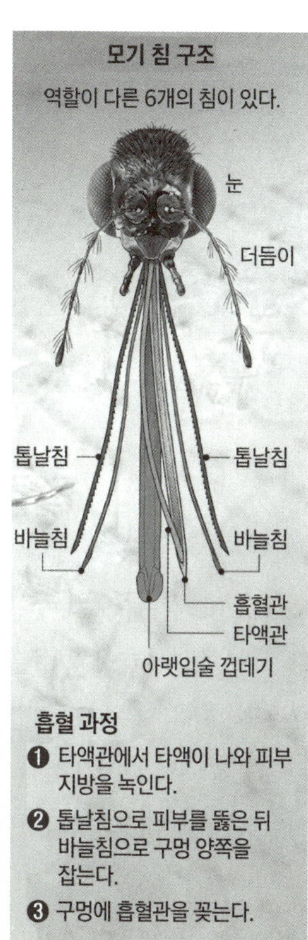

I. 과학의 기초 - 생체모방

통합과학 1

자연에서 배운 생체모방 풍력발전기

한빛중 - 박진서

제작 동기 및 목적

풍력발전은 화석 연료를 대체할 수 있는 친환경적 에너지이지만 동시에 여러 한계도 존재한다. 첫째, 바람의 세기에 따라 발전 효율이 크게 달라진다. 둘째, 회전하는 블레이드(날개)에서 발생하는 소음으로 인해 주민과 동물들에게 피해가 발생한다. 셋째, 발전기 블레이드에 새들이 부딪혀 사망하는 일이 자주 발생한다. 넷째, 블레이드의 청소와 관리가 어렵다.

이러한 문제를 해결하기 위해 본 보고서에서는 생체모방 기술에 주목했다. 상어의 피부와 올빼미의 날개 구조, 연잎의 초발수 원리와 반딧불이 발광 구조의 특징을 적용한 '생체모방형 에코 풍력발전기'를 제안한다.

설계를 위한 사전 조사

생체모방 기술은 자연에서 발견되는 구조와 기능을 기술에 적용하는 방식이다. 이 기술을 적용해 풍력발전기에서 발생할 수 있는 여러 문제점들을 개선할 수 있도록 설계했다.

발전 효율 향상 원리 -얼룩말 무늬/상어 피부 구조

기존 풍력발전기는 바람의 세기에 따라 발전량이 크게 변한다. 이를 개선하기 위해 얼룩말 무늬와 상어 피부 구조에서 아이디어를 얻었다. 얼룩말의 검은 줄무늬는 햇빛을 흡수하고 흰색 줄무늬는 햇빛을 반사해 표면 온도 차이를 만든다. 이 온도 차이는 대류 현상을 만들어 주변 풍속을 증가시킬 수 있다. 또 상어 피부는 미세한 비늘 구조가 일정한 방향으로 촘촘히 배열되어 있어 물속 저항을 줄인다. 이를 활용하면 공기의 흐름을 매끄럽게 만들어 에너지 손실을 막을 수 있다.

소음 저감 원리 - 올빼미 날개 빗 모양 구조

풍력발전기에서 발생하는 소음의 대부분은 거대한 블레이드(날개)가 공기를 가르며 발생하는 마찰음이다. 올빼미는 사냥 시 먹잇감이 눈치채지 못하도록 소리 없이 비행하는데, 이는 날개 앞쪽 가장자리에 형성된 미세한 빗 모양의 깃털 구조 덕분이다. 이 구조는 공기의 흐름을 더 작은 단위로 잘게 나누어 소용돌이를 억제함으로써 소음을 획기적으로 감소시키는 역할을 한다.

자가 세정 원리 - 연잎의 초발수 구조

풍력발전기 블레이드는 매우 높은 곳에 설치되어 있어 청소와 관리에 많은 비용과 노력이 든다. 연잎 표면은 나노 크기의 미세한 돌기로 덮여 있어 물방울과의 접촉 면적이 극도로 작다. 이러한 '초발수 원리'를 활용하면 비가 올 때 물방울이 표면을 굴러가며 오염 물질을 함께 씻어내므로 별도의 관리 없이도 깨끗한 상태를 유지하는 자가 세정Self-cleaning 효과를 얻을 수 있다.

조류 충돌 방지 기술 - 얼룩말 무늬/반딧불이 발광

조류 충돌 사고를 줄이기 위해 새들의 시각적 인지력을 강화하는 기술을 적용한다. 새들은 색과 명암 대비를 통해 움직이는 물체를 인식하므로 회전하는 블레이드에 얼룩말과 같은 강렬한 명암 대비 무늬를 적용하면 물체를 더욱 뚜렷하게 인지하게 된다. 또한 반딧불이의 발광 기관은 특수한 나노 구조를 갖추고 있어 내부의 빛이 외부로 효율적으로 퍼지도록 돕는다. 이를 응용하면 적은 빛으로도 잘 보이도록 하여 야간 충돌 사고를 예방할 수 있다.

발명 아이디어 설계

상어 피부 구조 블레이드 표면

블레이드 표면을 상어 비늘의 리블렛 구조와 유사하게 가공하여 공기 저항을 줄이고 흐름을 매끄럽게 유도함으로써 발전 효율을 높인다.

연잎 초발수 나노 코팅

블레이드와 발전기 외부 표면에 나노 입자 코팅을 적용하여 연잎과 같은 미세 돌기 구조를 형성한다. 이를 통해 먼지나 오염 물질이 빗물과 함께 쉽게 씻겨 내려가도록 설계한다.

얼룩말 무늬 적용

블레이드 표면에 얼룩말 무늬를 입혀 온도 차에 의한 미세 대류를 유도함으로써 발전 효율을 개선한다. 동시에 강한 명암 대비를 통해 조류가 회

전하는 날개를 쉽게 인식하도록 돕는다.

올빼미 날개 톱니 구조

블레이드 끝단에 올빼미 깃털을 모방한 곡선형 톱니 구조를 적용한다. 바람을 자연스럽게 분산시켜 소음을 줄임으로써 주거 지역 인근에 설치했을 때 발생하는 민원 문제를 해결한다.

형광 도색 및 반딧불이 나노 패턴 코팅

블레이드 끝단에 투명 패널을 부착하고 그 표면에 반딧불이 발광 기관의 나노 구조를 새긴다. 패널 내부의 LED 빛이 이 나노 패턴을 통과하며 증폭되어 야간에도 블레이드의 움직임을 잘 보이도록 하여 조류 충돌을 효과적으로 방지한다.

결론 및 효과

풍력발전기에 생체모방 기술을 도입하면 기계적 구조를 크게 변경하지 않고도 기존의 반복되던 문제들을 혁신적으로 개선할 수 있다. 발전 효율의 향상은 화석 연료 사용 감소와 이산화탄소 배출 저감으로 이어져 지구 환경 보호에 기여한다. 아울러 소음 공해와 조류 충돌 문제를 해결하고 유지 보수를 쉽게 만드는 복합적인 효과를 기대할 수 있다. 자연에서 얻은 지혜를 집약한 이 미래형 발전기는 더욱 지속 가능하고 친환경적인 에너지 생태계를 구축하는 데 중요한 열쇠가 될 것이다.

I. 과학의 기초 - 생체모방

통합 과학1

사막 한가운데서 만나는 물 공급 자판기는?

준비물: 분무기, 컵

이 분무기로 안개를 뿌리면 컵에 물을 모을 수 있을까요? 한번 해보겠습니다.

(물을 뿌려 컵으로 모아본다) 보시다시피 한 방울도 모으기 힘드네요. 그런데 실제 안개는 분무기 물방울보다 훨씬 작은 입자로 이뤄져 있습니다. 분무기 물방울의 크기는 보통 50~100μm(마이크로미터)로 사람 머리카락 굵기와 비슷하지만 안개 입자는 1~10μm에 불과합니다. 이렇게 작고 흩어져 있는 물방울을 모으는 일은 거의 불가능해 보입니다. 그런데 그 어려운 일을 해내는 곤충이 있습니다.

바로 나미브 사막 딱정벌레입니다. 딱정벌레의 등에는 물을 끌어당기는 작은 돌기와 물을 밀어내는 홈이 함께 존재합니다. 안개의 작은 물방울이 돌기에 붙으면 물 분자끼리 서로 끌어당기는 힘, 즉 표면장력 덕분에 서로 합쳐지며 점점 커집니다. 충분히 커진 물방울은 밀어내는 홈을 따라 흘러 딱정벌레의 입으로 들어갑니다. 쉽게 말하면 안개를 받아 물방울로 키운 뒤 갈때기를 통해 입으로 보내는 물통과 같습니다. 이러한 물통 덕분에 머리카락 굵기보다 10~100배 작은 안개 입자도 효율적으로 마실 수 있는 물로 바꿀 수 있죠.

　이처럼 자연의 생존 전략을 배워 우리 생활에 응용하는 기술을 '생체모방 기술'이라고 합니다. 도꼬마리에서 배운 벨크로, 상어 비늘에서 배운 수영복, 나비 날개 색깔에서 배운 디스플레이 기술 등 생체모방 기술은 생명체가 환경 속에서 살아남기 위해 이뤄낸 결과물을 배운 것입니다. 그래서 물총새의 부리 모양에서 신칸켄 고속철의 소음을 줄일 수 있는 해결책을 찾은 일본의 공학자 나카스 에이지는 이렇게 말했습니다.

　"자연은 이미 수억 년 동안 진화하여 효율적인 시스템을 만들어왔습니다. 우리는 그 지혜를 배우고 적용해야 합니다."

　하지만 안타깝게도 우리 인간은 이러한 지혜를 거스르고 무분별한 개발로 지구를 위기에 몰아넣고 있습니다. 미국 우주 물리학자 그레그 러플린이 지구의 가치를 계산해 봤습니다. 무려 300조 파운드, 우리 돈으로 약 545경 원에 이릅니다. 반면 화성은 1만 파운드, 금성은 고작 1페니에 불과하다고 합니다. 그러니까 지구는 은하계에서 제일 비싼 집인 셈입니다. 이렇게 비싼 지구를 빌려서 살면서 우리는 너무 함부로 쓰면서 망가뜨리고 있습니다. 이렇게 계속 살다가 집주인인 지구에게서 쫓겨나지는 않을까요? 과연 이 집에서 계속 살 방법은 없는 걸까요?

　나미브 딱정벌레는 말없이 이렇게 알려줍니다.

　"자연은 이미 답을 알고 있다."

　지구에서 가장 모범적인 세입자는 인간이 아니라 동·식물들입니다. 지구에서 계속 살아가고 싶다면 오래도록 지혜롭게 적응하며 살아온 이들의 이야기에 먼저 귀를 기울여야 합니다.

　그리고 그 지혜를 본받아 우리 삶에 조금씩 적용해 보는 것이 바로 생체모방입니다. 자연이 알려주는 따뜻한 교훈을 따라가다 보면 인간과 자연이 함께 살아가는 길도 조금씩 열릴 것입니다. 감사합니다.

Ⅱ. 물질의 규칙성
- 우주

"지구 말고도 생명체가 살 수 있는 행성이 존재할까?"

맑은 밤 가만히 하늘을 올려다보면 수없이 많은 별이 눈에 들어온다. 그중 어딘가에는 우리처럼 숨 쉬고 걷고 생각하는 존재가 살고 있지는 않을까? 아주 오래전부터 인류는 이 질문을 가슴에 품어 왔으며 그 상상은 이제 '우주 탐사'라는 거대한 도전으로 이어지고 있다.

이러한 탐사의 중심에 '아르테미스Artemis 계획'이 있다. 아르테미스 계획은 NASA를 주축으로 여러 국가가 참여하는 국제 유인 우주 탐사 프로젝트이다. 1972년 이후 중단되었던 달 탐사를 재개하여 인류가 달에 장기 체류하며 연구할 수 있는 기지를 건설하는 것을 최종 목표로 삼는다. 과거 아폴로 계획이 '달에 발을 내딛는 것'에 집중했다면 아르테미스 계획은 '달에 머물며 지속적으로 탐사하는 것'을 지향한다. 참고로 달의 여신 아르테미스는 태양신 아폴로의 쌍둥이 누이로 인류 최초의 여성 우주비행사를 달에 보내겠다는 상징적인 의미를 담고 있기도 하다.

그렇다면 과학자들은 왜 다시 달로 향하는 것일까? 막대한 시간과 비용을 들여 우주를 탐사하는 근본적인 이유는 결국 '거주 가능한 행성'을 찾기 위해서이다. 우주에는 무수히 많은 별과 행성이 존재하지만 행성 표면에 액체 상태의 물이 안정적으로 존재할 수 있는 환경은 극히 제한적이다. 너무 뜨겁지도, 차갑지도 않은 적절한 온도가 유지되어야 하는데, 이는 행성이 중심 별로부터 적절한 거리에 있을 때만 가능하다. 과학자들은 이 범위를 '거주 가능 영역 Habitable Zone' 또는 '골디락스 존Goldilocks Zone'이라고 부른다.

과거에는 이러한 외계 행성을 직접 찾아내는 일이 불가능에 가까웠다. 그러나 케플러 우주망원경과 제임스 웹 우주망원경 등 첨단 관측 장비의 등장으로 상황은 반전되었다. 현재까지 수천 개가 넘는 외계 행성이 발견되었으며 그중에는 지구와 환경이 흡사할 것으로 추정되는 행성들도 포함되어 있다. 아직 생명체의 존재가 실증되지는 않았으나 우주 어딘가에 생명이 살 수 있는 환경이 존재할 가능성은 점점 더 분명해지고 있다.

아르테미스 계획은 이러한 연구와 탐사의 연장선상에 있다. 인류는 달을 발판 삼아 더 먼 미래의 화성 탐사까지 준비하고 있다. 그러나 이 지점에서 우리는 또 하나의 중대한 질문을 던져야 한다.

"우주 개발에는 긍정적인 면만 존재할까?"

우주 개발은 과학기술 발전의 상징이지만 여러 과제도 안고 있다. 로켓 발사와 인공위성 증가로 발생하는 '우주 쓰레기' 문제, 천문학적인 개발 비용, 그리고 과학기술이 모든 문제를 해결할 수 있다는 지나친 '기술 낙관주의'는 우리가 경계해야 할 대목이다. 실제로 인간이 달이나 화성으로 이주하여 자립하는 데는 여전히 수많은 과학적·현실적 한계가 뒤따른다.

그렇다면 과학자들이 외계 행성을 연구하는 진짜 목적은 무엇일까? 그것은 단순히 지구를 떠나 새로운 행성으로 이주하기 위해서만은 아니다. 우주를 연구함으로써 생명이 어떻게 시작되었고 얼마나 널리 퍼져 있는지, 나아가 지구에 발을 딛고 선 '인간' 자신을 더 깊이 이해하기 위함이다.

아르테미스 계획 역시 단순한 영토 확장이 아니라 우주라는 거울을 통해 지구를 더 깊이 이해하고 지키기 위한 해답을 찾는 여정이다. 인류는 지금 우주로 나아가는 동시에 지구의 소중함을 다시금 성찰해야 하는 중요한 갈림길에 서 있다.

테라포밍Terraforming

'지구화' 또는 '행성 개조'라고도 불리며 지구 이외의 다른 행성이나 위성의 대기 성분, 기온, 기압, 물의 존재 여부 등을 인위적으로 변화시켜 인간이 살 수 있는 환경과 비슷한 조건으로 바꾸는 작업을 말한다. 현재 테라포밍이 실제로 가능하다는 과학적 증거는 아직 없으며 이론적으로 가능하더라도 실현까지는 수백~수천 년 이상의 시간이 필요할 것으로 추정된다. 현재 테라포밍의 유력한 후보로 떠오르고 있는 천체는 화성이다.

우주여행Space Tourism

국가 주도의 연구 중심 우주 개발과 달리 민간 기업이 주도하는 상업적 우주 활동으로 개인이 우주 공간을 체험하는 형태를 말한다. 이는 뉴스페이스 시대의 대표적인 사례로 '우주 관광'이라고도 하며 스페이스X, 블루 오리진 등 민간 기업의 기술 발전과 투자 확대에 힘입어 우주 개발의 민간화, 상업화 속에서 점차 현실화되고 있다.

우주정거장, 궤도 정거장Space station

지구 주위를 도는 궤도상에서 장기간 인간이 머물며 생활하고 연구할 수 있도록 설계된 인공 우주 시설이다. 내부에는 거주 공간, 생명 유지 장치, 실험 장비, 통신·전력 시스템 등이 갖추어져 있다. 그동안 우주정거장은 주로 과학 실험과 우주 환경 연구를 목적으로 연구되어 왔으며 일부는 군사적 목적이나 우주 관광과 같은 상업적 용도로 활용되기도 했다. 현재까지 인류가 우주에서 지속적으로 장기 체류할 수 있었던 공간은 1998년에 발사된 국제우주정거장ISS이 유일하다.

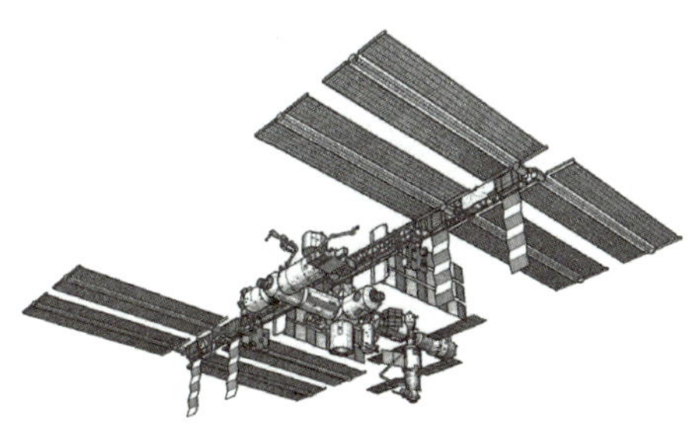

국제 우주정거장 (AI 생성 그림)

소행성 채굴 Asteroid mining

소행성이나 달 등 천체에 존재하는 광물·금속·물을 인류가 직접 채취 활용하는 기술 및 산업 활동을 말한다. 하야부사, 하야부사 2호, 오시리스-렉스와 같은 샘플 반환 임무를 통해 2024년 기준 약 127g의 소행성 물질이 지구로 운반되었으며 이는 미래 우주 산업의 핵심 기술로 발전할 가능성을 보여준다. 다만 막대한 우주 비행 비용, 채굴에 적합한 소행성을 정확하게 식별하는 기술의 부족, 극한 환경에서의 채굴 운반 기술의 한계로 현재까지는 본격적인 상업 채굴 단계에 이르지 못하고 있다.

화성 유인 탐사 Human Mission to Mars

인간을 직접 화성에 보내는 것을 목표로 하는 우주 탐사 계획이다. 이 구상은 1940년대 후반부터 등장하였으며 이후 항공우주공학과 행성 과학 분야의 핵심 연구 과제로 발전해 왔다. 화성 유인 탐사는 단순한 탐사를 넘어 인간의 장기 체류와 정착 가능성, 더 나아가 화성을 지구와 유사한 환경으로 변화시키는 테라포밍(지구화) 구상까지 포함한다. 현재까지 화성 탐사는 모두 무인 방식으로 이루어졌으며 NASA의 착륙선과 탐사 로버, 드론형 헬리콥터 등이 화성 표면을 탐사하며 과학 자료를 수집하고 있다.

우주 쓰레기

지구 궤도를 돌고 있는 인공 우주물체 가운데 현재 임무를 수행 중인 인공위성을 제외한 나머지 모든 인공 파편과 잔해를 말한다. 여기에는 수명이 다하거나 고장 나 버려진 인공위성, 인공위성을 발사할 때 분리된 로켓 상단부와 페어링, 인공위성의 폭발이나 충돌로 생성된 파편 그리고 우주비행사가 작업 중 놓친 공구 등 인간이 만든 것 중 쓸모없어진 채 궤도에 남아 있는 모든 물체가 포함된다. 현재 지구 궤도를 돌고 있는 인공 우주물체 가운데 90% 이상이 우주 쓰레기로 추정된다.

통합 과학 1

II. 물질의 규칙성 - 우주

우주 개발보다 지구를 지키는 것이 더 중요하다

용어 정의

우주 개발이란 인류가 지구 외부의 우주 공간을 탐사하고, 우주 환경을 활용하며, 거주지를 확장하려는 모든 과학 기술적 활동을 포괄하는 개념이다. 여기에는 인공위성 발사, 우주정거장 건설, 행성 탐사, 우주 자원 채굴, 우주 이주 계획 등이 포함된다.

논의 배경

현재까지 인류가 생명체의 존재를 확인한 행성은 지구가 유일하다. 그러나 NASA를 비롯한 세계 각국의 우주 탐사를 통해 태양계 밖 외계 행성의 존재가 빠르게 확인되고 있으며 2025년까지 발견된 외계 행성은 6,000개에 이른다. 그중 일부 외계 행성은 생명체가 존재할 가능성이 있는 '생명체 거주 가능 영역Habitable Zone'에 위치한 것으로 분석된다. 이에 따라 화성 탐사와 우주 정착, 테라포밍과 같은 미래 우주 개발 논의가 활발해지고 있다. 그러나 인류가 실제로 생존하고 있는 공간은 여전히 지구뿐이며 기후 위기와 생태계 파괴는 이미 심각한 수준에 이르렀다. 즉 인류는 '아직 유일한 생존지인 지구를 지키는 선택'과 '장기적 과제로 논의되는 우주 확장' 사이에서 우선순위를 결정해야 하는 기로에 서 있다. 이러한 상황에서 인류의 자원과 노력을 우주 개발에 우선 투입해야 하는지, 아니면 지구 환경 보호에 집중해야 하는지를 본 토론을 통해 살펴보고자 한다.

찬성 측 주장

지구는 인류가 살 수 있는 유일한 행성이다

지구는 태양계에서 너무 뜨겁지도, 너무 춥지도 않은 '생명체 거주 가능 영역'에 위치한 행성으로 액체 상태의 물이 존재하고 대기와 자기장이 안정적으로 유지되는 매우 특이한 환경 조건을 갖추고 있다. 지구 표면의 약 70%는 물로 덮여 있는데, 이 물은 생화학 반응, 체온 조절, 영양분 이동 등 생명 유지에 필수적인 역할을 한다. 현재 태양계에서 이처럼 광범위하고 안정적인 액체 상태의 물이 자연적으로 존재하는 행성은 지구가 유일하다. 또한 지구 대기는 약 78%의 질소와 약 21%의 산소로 구성되어 있어 인간의 호흡과 에너지 대사에 최적화되어 있으며 대기 중 이산화탄소는 광합성을 가능하게 하여 산소 순환을 안정적으로 유지한다. 이에 반해 태양계에서 지구 외에 생명체가 존재할 가능성이 있는 행성으로 거론되는 화성은 인간이 거주하기에 극도로 불리한 환경을 가지고 있다. 화성의 평균 온도는 -60℃, 대기 밀도는 지구의 약 1% 수준이며, 대기의 95%가 이산화탄소로 이루어져 있고 자기장이 거의 없어 태양풍과 우주 방사선으로부터 생명체를 보호할 수 없다.

2021년 퍼서비어런스 탐사선의 MOXIE 실험을 통해 화성에서 산소 생산이 기술적으로 가능하다는 사실이 확인되었으나 시간당 생산량은 약 10g에 불과해 장기 거주에 필요한 산소량에는 턱없이 부족하다. 또한 이 장치를 지속적으로 가동하기 위한 안정적인 에너지원 확보 역시 해결되지 않은 과제로 남아 있다. 이는 화성 거주가 이론적으로는 가능하더라도 실현되기까지 극복해야 할 기술적 장벽이 매우 크다는 것을 보여준다.

또한 1991년 미국 애리조나에서 진행된 '바이오스피어 2Biosphere 2 실험은 지구 안에서도 완전한 자급자족 생태계 구축이 얼마나 어려운지를 여실히 보여주었다. 이 실험은 외부와 완전히 차단된 거대한 유리 돔 안에 숲, 바다, 농경지, 사막 등의 환경을 조성해 놓고, 8명의 참가자가 2년 동안 생활하며 공기, 물, 식량을 외부의 어떠한 도움 없이 자체적으로 순환시킬 수 있는지 검증하는 것이었다.

그러나 실험을 진행하는 과정에서 산소 농도가 급격히 감소해 외부에서 산소를 주입해야만 했고 농산물 생산량 역시 턱없이 부족해 심각한 식량난까지 발생했다. 결과적으로 완전한 자급자족 생태계는 유지되지 못했으며 이는 지구 안에서도 완벽한 인공 생태계 유지가 어려운데 지구 밖에서의 생존은 더욱더 어려울 수밖에 없다는 사실을 입증한 것이다.

결론적으로 우주 이주는 아직까지 기술적, 경제적, 생태적인 제약 모두 비현실적인 구상에 가깝다. 지금 인류에게 가장 합리적이고 책임감 있는 선택은 불확실한 미지의 우주로 시선을 돌리며 도피하는 것이 아니라, 현재 우리가 발 딛고 살아가는 유일한 보금자리인 지구의 환경을 보존하고 지켜내는 일에 온전히 집중하는 것이다.

우주 개발이 환경 파괴 문제를 가속화한다

우주 개발은 인류의 기술적 진보를 상징하지만 그 이면에는 우주 쓰레기 증가에 따른 우주 환경 파괴 문제와 대기 오염, 오존층 파괴, 온실가스 증가라는 지구 환경 문제가 동시에 존재한다.

인공위성이나 로켓 잔해, 파편화된 금속 물질 등으로 이루어진 우주 쓰레기는 시간이 지나면서 지구 중력의 영향으로 대기권에 재진입한다. 이 과정에서 우주물체는 초고속으로 이동하며 대기와 마찰해 순간적으로 수천 도의 고온에 도달하고 연소된다. 이때 알루미늄을 중심으로 한 각종 금속 성분이 산화되어 초미세 입자 형태로 대기 중에 방출된다. 이러한 미세 금속 입자들은 성층권에서 대기 화학 반응에 관여하여 오존층 파괴를 촉진하거나 대기 화학 균형을 교란할 가능성이 있다. 특히 산화알루미늄으로 이루어진 알루미나 에어로졸은 태양 복사를 산란·흡수시켜 지구의 복사 균형과 기후 시스템에도 장기적인 영향을 줄 수 있는 물질로 알려져 있다. 유럽우주국이 발간한 〈2025 우주 환경보고서〉에 따르면 지름 10㎝ 이상으로 추적 가능한 우주 쓰레기의 개수가 2020년 약 2만 5,000개에서 2025년 약 4만 개로 증가하였다. 이는 불과 5년 만에 약 60% 가까이 급증한 수치로 우주 환경이 빠른 속도로 오염되고 있음을 보여준다.

또한 우주 발사체는 발사 순간 막대한 양의 이산화탄소, 질소산화물, 블랙카본(그을음) 등을 성층권까지 직접 배출한다. 특히 블랙카본은 태양 복사를 강하게 흡수해 성층권 온도를 상승시키고 오존층 파괴를 촉진한다.

그뿐만 아니라 우주 발사 기지 건설 자체도 생태계에 직접적인 피해를 준다. 우주 발사 기지는 해안, 사막, 숲, 습지 등 비교적 자연 생태계가 잘 보존된 지역에 건설되는 경우가 많다. 이 과정에서 대규모 토목 공사와 도로 건설, 연료 저장 시설 확충이 이루어지면서 서식지 파괴와 그로 인한 야생동물 개체 수 감소, 토양 및 수질 오염 등의 환경 문제가 동시에 발생한다.

따라서 우주 개발은 인류의 미래를 위한 기술이라는 명분과 달리 대기·기후·생태계에 중대한 위기로 되돌아오고 있다. 이러한 점에서 인류가 우선하여 집중해야 할 것은 우주로의 확장이 아니라 이미 위기에 처한 지구 환경의 보전과 회복이다.

우주 개발 비용을 지구 회복에 쓰는 것이 더 효과적이다

아르테미스 계획이나 화성 유인 탐사와 같이 인간이 거주할 수 있는 우주 정착지를 조성하려는 프로젝트에는 수백억 달러에 달하는 막대한 비용과 극도의 고난도 기술 개발이 요구된다. 이러한 막대한 비용을 지구 온난화를 완화하고 생태계를 회복하는 데 투입하는 것이 화성의 극한 환경을 테라포밍하여 인간이 거주할 수 있도록 바꾸는 것보다 기술적·경제적으로 훨씬 현실적인 선택이다. 나아가 동일한 규모의 투자를 통해 빈곤 국가의 식량, 위생, 에너지 문제를 해결하는 것이 우주 공간에 인공 정착지를 건설하는 것보다 더 빠르고 직접적으로 인류의 삶의 질을 개선할 수 있다.

미국의 스페이스 재단이 발표한 〈The Space Report 2025 Q2〉에 따르면 2024년 글로벌 우주 경제 규모는 사상 최대인 6,130억 달러에 달했으며 이는 전년 대비 8.6% 증가한 금액이다. 이 금액은 1인당 최소 생존 식량비 기준으로 약 15억 명에게 1년 동안 식량을 공급할 수 있는 규모에 해당한다. 실제로 2025년에 발간된 세계보건기구의 〈The State of Food Security and Nutrition in the World〉에 따르면 전 세계의 심각한 기아 인구는 약 6억 7,300만 명으로 집계되었다. 이는 현재 우주 개발에 투입되는 예산 규모가 전 세계 기아 인구 문제를 실질적으로 해결할 수 있을 만큼 충분한 재정적 여력을 갖춘 수준임을 보여준다.

결국 막대한 자금을 불확실한 우주 개발에 투자하는 것보다 지금 이 순간 지구의 기후 위기와 빈곤, 식량 문제를 해결하는 데 사용하는 것이 훨씬 더 많은 생명을 살리고 즉각적인 효과를 낼 수 있다. 지구는 여전히 인류가 살 수 있는 유일한 행성이며 우리가 과학과 기술, 그리고 국제적 연대를 통한 회복을 모색한다면 인류의 미래는 우주가 아니라 이 지구 위에서 충분히 지속될 수 있을 것이다.

반대 측 주장

우주 개발은 지구 환경을 지키는 핵심 기술로 이어진다

우주 개발의 목적은 단지 외계 행성으로의 이주에 있는 것이 아니라 우주 관측과 탐사를 통해 지구의 기후·지질·환경 변화를 정밀하게 이해하고 이를 보호하기 위한 과학적 기반을 구축하는 데 있다. 실제로 오늘날 지구 환경을 모니터링하고 기후 위기를 진단하는 데 사용되는 핵심 데이터의 대부분은 인공위성을 통해 수집된다.

NASA와 유럽우주국이 운영하는 관측 위성들은 대기 중 온실가스 농도, 빙하 면적 변화, 해수면 상승, 산림 파괴, 사막화 진행 상황 등을 지속적으로 추적하며 이는 기후 정책과 재난 대응의 과학적 근거로 활용되고 있다. 이러한 위성 자료가 없다면 기후 변화의 진행 속도와 영향 범위를 객관적으로 파악하는 것 자체가 불가능하다.

또한 GPS 기반 재난 구조 시스템, 기상 관측 위성, 재난 조기 경보 체계는 태풍, 홍수, 산불, 지진 등 자연재해로 인한 인명 피해를 실질적으로 줄이는 데 크게 기여해 왔다. 즉 우주 개발은 지구 환경을 파괴하는 기술이 아니라 오히려 지구 환경을 감시하고 보호하는 역할을 수행하고 있다.

더 나아가 우주 관측 기술은 지구 외부에서 발생하는 재난에 대비하는 데도 필수적이다. 2013년 러시아에서 발생한 첼랴빈스크 소행성 폭발은 지름 $20m$ 남짓한 소행성 하나로도 수천 명의 부상자가 발생할 수 있음을 보여주었다. 이러한 위협을 사전에 탐지하고 궤도를 수정하기 위해서는 지속적인 우주 관측과 탐사 기술의 발전이 필요하며 이는 우주 개발 없이는 실현될 수 없다.

정리하면 우주 개발은 지구를 대체하려는 기술이 아니라 지구 환경과 인류의 안전을 도모하기 위한 기술에 해당한다. 기후 변화 감시와 재난 대응, 나아가 우주 재난 대비의 필수 수단으로 기능하는 우주 개발은 지구 환경 보호와 대립하는 선택이 아니라 이를 가능하게 하는 과학적 기반이라 할 수 있다.

인류 생존을 위한 제2의 대응 전략이 필요하다

현재 지구는 가속화되는 기후 위기로 인해 평균 기온과 해수면이 상승하고 극단적인 기상이변이 빈발하고 있다. 이는 곧 물, 식량, 에너지 등 필수 자원의 수급 불안정으로 이어져 인류의 생존을 직접적으로 위협하는 실정이다. 이러한 자원 불안은 국가 간 갈등과 분쟁이 발발할 가능성을 높이며 결과적으로 기후 위기가 단순한 환경 문제를 넘어 인류 전체의 생존 문제이자 국제 안보 문제와 직결되어 있음을 보여준다.

또한 태양에서 막대한 빛과 에너지가 돌발적으로 분출되는 '태양 플레어Solar Flare'와 같은 우주 재난은 예측이 매우 어렵고 한순간에 발생하여 지구의 통신망, 인공위성, 전력 공급 시스템을 마비시킬 수 있는 치명적인 위협이다. 이에 과학자들은 이러한 위험에 선제적으로 대비하고자 태양 관측 위성, 우주망원경, 우주 탐사선 등을 동원해 태양의 활동과 우주 환경을 24시간 지속적으로 감시하고 있다. 이는 우리가 발 딛고 있는 지구가 결코 항구적으로 안전한 환경만은 아니라는 사실을 방증한다.

이처럼 다각적인 위험에 대비하기 위해 미 항공우주국NASA과 유럽우주국ESA, 그리고 스페이스XSpaceX와 같은 주요 기관 및 민간 기업들은 달과 화성, 우주정거장을 무대 삼아 인간의 거주 가능성, 폐쇄형 생존 시스템, 자원 순환 기술 등을 단계적으로 검증해 나가고 있다. 특히 아르테미스 계획의 일환으로 추진 중인 달 궤도 정거장 '게이트웨이Gateway' 건설과 국제우주정거장ISS에서의 장기 체류 실험은 인류가 척박한 극한의 우주 환경에서 지속적으로 생존할 수 있는지를 시험하는 핵심적인 실증 사례로 활용되고 있다.

물론 이것이 당장 인류가 지구를 버리고 우주로 이주할 수 있다는 의미는 아니다. 그러나 이러한 일련의 우주 개발은 훗날 지구 문명에 치명적인 위기가 닥쳤을 때를 대비한 '제2의 대응 전략Plan B'을 마련해 준다는 점에서 지대한 의미를 갖는다. 따라서 우주 개척은 지구를 완전히 대체하려는 도피성 선택지가 아니라 위기에 처한 지구 문명을 보완하고 보호하기 위해 인류가 구축할 수 있는 '최후의 안전장치'라고 보아야 마땅하다.

우주 개발은 미래의 고부가가치 산업을 창출하는 핵심 성장 동력이다

우주 개발은 단순한 과학기술의 진보를 넘어 앞으로 인류 사회의 경제 구조를 새롭게 재편할 고부가가치 산업을 여는 핵심 분야다. 이미 미국, 유럽연합, 중국 등 주요 강국들은 우주 산업이 지닌 전략적 가치를 깊이 인식하고 주도권을 쥐기 위해 경쟁적으로 투자를 단행하고 있다. 이러한 우주 산업의 경제적 파급력은 기존의 지상 산업과는 감히 비교하기 어려울 만큼 거대하고 광범위하다.

우선 '저궤도 위성 인터넷 산업'은 미래 글로벌 통신 인프라의 핵심으로 떠오르고 있다. 스페이스X의 '스타링크'와 아마존의 '카이퍼 프로젝트'는 수천 기의 소형 위성을 지구 저궤도에 배치해 전 세계 어디서나 사각지대 없이 고속 인터넷을 제공하는 체계를 구축 중이다. 이는 단순한 통신망 확장을 넘어 교육, 산업, 안보 등 사회 전반의 필수 기능을 유지하는 기반 기술이자 다가올 6G 시대를 여는 절대적인 인프라로 평가받는다. 글로벌 컨설팅 기업 PwC가 발표한 〈Space Economy Report 2023〉 역시 저궤도 위성 통신을 2030년대 초반 가장 빠르게 성장할 우주 산업 분야로 지목한 바 있다.

또한 '소행성 자원 채굴 산업'은 장기적으로 우주 경제의 구조를 바꿀 수 있는 잠재력을 지닌 분야이다. 소행성에는 니켈, 철, 물 등 지구에서 수요가 급증하는 자원이 풍부하게 매장되어 있다. 이미 일본의 '하야부사 2호'와 NASA의 '오시리스-렉스OSIRIS-REx' 탐사선이 소행성 표면에서 실제 샘플을 채취해 지구로 무사히 귀환함으로써 그 기술적 실현 가능성을 입증했다. PwC는 향후 우주 공간에서 물을 전기분해하여 로켓 연료로 활용하는 '우주 연료 시장'이 본격화될 경우 소행성 채굴이 우주 항행, 우주정거장 운영, 기지 건설을 가능케 하는 핵심 인프라가 될 것으로 전망한다. 소행성에서 확보한 물로 우주 현지에서 직접 연료를 생산하게 되면 막대한 비용을 들여 지구에서부터 연료를 쏘아 올리던 기존의 비효율적인 구조를 근본적으로 혁신할 수 있기 때문이다. 즉 소행성 채굴은 단순한 자원 확보 차원을 넘어 우주 경제의 거대한 에너지 순환 체계를 완전히 재편할 파괴적 혁신 산업으로 평가된다.

결론적으로 우주 개발은 단기적인 경제적 이익을 좇는 것을 넘어 한 국가의 기술력과 산업 경쟁력, 나아가 미래 에너지 전략까지 좌우하는 막강한 핵심 성장 동력이라 할 것이다. 특히 저궤도 통신, 소행성 자원 채굴, 우주 관광과 같은 최첨단 고부가가치 산업은 지속 가능한 미래 사회의 굳건한 기반을 닦는 데 반드시 선점해야 할 미래 전략 산업으로 보아야 마땅하다.

II. 물질의 규칙성 - 우주

통합 과학1

효과적인 우주 쓰레기 처리 방법

토론 논제

우주 쓰레기에는 어떤 것들이 있는지 알아보고 사회, 환경, 경제에 미치는 영향을 분석합니다. 또한 자신이 생각하는 가장 합리적인 우주 쓰레기 처리 방법에는 무엇이 있을지 과학적 근거를 가지고 제시하여 봅시다.

– 2023 전북 무주교육지원청, 2024년 충남 아산·금산 교육지원청 청소년 과학탐구 대회 과학 토론 논제

Ⅰ. 문제 상황

1. 우주 쓰레기의 정의

임무 종료 또는 기능이 정지된 우주비행체, 그 부속품 또는 충돌, 파열 등으로 생성된 파편 등과 같이 지구 주위 궤도에 존재하는 버려진 모든 인공 우주물체[1]

의도적 잔해	정의	우주 임무를 수행하는 과정에서 원래 버리기로 계획된 우주 쓰레기. 주로 로켓 발사체의 단계별 분리 과정이나 위성 배치 과정에서 발생
	종류	로켓 상단부, 추진체, 위성 발사 후 버린 커버나 캡 등
비의도적 잔해	정의	예기치 못한 고장이나 충돌 같은 사고, 임무 종료로 인해 예기치 않게 우주에 남게 된 우주 쓰레기
	종류	임무 종료 및 고장 난 위성. 충돌로 생긴 파편, 우주선 미세 부품 등

1　과학기술정보통신부, 〈우주 쓰레기 경감을 위한 우주비행체 개발 및 운용 권고〉, 2021

2. 우주 쓰레기 위험성 증가[2]

1) 10cm 이상 추적 가능 우주 쓰레기의 급격한 증가

2020년 2만 5,000여 개에서 2025년 4만여 개로 5년 만에 약 60% 급증

2) 작은 파편 종류별 규모 및 위험성

파편 크기	규모	위험성
10cm 이상	5만 개 이상	충돌 시 위성 완전 파괴
1~10cm	120만 개 이상	충돌 시 위성 시스템 마비 가능, 국제우주정거장(ISS)에 구멍을 낼 수 있음

3) 인공 우주물체 추락 건수 증가

2019년 대비 2023년 기준 5배 이상 증가

인공위성 발사 및 우주물체 추락 현황

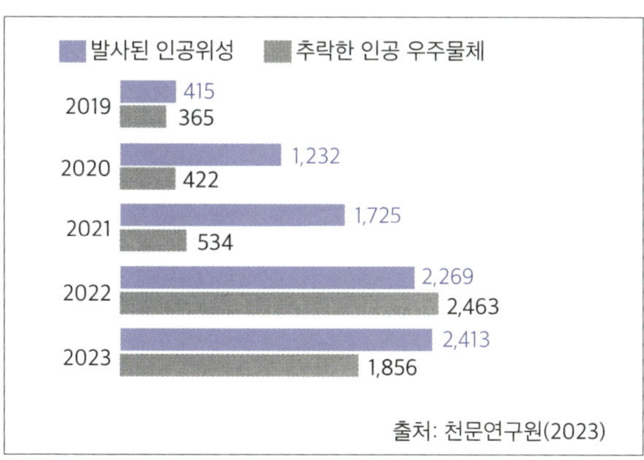

---

2 유럽우주국(ESA), 〈우주 환경보고서〉, 2025

Ⅱ. 우주 쓰레기의 영향 분석

1. 사회적 영향

1) **안전성 위협:** 우주 쓰레기와 위성 충돌 → 위성 파괴 → 캐슬러 증후군 발생 위험 증가 → 통신·기상·항법 등 핵심 위성 서비스까지 영향을 미쳐 심각한 사회적 피해로 이어짐

위성과 우주 쓰레기 충돌 사고 사례

연도	위성 명	충돌 대상	피해 상황
2009년	이리듐 33(미국)	비활성 코스모스 2251(러시아)	상용통신 중단, 2000여 개 이상 파편 발생
2016년	센티넬-1A	미확인 cm 파편	태양 전지판 손상, 기능 저하
2021년	윈하이 1-02	1985년 러시아 우주 발사체 파편	기상 관측 임무 중단

2) **국제 갈등 초래:** 우주 공간은 주권이 인정되지 않는 국제 공역으로 우주 충돌 사고 발생 시 책임 소재가 불명확함 → 처리 비용을 둘러싼 외교적 갈등이 발생할 수 있음

   예시 코스모스 954 사건(1978): 소련의 핵발전 위성 코스모스 954가 추락하며 캐나다 영토에 방사선 파편을 뿌려 외교적 협상 끝에 소련이 캐나다에 300만 달러 지급

2. 경제적 영향

1) 막대한 경제적 손실 발생

① 충돌 및 파손 시 막대한 교체 비용 발생: 우주 쓰레기와 인공위성이 충돌하면 위성 파손 및 운행 중단 가능성 존재 → 파손 시 교체·복구에 막대한 비용 발생

예시 한국 천리안 위성 1기 개발 투입 예산은 3,549억 원으로 작은 사고에도 막대한 예산 손실 위험 존재

② 보호 및 궤도 변경 비용 발생: 지구 정지궤도에서 위성 보호나 충돌 위험을 방지하기 위한 위성의 위치·방향 조정 비용은 총운용 비용의 약 5~10%로 추정[3]

2) 우주 산업 성장 저해: 우주 쓰레기 증가 → 위험성 증가로 인한 비용 상승 → GPS, 위성, 우주 관광, 기상 관측 등 우주 관련 산업에 대한 불확실성으로 인한 투자 위축 가능성 존재

3. 환경적 영향

1) 대기 오염 발생: 우주 쓰레기가 대기권에 진입할 때 마찰에 의한 급격한 온도 상승 → 이 과정에서 알루미늄, 납 등 다양한 금속 물자가 연소하면서 대기 화학 반응 발생 → 방출된 미세 금속 입자 및 산화물 등으로 인한 오존층 파괴 가능성 존재

---

3 OECD, 〈우주 쓰레기의 경제적 영향 분석〉, 2022

2) **상층 대기 구성 변화 초래**: 우주 쓰레기가 지구 대기층에 진입할 때 발생한 미세 파편과 연소 잔해가 성층권·중간권에 잔류→공기 흐름과 온도 분포에 영향을 미쳐 장기적으로 상층 대기 조성 변화 및 지구 기후 시스템을 교란할 가능성 존재

III. 합리적인 우주 쓰레기 처리 방법

1. 우주 쓰레기 제거 방식의 종류[4]

종류	제거 기술		제거 방법
임무 후 처리	궤도 이탈		저궤도(2,000㎞) 이하에 있는 우주 쓰레기를 지구 대기권 내로 재진입시켜 대기 마찰로 자연 소각
	우주 무덤 내 처리		위성들이 주로 이동하는 궤도에서 벗어나 우주 무덤(지구 정지궤도보다 300㎞ 이상 높은 궤도)까지 올려보내 폐기
	지구 내 처리		지구상 가장 인적이 드문 남태평양 '포인트 니모' 인근 구역으로 유도해 추락시킴
능동적 제거	접근 기술 (우주 내 물체에 접근 또는 결합하는 기술)	랑데부	우주에서 두 물체가 만나기 위해 속도와 위치를 딱 맞춰 붙는 기술
		도킹	우주물체를 물리적으로 결합하여 연결하는 기술
	제거 기술 (쓰레기를 포획한 뒤 지구 대기권으로 보내 소각하거나 우주 무덤으로 보내는 기술) 접촉식	그물	그물을 던져 감싸 포획하는 기술
		작살	우주 쓰레기에 작살을 발사해 고정한 후 케이블 등으로 끌어와 포획하는 기술
		로봇 팔	갈고리 모양의 구조물이나 로봇 팔을 이용해 직접 포획하는 기술
		팔매질	바구니나 장치를 이용해 우주 쓰레기를 포획한 뒤 회전력을 이용해 지구 대기권으로 보내는 기술

---

4 한국과학기술평가원, 〈우주 쓰레기 제거 기술〉, 2023

			자석	청소 위성에 거대한 자석을 부착, 우주 쓰레기를 수거 후 지구 대기권으로 떨어뜨리는 기술
능동적 제거	제거 기술 (쓰레기를 포획한 뒤 지구 대기권으로 보내 소각하거나 우주 무덤으로 보내는 기술)	접촉식	폐기용 부스터	수명이 다한 위성을 안전하게 이동시킬 수 있는 추진 장치를 미리 장착해 두었다가 수명 종료 후 안전한 궤도로 이동시키는 기술
		비접촉식	레이저 빔	레이저를 이용해 우주 쓰레기 표면을 증발시켜 그 반발력으로 고도를 낮춰 지구 대기권으로 보내는 기술
			거품	거미줄처럼 분사되는 특수 거품이 작은 우주 쓰레기들을 덩어리지게 만들어 처리하는 기술

2. 처리 방법의 장·단점 분석

제거 기술	장점	단점
그물	큰 파편 처리 가능	실패하면 그물 자체가 우주 쓰레기가 됨
작살	큰 파편을 견고하게 포획 가능	발사 실패 또는 관통하면 파편 증가
로봇 팔	큰 잔해를 정밀하게 처리 가능	시스템이 복잡해 매우 높은 비용 발생
팔매질	기계적 방법으로 포획 가능	충격으로 2차 파편 발생 가능성 존재
자석	비접촉 포획·처리 가능	비금속 파편에는 효과가 없음
폐기용 부스터	설치 단계에서 적용 가능	별도 연료가 필요해 설계 비용 증가
레이저 빔	원격으로 작은 파편도 처리 가능	높은 정확도를 위한 정밀 기술 요구, 높은 비용 부담 발생

3. 가장 합리적인 방식: 폐기용 부스터

1) 선택 이유

① 설계 단계에서 적용 가능: 위성을 만들 때 폐기용 부스터를 함께 장착할 수 있어 별도의 추가 장비가 필요 없음

② 비용 대비 효율적: 소형 엔진과 최소한의 연료만으로 궤도 변경이 가

능해 다른 기술에 비해 비용 부담이 상대적으로 적음

2) 작동 방식

① 위성의 궤도 유지 원리: 지구 중력이 끌어당기는 힘과 위성의 빠른 진행 속도로 인해 생기는 관성 효과가 균형을 이루며 위성은 지구를 중심으로 궤도 유지

② 속도 변화에 따른 궤도 이동: 부스터 속도 증가 → 지구로부터 멀어져 더 높은 우주 무덤 궤도(폐기 궤도)로 이동 → 부스터 속도 감소 → 궤도가 낮아져 지구 대기권 재진입해 소멸

3) 효과

궤도 변경을 통해 다른 우주물체와 충돌 위험을 90% 이상 감소

→ 유럽우주국ESA의 '제로 우주 쓰레기ZERO DEBRIS' 접근법: 임무 종료 시 궤도 변경을 통해 우주물체와의 충돌 위험을 90% 이상 감소 가능

주장

우주 쓰레기는 위성 충돌, 우주 환경오염, 국제 갈등, 경제적 손실 등의 심각한 문제를 초래한다. 다양한 해결 방법 중 별도의 추가 장비 없이 위성 설계 단계에서 적용할 수 있으며 소형 엔진과 최소 연료만으로 궤도 조정이 가능해 비용 대비 효율성이 높은 폐기용 부스터가 가장 효과적이다.

II. 물질의 규칙성 - 우주

지구 가열화와 우주 쓰레기의 융합 해결 가능성

신일중 김온유

주말이면 가족과 함께 영화를 보며 시간을 보내곤 한다. 특히 과학에 관심이 많아 자연스럽게 SF 영화를 선택하게 되는데, 영화 속에 숨어 있는 과학적 사실과 기술들을 하나하나 따져보는 일은 언제나 큰 즐거움이다. 지금까지 본 영화 중 기억에 남는 작품은 〈인터스텔라〉, 〈마션〉 그리고 한국 SF 영화의 새로운 가능성을 보여준 〈승리호〉이다.

특히 〈승리호〉는 최근 심각한 문제로 부상한 우주 쓰레기를 주요 소재로 다루고 있어 더욱 흥미로웠다. 영화는 인류가 환경 오염으로 황폐해진 지구를 떠나 궤도 정거장에서 살아가는 2092년의 미래를 그리며, 주인공들은 우주 쓰레기를 수거해 생계를 이어간다. 작품 속에서 우주선 내부에 인공중력이 자연스럽게 작용하거나 우주선이 마치 대기권 내의 비행기처럼 자유롭게 기동하며 쓰레기를 포획하는 장면 등은 과학적으로 다소 무리가 있어 웃음이 나기도 했다.

그러나 이내 2009년 이리듐 33호와 코스모스 2251호의 충돌 사고가 떠올랐다. 이 사고는 인류 역사상 가장 많은 우주 쓰레기를 발생시킨 사례로 영화가 결코 허구가 아니라는 사실을 실감하게 했다. 이는 기후 위기와 우주 쓰레기라는 두 가지 위협이 동시에 인류의 미래를 위협하고 있다는 점으로 이어졌고 이 문제를 어떻게 해결할 것인지 깊이 고민하게 만들었다.

최근 기후 위기와 우주 쓰레기 문제는 인류가 직면한 가장 시급한 과제이다. 세계기상기구wmo가 2023년 발표한 〈기후전망 보고서〉에 따르면 전 지구 표면 기온이 지구 가열화의 티핑포인트인 1.5℃를 5년 이내에 일시적으로 넘을 가능성이 66%에 이른다. 이를 막기 위해서는 온실가스 배출량을 현재의 정책 예상치보다 30~45% 추가 감축해야 한다. 이미 세계 곳곳에서는 극한 폭염과 홍수 같은 기후 재난이 속출하고 있다. 이는 지구 가열화가 더 이상 미래의 막연한 위험이 아니라 현재 진행 중인 현실임을 보여준다.

한편 우주 쓰레기 문제 역시 심각하다. 이리듐 33호와 코스모스 2251호의 충돌은 수천 개의 파편을 만들어 냈고 이 파편들이 다른 위성과 연쇄 충돌을 일으킬 수 있는 '케슬러 증후군Kessler syndrome'을 현실화했다. 만약 이러한 사고가 유인 탐사선에서 발생했다면 치명적인 인명 피해로 이어졌을 것이다. 인류는 지금 스스로 쏘아 올린 위성과 로켓 잔해가 만들어 낸 '덫'에 갇혀 있는 상황이다.

지구 가열화의 근본 원인이 화석 연료 사용 증가로 인한 온실가스의 축적에서 비롯되듯 우주 쓰레기 역시 인류가 기후 관측과 통신을 위해 발사한 수많은 위성 로켓이 남긴 또 다른 형태의 환경오염이다. 결국 두 문제는 겉으로는 서로 다른 영역에서 나타나지만 과도한 에너지 소비와 무분별한 기술 확장이라는 동일한 원인에서 비롯된다.

본 에세이에서는 이 두 문제를 융합적으로 해결할 수 있는 기술적 가능성을 제안하고자 한다. 현재 우주 쓰레기의 처리는 주로 대기권 소각이나 회수 방식이 주를 이루며 지구 가열화 대응 기술로는 탄소 포집·보관·사용 ccus 기술, 지구에 도달하는 태양 빛을 인위적으로 줄여 평균 기온 상승을 일시적으로 완화하는 태양 복사 관리SRM 기술 등이 논의되고 있다. 나는 여기서 태양 복사 관리 방식 중 하나인 '우주 공간 차폐막' 기술과 '우주 쓰레기 포집' 기술을 결합하는 새로운 대안을 구상해 보았다. 즉 우주 쓰레기를 수거하여 거대한 차폐막을 만들고 이를 지구와 태양 사이에 배치해 지구로 들어오는 태양 복사에너지를 일부 차단하는 방식이다. 이렇게 하면 지구에 도달하는 열에너지를 줄일 수 있을 뿐만 아니라 훗날 지구 가열화 완화라는 목적이 달성되면 모아 두었던 우주 쓰레기를 다시 안전하게 처리할 수 있다는 장점도 있다.

이 아이디어를 실현하기 위해서는 무엇보다 우주 쓰레기 포집 기술의 확보가 우선되어야 한다. 우주 쓰레기는 각각 속도와 궤도가 달라 충돌 위험이 있기 때문에 무작위로 포집할 수 없다. 궤도, 속도, 이동 방향이 유사한 파편들을 선별해 하나의 그룹으로 묶은 뒤 이들을 순차적으로 포집해야 안전하고 효율적인 수거가 가능하다.

이를 위해서는 우주 쓰레기 전용 포집 위성의 제작이 필수적이다. 이 위성에 로봇 팔, 그물, 다양한 포집 장치를 탑재해 우주 쓰레기를 직접 수거해야 한다. 아울러 위성의 발사와 폐기 과정에서 또 다른 우주 쓰레기가 발생하지 않도록 로켓 몸체 스스로가 분해되는 기술이나 대기권 재진입 시 완전히 연소하는 나무 위성 같은 친환경 위성 기술도 함께 연구되어야 한다.

이렇게 포집한 우주 쓰레기는 위성 내부에서 반사 패널로 재가공한 후 지구와 태양 사이에 배치하여 태양광 반사막으로 활용할 수 있으며 이를 통해 지구에 도달하는 태양 에너지를 인위적으로 줄일 수 있다. 반사막은 항상 태양을 향해 있어야 가장 효과적이므로 지구의 공전 궤도보다는 지구와 태양의 중력이 균형을 이루는 '라그랑주점(L1 지점)'에 위치하는 것이 적합하다. 이곳에 반사막을 배치하면 지속적으로 태양광을 차단할 수 있다.

　우주 쓰레기를 모아 태양광 반사막을 만든다는 아이디어는 기술적으로 넘어야 할 장벽이 많다. 하지만 우주 쓰레기 문제와 지구 가열화 문제를 동시에 완화할 수 있다는 점에서 매우 매력적이고 융합적인 해결 방안이라 할 수 있다.

　물론 이 반사막 하나로 지구 가열화와 우주 쓰레기 문제를 해결할 수는 없을 것이다. 그러나 이 문제를 고민하는 과정에서 우주 쓰레기를 '처리 대상'이 아닌 '재활용 자원'으로 바라보게 되었다. 영화 속 상상이 과학적 질문으로 이어지고 그 질문이 다시 미래의 기술로 이어질 수 있다는 사실은 과학도를 꿈꾸는 나에게 벅찬 울림을 주었다.

　기후 위기와 우주 쓰레기 문제는 동떨어진 문제가 아니라 지금 우리의 삶과 직결된 문제이다. 나 역시 이 작은 아이디어를 통해 인류가 만들어 낸 위기를 다시 인류의 지혜로 극복할 수 있기를 바라는 한 사람으로서의 책임을 느끼게 되었다. 우주와 지구 사이를 잇는 이 작은 '조약돌' 같은 발상이 거대한 위기를 멈추는 시작점이 되기를 기대해 본다.

Ⅲ-1. 시스템과 상호작용: 지구 시스템-지진

2017년 11월 16일은 당초 예정된 대학수학능력 시험일이었다. 전국의 수험생들이 십수 년 동안 쏟아부은 노력을 평가받는 결전의 날이었다. 그해 수능을 치렀던 학생들은 지금쯤 어엿한 사회 초년생이 되어 각자의 삶을 꾸려가고 있을 것이다. 수능은 그동안 쌓아온 학업의 결과를 평가받는 중대한 자리이기에 수험생과 그 가족은 물론 관공서와 기업의 출근 시간, 심지어 항공기의 이착륙 시간까지 조정될 만큼 온 나라의 관심이 집중된다.

그런데 2017년 수능을 단 하루 앞둔 날, 규모 5.4의 강진이 포항을 강타했다. 이 지진으로 일부 수능 시험장에서는 천장이 무너져 내리고 건물 곳곳에 균열이 발생했으며 낙하물과 유리 파편, 계단 파손 등 2차 피해까지 이어지면서 포항은 더 이상 학생들의 안전을 장담하기 어려운 상황에 놓였다. 결국 교육부와 한국교육과정평가

원은 긴급회의 끝에 수능을 일주일 연기하는 초유의 결정을 내렸다. 이는 대한민국 수능 역사상 전례가 없는 일이었으며 자연재해가 국가 교육 시스템 전체를 멈춰 세울 수 있음을 보여준 상징적인 사건이었다. 짧다면 짧고 길다면 긴 그 1주일은 어떤 학생에게는 극도의 불안을 견뎌야 하는 고통의 시간이었고 또 다른 학생에게는 부족한 부분을 채우는 마지막 점검의 기회가 되었을지도 모른다.

2017년 11월의 포항 지진은 단순히 땅을 흔든 물리적 현상에 그치지 않았다. 온 나라 사람들의 마음과 일상의 시간을 멈춰 세웠으며 한국 사회가 지진을 비로소 '우리의 심각한 당면 문제'로 인식하게 된 결정적 전환점이었다. 그런데 이보다 1년 앞선 2016년, 경주에서도 규모 5.8의 강진이 발생한 바 있다. 지진 안전지대로 여겨졌던 우리나라에서 왜 갑자기 거대한 규모의 지진이 연이어 발생한 것일까?

오랫동안 우리는 한반도가 지진이 거의 없는 안전한 나라라고 믿어 왔다. 하지만 경주 지진과 포항 지진을 계기로 과학자들은 땅속 깊은 곳에 오랜 지각 운동의 흔적을 간직한 '활성단층'들이 곳곳에 존재한다는 사실을 다시금 확인했다. 활성단층이란 지질학적으로 최근까지 움직인 흔적이 있어 앞으로도 다시 움직일 가능성이 농후한 단층을 뜻한다.

한국지질자원연구원KIGAM의 지질 조사에 따르면 우리나라에는 약 450곳의 단층이 있는 것으로 추정되며 이 가운데 최신 연구를 통해 14~16개 정도가 활성단층으로 공식 확인되었다. 특히 경주와 포항을 뒤흔든 강진은 이렇게 숨겨져 있던 활성단층이 움직이면서 발생한 결과였다. 향후 정밀 조사가 진행됨에 따라 확인되는 활성 단층의 수는 더욱 늘어날 가능성이 크다.

　즉 지진은 더 이상 이웃 나라의 이야기가 아니라 지금 우리가 딛고 살아가는 이 땅에서 언제든 일어날 수 있는 현실적인 자연현상이다. 그렇다면 우리는 지진을 어떻게 이해하고 받아들여야 할까? 그리고 지진이 발생하는 근본적인 원인은 과연 무엇일까? 이 질문들에 제대로 답하려면 자연현상의 이면을 깊이 들여다보는 과학적 태도가 필요하다. 평소 지진이 일어나는 원리를 정확히 이해하고 지속적인 관심을 기울일 때에야 비로소 실제 지진이 발생하더라도 침착하게 상황을 판단하고 대응하여 그 피해를 최소화할 것이기 때문이다.

글쓰기가 쉬워지는 최소한의 과학 상식

단층

지각이 서로 다른 방향으로 힘을 받아 움직이면서 생긴 뚜렷한 균열이나 어긋난 경계를 뜻한다. 지각판이 끊임없이 이동하다 보면 지층에 막대한 압력이 축적되는데, 이 압력이 지각이 버틸 수 있는 '임계점'을 넘어서는 순간 단층을 따라 갑자기 미끄러지며 파열된다. 바로 이때 축적된 에너지가 방출되며 지진이 발생하는 것이다. 즉 단층 운동은 지진을 일으키는 가장 직접적인 원인이 된다.

흔히 단층은 '판의 경계'와 밀접하게 관련되어 있다고 알려져 있으나 두 가지가 완전히 동일한 개념은 아니다. 지구상의 모든 판 경계에서는 필연적으로 단층 운동이 일어나지만 단층 자체는 판의 경계뿐만 아니라 한반도의 경우처럼 대륙의 내부 깊숙한 곳에서도 얼마든지 형성될 수 있기 때문이다.

이러한 수많은 단층 가운데, 지질학적으로 최근인 수만 년에서 수십만 년 이내에 움직인 흔적이 남아 있어 앞으로도 다시 움직일 가능성을 품고 있는 위험한 단층을 '활성단층Active Fault'이라고 부른다.

판의 경계

지각판들이 맞닿아 있는 경계를 말하며 이 지역에서는 지진, 화산대, 산맥 형성 등
지구 지각의 변화가 매우 활발하게 일어난다. 판이 어떻게 움직이는지에 따라 다
음과 같은 세 가지 유형으로 나뉜다.

경계 이름	설명	주요 현상	예시
발산 경계 (Divergent Boundary)	두 판이 서로 멀어지는 경계	두 판이 멀어지며 사이의 맨틀에서 마그마가 솟아올라 새로운 해양 지각을 형성(해령)하는 경계.	대서양 중앙해령 동아프리카 열곡대
수렴 경계 (Convergent Boundary)	두 판이 서로 충돌하거나 섭입하는 경계	한 판이 다른 판 아래로 들어가면서(섭입). 깊은 해구가 형성되거나 두 판이 충돌하여 화산대나 산맥이 형성됨.	일본 열도 히말라야산맥
보존 경계 (Transform Boundary)	두 판이 서로 엇갈리며 이동하는 경계	판들이 충돌하지도 않고 멀어지지도 않 지만 서로 수평 이동하면서 강한 응력이 쌓였다가 갑자기 방출되어 강한 지진 발생	샌안드레아스 단층

판구조론

지구의 암석권(약 100km 두께의 지각과 상부 맨틀의 일부)이 여러 개의 단단한 판
으로 나누어져 있으며 이 판들이 지구의 맨틀 대류와 같은 내부 에너지에 의
해 끊임없이 이동한다는 이론이다. 판의 움직임은 지진과 화산 활동, 산맥 형
성, 해구 생성 등 다양한 지질 현상을 일으킨다. 즉 판구조론은 지구 표면에서
일어나는 대부분의 큰 지질학적 변화를 설명하는 핵심 이론이라고 할 수 있다.

맨틀의 대류 현상

지구 중심부, 특히 외핵에서 발생하는 열이 맨틀 하부를 데우면서 시작된다. 맨틀
아래쪽이 더 뜨거워지면 물질의 밀도가 낮아져 상승하고 반대로 위쪽에서 식은 물
질은 밀도가 높아져 아래로 가라앉는다. 이렇게 부력과 중력의 차이가 만들어 내
는 힘의 균형 속에서 대류 운동이 지속된다. 맨틀은 고체이지만 지구 내부의 높은
온도와 압력 때문에 수백만 년의 긴 시간 단위에서는 유체처럼 천천히 흐를 수 있
어 대류 운동이 가능해진다.

지진파

지진이 발생할 때 지각에 축적되어 있던 막대한 에너지가 일순간 방출되면서 지각을 매질로 삼아 사방으로 퍼져 나가는 파동을 뜻한다. 깊은 땅속 '진원'에서 에너지가 터져 나오면 주변 암석에 강한 진동이 일어나고 이 진동 에너지가 물결처럼 전달되는 것이 바로 지진파이다. 지진파가 마침내 지표면에 도달하면 지반을 강하게 흔들어 건물을 붕괴시키는 등 지진 피해를 일으키는 직접적인 원인이 된다. 지진파는 이동하는 경로에 따라 크게 지구 내부를 관통하여 이동하는 '실체파Body wave'와 지표면을 따라 이동하는 '표면파Surface wave'로 나뉜다. 여기서 실체파는 파동의 진행 방향과 매질의 진동 방향에 따라 다시 'P파(종파)'와 'S파(횡파)'로 세분된다.

분류	운동 방향	통과할 수 있는 매질	속도	특징
P파 (Primary Wave, 종파)	파의 진행 방향과 같음	고체, 액체, 기체 모두 통과	가장 빠름 (약 6~8km/s)	지진파 중 가장 먼저 도달. 압축과 팽창 운동
S파 (Secondary Wave, 횡파)	파의 진행 방향에 수직	고체만 통과	P파보다 느림 (약 3~4km/s)	수평 또는 수직 방향으로 흔들림. 피해 유발

내진 설계

지진이 발생했을 때 인명 피해와 재산 피해를 최소화하기 위해 건물이나 구조물이 쉽게 붕괴하지 않도록 일정한 기준에 따라 설계·시공하는 기술과 방법을 말한다. 우리나라는 1988년부터 6층 이상의 건축물에 내진 설계를 의무화하였으며 현재는 2층 이상이거나 연 면적 200㎡ 이상, 높이 13m 이상인 건축물 등으로 적용 범위가 확대되었다.

Ⅲ-1. 시스템과 상호작용: 지구 시스템 - 지진

통합과학1

우리나라는 지진 안전 국가이다

용어 정의

'지진 안전 국가'란 단순히 지진이 없는 나라가 아니라 지진 발생 위험이 낮고 발생했을 때 피해를 최소화할 수 있는 능력, 즉 사회적·기술적 대비 체계를 갖춘 나라를 뜻한다.

논의 배경

한반도는 오랫동안 지진 위험이 낮은 지진 안전지대로 인식되어 왔다. 그러나 2016년 규모 5.8의 경주 지진과 2017년 규모 5.4의 포항 지진을 계기로 한반도에서도 지진 발생 가능성과 위험성이 있음을 인식하게 되었다. 이 두 차례 지진 이후 정부와 학계는 활성단층에 대한 본격적인 조사 연구를 추진하고 있으며 지진 조기경보 시스템의 확대, 건축물 내진 설계 기준 강화 등 다양한 대비책을 마련하고 있다. 그럼에도 불구하고 여전히 민간 건축물의 내진 보강이 미흡할 뿐만 아니라 지진 조기경보 및 방재 대응 체계도 일본, 미국 등 선진국에 비해 부족한 실정이다. 이에 우리나라가 과연 '지진 안전 국가'로 평가될 수 있는지 토론하고 한반도의 지진 발생 가능성과 대비 체계에 대해 종합적으로 살펴보고자 한다.

찬성 측 주장

지질학적 위치상 판 경계에서 멀리 떨어져 있다

지구의 겉 부분인 암석권은 여러 개의 단단한 지각판으로 나뉘어 있으며, 이 판들은 맨틀의 대류 운동에 의해 끊임없이 이동한다. 판과 판이 맞닿는 '판의 경계'에서는 서로 밀고, 당기고, 어긋나며 미끄러지는 과정에서 막대한 응력(스트레스)이 축적된다. 이 에너지가 한순간에 방출되면서 강력한 지진과 화산 활동이 일어나는 것이다.

판의 경계는 그 움직임에 따라 발산형, 수렴형, 보존형으로 나뉘는데, 이 중에서도 특히 한 판이 다른 판 아래로 파고드는 '수렴형 경계(섭입대)'에서 대규모 지진이 자주 발생한다. 실제로 인류가 기록한 1960년 칠레 대지진, 2004년 인도양 지진, 2011 동일본 대지진 등 규모 9.0 이상의 초대형 지진은 모두 이러한 수렴형 경계에서 발생했다.

이처럼 판의 경계는 거대한 지진 에너지가 집중되는 위험 지역이지만 우리나라는 '유라시아판'의 내부, 즉 판의 중심부 안쪽에 자리하고 있다. 이는 한반도가 판 경계에서 일어나는 직접적인 지각 충돌이나 섭입 활동의 영향을 거의 받지 않음을 의미한다. 물론 한반도 내부에도 여러 단층이 존재하여 지진이 발생할 수는 있으나 이러한 내륙 지진(판 내부 지진)은 판 경계 지진과 비교할 때 발생 빈도가 낮고 그 규모 역시 상대적으로 작다는 것이 현재까지의 주된 지질학적 평가이다.

따라서 지질학적 위치만을 놓고 고려할 때 우리나라는 판 경계에 놓인 국가들에 비해 지진 위험도가 낮은 편에 속한다. 특히 초대형 지진을 유발하는 섭입대나 충돌대의 직접적인 영향권에서 벗어나 있다는 점은 한반도의 지질학적 안정성을 뒷받침하는 강력한 근거가 된다. 이러한 지리적, 지질학적 특성들을 종합해 볼 때 우리나라는 지진의 발생 가능성과 규모 면에서 비교적 안전한 국가로 분류할 수 있다.

한반도에서 발생하는 지진은 규모가 작아 파괴력이 상대적으로 낮다

한반도에서는 지진계 관측 이래 규모 6.0 이상의 지진이 보고되지 않았다. 연세대 지구시스템과학과 홍태경 교수는 2011년 동일본 대지진과 같은 초대형 지진이 한반도에서 발생할 가능성은 매우 낮다고 분석한다. 이는 한반도가 유라시아판 내부에 위치해 있어 강력한 섭입 작용이나 판 충돌과 같은 초대형 지진 발생 메커니즘의 직접적인 영향을 받지 않기 때문이다.

기상청 지진 통계에 따르면 1978년 지진계 관측이 본격적으로 시작된 이후 연간 지진 발생 건수는 연평균 1998년까지 약 19회, 1999년~2009년 약 43회, 2010년 이후 70회 이상을 기록하여 꾸준히 증가하는 것처럼 보인다. 하지만 이는 실제 지진 발생이 증가했다기보다 지진 탐지 기술이 정밀해지면서 규모 2.0~4.0의 소 지진이 많이 포착된 결과로 해석된다. 우리나라에서 발생하는 지진의 대부분은 소규모이며 계기 관측 이후 규모 6.0 이상의 대형 지진은 한 번도 기록되지 않았다.

현대에 발생한 주요 지진 사례를 살펴보면 1978년 울진 해역에서 발생한 규모 5.0의 지진, 2016년 규모 5.8의 경주 지진, 2017년 포항에서 발생한 규모 5.4의 지진 등이 있으나 모두 규모 6.0 미만의 중규모 지진이었다. 특히 포항 지진은 인근 지열발전소에 영향을 받은 유발 지진일 가능성이 제기되고 있어 자연 발생 지진과는 구별해야 한다는 의견도 있다.

또한 1978년 국내 계기 관측이 시작된 이래 현재까지 지진으로 인한 직접적 인명 사망 사례가 한 차례도 발생하지 않았다는 점도 한반도에서 발생하는 지진의 규모와 파괴력이 상대적으로 낮음을 보여준다.

지진 대응 체계가 빠르게 강화되고 있다

우리나라의 지진 대응 체계는 '예방-감시-조기경보-대응-복구'의 5단계로 구성되어 있으며 최근 들어 이 전 과정에서 대응 수준이 빠르게 강화되고 있다. 1988년 일부 주요 시설을 대상으로 시작된 내진 설계 의무화가 2005년 이후 일정 규모 이상의 모든 건축물로 확대되었고 현재는 학교·공공시설 등 기존 건축물에 대한 내진 보강 작업도 적극적으로 추진되고 있다.

또한 2016년 경주 지진과 2017년 포항 지진을 계기로 '지진 조기경보 시스템'도 크게 발전하였다. 조기경보는 지진 발생 직후 먼저 도달하는 P파 Primary wave를 감지하여 더 큰 피해를 일으키는 S파 Secondary wave가 도달하기 전에 경보를 발령하는 방식으로 작동한다. 기상청 자료에 따르면 우리나라의 조기경보 발령 시간은 2015년 평균 50초였으나 2021년 이후 5~10초 수준으로 단축되어 실제 대피 시간을 확보하는 데 중요한 성과를 거두었다.

지진 감시 능력도 크게 향상되었다. 1978년 3개소에서 출발한 지진 관측망은 현재 기상청과 정부 기관이 운영하는 약 390개소로 확충되었으며 규모 2.0 이하의 미소지진까지 탐지할 수 있을 정도로 감지 정확도가 높아졌다. 이러한 고해상도 관측 자료는 단층대의 응력 변화를 추적하고 지진 발생 가능성을 평가하는 데 중요한 기반이 되고 있다.

이와 같은 내진 설계 기준 강화, 조기경보 체계 고도화, 관측망 확충은 한반도에서 발생 가능한 중규모 지진에 대비하여 국민의 생명과 재산을 보호하는 국가적 대응 능력이 꾸준히 강화되고 있음을 보여준다.

반대 측 주장

활성단층이 다수 존재하여 지진의 잠재적 위험이 크다

특정 지역의 지진 발생 가능성을 정확히 평가하려면 단순히 단층의 존재 여부만 따질 것이 아니라 단층의 방향, 응력의 작용 방향, 미소지진 관측 자료, 과거 단층의 활동 이력 등 다각적인 지질학적 요소를 종합적으로 분석해야 한다. 특히 최근 수만~수십만 년 이내에 움직인 흔적이 있어 미래에 다시 요동칠 가능성이 있는 '활성단층'은 시간이 흐를수록 주변 암석에 응력을 지속적으로 축적하므로 언제든 강진을 유발할 수 있는 시한폭탄과도 같다.

우리나라는 대체로 지진의 규모가 크지 않고 빈도가 낮은 지역으로 알려졌지만 활성단층이 지표에 드러나지 않는 경우가 많다는 점에서 결코 안전하다고만 볼 수 없다. 실제로 2016년 경주 지진과 2017년 포항 지진은 모두 이전에는 존재가 명확히 밝혀지지 않았던 지하 활성단층에서 발생한 것으로 추정되며 이는 한반도 내륙 깊은 곳에도 잠재적 위험 단층이 상당 수 존재할 가능성을 보여준다.

2016년 경주 지진을 계기로 한국지질자원연구원에서 수행된 〈한반도 단층 구조선의 조사 및 평가〉 1단계 연구 결과 한반도 동남권(경상도 지역)에만 양산 단층을 포함한 14개의 활성단층이 존재하는 것으로 확인되었으며 이후 과학기술정보통신부 등의 추가 조사 결과를 포함하면 전국적으로 총 16개 내외의 활성단층이 존재하는 것으로 보고되었다. 그러나 이는 확인한 활성단층만을 기준으로 한 수치일 뿐이며 과학자들은 450개 이상의 단층 구조가 존재할 것으로 추정된다. 이는 향후 조사와 연구가 진행될수록 활성단층 수가 더욱 증가할 가능성을 의미한다.

결론적으로 한반도는 겉보기에는 지진 위험이 낮아 보이나 지하 깊은 곳에 활성단층이 다수 분포하고 있는 구조적 특성상 지진의 잠재적 위험을 결코 가볍게 볼 수 없는 지역임이 분명하다.

내륙 지진은 해역 지진보다 피해가 훨씬 커질 수 있다

한반도는 유라시아판의 내부에 속해 있어 지진의 상당수가 바다(해역)가 아닌 육지(내륙)의 단층대에서 발생하는 특징을 보인다. 이는 주로 해저 해구에서 초대형 지진이 발생하는 일본(판 경계 지진)과는 양상이 다르지만 그렇다고 피해가 가볍다는 뜻은 아니다.

기상청의 통계를 살펴보면 2022년 규모 2.0 이상의 지진 총 77회 중 내륙이 41회, 해역이 36회였으며, 2023년에는 총 106회 중 내륙이 57회, 해역이 49회로 뚜렷하게 내륙 지진의 발생 빈도가 더 높았다.

내륙 지진이 해역 지진보다 위험한 이유는 두 가지이다.

첫째, 내륙 지진은 보통 진원의 깊이가 $10{\sim}20km$로 얕아 $30{\sim}50km$ 깊이에서 발생하는 해역 지진에 비해 지표면에 전달되는 에너지가 훨씬 강하다. 진원이 얕을수록 동일 규모라도 체감 진동과 피해는 훨씬 증가한다.

둘째, 내륙 지진은 도시, 주택, 산업 시설이 밀집한 지역과 가까운 곳에서 발생할 가능성이 높아 인명 피해와 재산 피해가 심각해질 위험성이 크다. 예를 들어 2016년 경주에서 발생한 규모 5.8의 내륙 지진의 경우 광범위한 건물 파손, 부상 등의 인명 피해, 대규모 여진이 있었던 반면, 2004년 울진 해역에서 발생한 규모 5.2의 지진에서는 인근 지역에서 약한 진동만 감지되었을 뿐 피해는 거의 없었다. 이는 규모가 비슷하더라도 내륙 지진이 훨씬 큰 피해로 이어질 수 있음을 입증하는 대표적 사례이다.

결론적으로 한반도에서는 내륙 지진이 해역 지진보다 빈번하게 발생하며 얕은 진원으로 인해 그 파괴력 또한 배가될 수 있다는 점에서 결코 지진 안전 국가라고 단언하기 어렵다.

민간 건축물의 내진 설계 비율이 현저히 낮다

지진으로 인한 피해 유형 가운데 가장 큰 비중을 차지하는 것은 건물 붕괴이다. 특히 내진 설계가 적용되지 않은 건물은 지진으로 발생한 진동을 견디지 못하고 쉽게 붕괴되어 대규모 압사 등 끔찍한 인명 피해를 낳는다. 2008년 규모 7.9의 중국 쓰촨성 지진에서는 약 8만 7,000명, 2010년 규모 7.0의 아이티 지진에서는 약 31만 명이 사망했는데, 두 지역 모두 내진 설계가 제대로 적용되지 않은 건물이 무너져 내려 피해가 급증한 사례로 평가된다. 반면 내진 설계 기준이 철저히 마련된 일본은 같은 규모의 지진에서 피해 양상이 크게 달랐다. 예를 들어 2016년 규모 7.3의 구마모토 지진에서 사망한 사람은 약 276명에 불과했는데, 이는 일본이 오랜 기간 강화해 온 내진 설계, 조기 경보 시스템, 반복된 방재 교육이 만들어 낸 기적의 결과이다. 이처럼 건축물의 내진 성능은 지진 피해의 크기를 결정하는 핵심 요인이다.

우리나라는 1988년부터 6층 이상의 건축물에 내진 설계를 의무화한 이후 현재는 2층 이상, 면적 $200\,m^2$ 이상, 높이 $13\,m$ 이상의 건물로 내진 의무 대상을 확대해 왔다. 그러나 이러한 제도는 새로운 건축물에만 적용되기 때문에 과거에 지어진 건물은 여전히 지진에 무방비 상태로 방치되어 있다. 국토교통부가 발표한 '전국 건축물 내진 설계 현황'(2023년 6월 기준) 자료를 살펴보면 그 우려는 현실로 나타난다. 전국 민간 건축물의 내진 설계 확보율은 고작 16.4%에 불과하다. 지역별 편차도 심각하여 경기도(26.6%) 나 세종시(25.0%) 등 신도시 위주의 지역은 그나마 사정이 낫지만 전라남도(10.6%)와 경상북도(11.7%) 등 노후 주택이 많은 지역은 10채 중 1채만이 지진을 견딜 수 있는 참담한 수준이다. 전문가들은 이토록 저조한 내진 설계율이야말로 한반도 지진 피해를 키울 가장 큰 뇌관이라고 경고하며 특히 앞서 확인된 활성단층대 인근 지역의 민간 건축물 내진 보강이 국가적인 최우선 과제라고 입을 모은다.

결론적으로 우리나라가 제도적으로 내진 설계를 확대해 온 것은 사실이나 기존 건축물의 내진 보강률이 낮고 전체 민간 건축물의 내진 확보율이 매우 부족한 현 상황은 지진 발생 시 상당한 피해로 이어질 수 있음을 의미한다. 이는 우리나라가 아직 지진 안전 국가로 보기 어려운 중요한 근거가 된다.

통합 과학1	Ⅲ-1. 시스템과 상호작용: 지구 시스템 - 지진
	지진 피해를 줄이기 위한 방안

토론 논제

한반도는 지진 안전지대인지 아니면 대지진 가능성을 안고 있는지 과학적으로 분석하고 우리나라가 노력해야 할 해결 대안을 창의적으로 제시하시오.

- 2019년 충북 음성고, 2023년 서울 서운중 등 과학 토론 대회 논제

Ⅰ. 문제 상황

1. 지진의 규모별 분류

중지진 이상은 단순한 자연현상이 아니라 재난으로 인식

분류	규모	내용
미소지진	규모 2.0 이하	사람에게 감지되지 않음
소지진	규모 2.0~4.0	경미한 흔들림
중지진	규모 4.0~6.0	뚜렷한 진동, 건물 피해 발생
대지진	규모 6.0 이상	광범위한 피해 발생
초대형지진	규모 8.5 이상	대규모 재난 발생

2. 국내 지진 발생 증가

2013년 이후 지진 발생 총횟수 및 체감 지진 모두 급격한 증가 추세

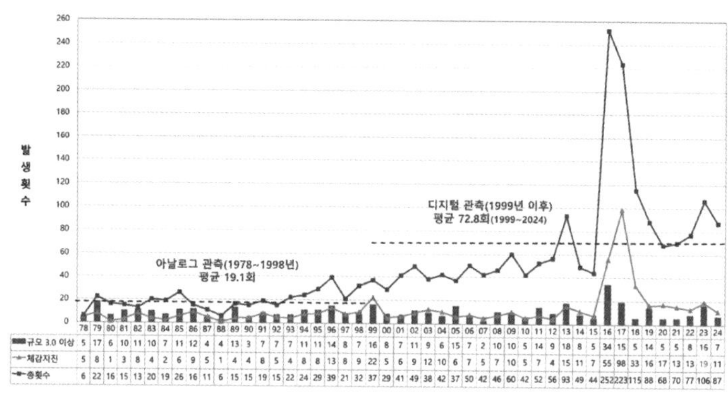

국내 지진 발생 현황 (1978~2024년)

연도	78	79	80	81	82	83	84	85	86	87	88	89	90	91	92	93	94	95	96	97	98	99	00	01	02	03	04	05	06	07	08	09	10	11	12	13	14	15	16	17	18	19	20	21	22	23	24
규모 3.0 이상	5	17	6	10	11	10	7	11	12	4	4	13	3	7	7	7	11	11	14	8	7	16	8	7	11	9	6	15	7	2	10	10	5	14	9	18	8	5	34	15	5	14	5	5	8	16	7
체감지진	5	8	1	3	8	4	2	6	9	5	1	4	4	8	5	4	8	8	13	8	9	22	5	6	9	12	10	6	7	5	7	10	5	7	4	15	11	7	55	98	33	16	17	13	13	19	11
총횟수	6	22	16	15	13	20	19	26	16	11	6	15	15	19	15	22	24	29	39	21	32	37	29	41	49	38	42	37	50	42	46	60	42	52	56	93	49	44	252	223	115	88	68	70	77	106	87

출처: 기상청

3. 한반도 중지진의 발생 주기 단축

기상청이 지진 계기 관측을 시작한 1978년 이후 한반도에서 규모 5.0 이상의 지진은 총 10회 발생 → 동일본 대지진(2011년)을 기준으로 그 이전 5회는 33년, 그 후 5회는 불과 6년 5개월 동안 집중적으로 발생하여 주기가 크게 단축됨

우리나라에서 발생한 규모 5.0 이상 지진

연도	1978	1978	1980	2003	2004	2014	2016	2016	2016	2017
위치	충북 속리산	충남 홍성군	평북 삭주	인천 백령도	경북 울진군	충남 태안군	울산	경주	경주	포항
규모	5.2	5.0	5.3	5.0	5.2	5,1	5.0	5.1	5.8	5.4

출처: 기상청

Ⅱ. 지진 발생 원인 및 우리나라 지진 특징

1. 대표적인 지진 발생의 원인

1) 자연 지진

	판 경계 지진	판 내부 지진
발생 위치	두 판이 만나는 경계에서 발생	하나의 판 내부에서 발생
발생 빈도	높음 → 비교적 자주 발생해 예측이 상대적으로 쉬움	낮음 → 드물게 발생해 예측이 어려움
발생 이유	두 판이 서로 부딪치거나 미끄러지거나 멀어지면서 발생	활성단층의 재활동, 판 내부의 응력 축적 등

2) 인공지진: 지하핵실험, 광산 개발, 지열발전소 물 주입 등에 의해 발생

2. 우리나라 지진의 특징[1]

1) 판 내부의 활성단층에서 발생

① 판 내부에 위치하지만 추가령 단층, 양산 단층 등과 같은 활성단층을 따라 단층 운동이 계속 관찰됨

② 활성단층인 양산 단층에 위치해 있는 경상도 지역에서 지진이 상대적으로 자주 관측

---

1 한국지질자원 연구원, 〈활성단층지도 및 지진 위험지도제작〉, 2012
   홍태경, 《지진의 과학》, 김영사, 2025

2) 견고한 암석으로 이루어진 지각 구조

① 연약한 퇴적층이 아니라 단단한 암석층으로 이루어져 있어 지진파
가 멀리까지 잘 전달됨

② 지진파가 먼 거리를 이동하더라도 흔들림이 잘 전달되어 진폭이 많
이 감소하지 않음

3) 판 경계에 있는 일본 지진의 영향

판 경계에서 발생하는 일본 지진은 한반도 주변 지각 내 응력의 불균형
발생 → 한반도의 지진 발생 빈도 증가 → 이 같은 특징으로 인해 한반도에
서도 대규모 지진의 가능성 존재

	동일본 대지진 전	동일본 대지진 후
규모 2.0 이상 지진 발생 횟수	연 20~30회	연 50~60회

3. 우리나라 지진 대응의 문제점

1) 낮은 내진 설계 비율

① 우리나라 내진 설계 대상 건축 기준: 면적 $200\,m^2$ 이상 또는 2층 이상
건축물에 적용

② 내진 설계 대상 건축물 중 실제 내진 설계 적용 비율: 617만 5,659동
중 101만 4,185동(16.4%)[2]

2) 활성단층에 대한 체계적 파악 부족

OECD 국가 중 유일하게 국가 차원의 활성단층 전국 지도가 없음 →

---

2 국토교통부, 전국 건축물 내진 설계 현황, 2023

2041년 정부 차원의 활성단층 전국 지도 완성 예정으로 그 전까지는 지역별, 연구자별 자료에 의존하는 상황

Ⅲ. 지진의 피해를 줄이기 위한 방법

1. 스마트 진동 모니터링 센서 설치 의무화

1) 필요성

우리나라에서는 체감할 수 있는 지진이 자주 발생하지 않아 건물 붕괴의 위험성을 인식하기 어려움 → 실제 지진 상황에서 건물이 어느 정도 버틸 수 있는지 수치로 즉시 확인하여 내진 취약성을 정확한 파악할 필요성 존재

2) 제작 및 설치 방법

방법	내용
등급 분류	시설물의 중요도(학교·병원·공공시설 등)와 기존 내진 설계 수준을 고려하여 등급을 구분
센서 설치	분류된 등급에 따라 지진 발생 시 진동 정도와 피해 가능성을 실시간으로 감지하는 스마트 센서를 설치함.
데이터 분석 및 취약 지점 파악	센서에서 수집된 데이터를 활용해 반복적으로 응력이 집중되는 건물의 취약 부위(기둥, 보, 벽체, 기초 등)를 정확하게 파악함.
내진 보강 유도	분석 결과를 기반으로 자발적으로 보강하도록 유도함.

3) 효과

자신이 사는 건물의 위험도를 직접 확인할 수 있게 되면 지진에 대한 경

각심이 높아져 내진 설계 참여 촉진. 이때 자발적으로 보강한 건물은 세금 감면, 보험료 할인 등 경제적 이득을 제공함으로써 적극적 참여 유도.

2. 위성 데이터를 활용한 전국 단위 지진 위험지도 제작

1) 필요성

우리나라는 정밀한 활성단층 지도가 없어 지역별 지진 위험도 파악이 어려움 → 위성 데이터를 활용, 전국 단위 지진 위험 지도를 제작하여 취약 지역과 지진 가능성을 효율적으로 파악 가능

2) 실행 과정

동일 지역의 위성 영상을 6개월 간격으로 확보 → 두 영상 간 지표, 높이, 거리 변화 등을 분석 → 변형이 집중되는 구역 분석 → 시각화해 위험 지역을 표시한 지도 제작

3) 효과

지표면 변화만 파악할 수 있는 한계는 있으나 넓은 지역의 변화를 신속하게 반복적으로 수집해 지진 대비 가능

주장

현재 우리나라에서는 활성단층에서 지진이 발생하고 있으며 지진파가 널리 전파되는 견고한 암석 지형의 특성상 지진 발생 시 더 큰 피해로 이어질 수 있다. 따라서 내진 설계가 적용되지 않은 건물에는 스마트 진동 모니터링 센서를 설치하고 위성 데이터를 활용한 전국 단위 지진 위험 지도를 제작하여 체계적으로 지진에 대비해야 한다.

| 통합
과학 1 | Ⅲ-1. 시스템과 상호작용: 지구 시스템 - 지진

달걀로 푸는 지구의 비밀(지진 발생 원인) |

준비물: 삶은 달걀

안녕하세요, 여러분.

오늘 아침 식사로 무얼 드셨나요? (달걀을 보여주며) 저는 이 삶은 달걀을 먹었습니다. 작지만 단백질이 풍부해 많은 사람들이 즐겨 먹는 이 달걀은 우리가 사는 지구와 아주 비슷한 구조로 되어 있습니다. 마치 지구의 축소판이라고나 할까요.

달걀은 껍질, 흰자, 노른자로 이루어져 있습니다. 지구도 마찬가지죠.

먼저 껍질은 단단하지만 아주 얇아요. 우리가 지구 위를 걸어 다닐 수 있는 건 지구의 껍질인 단단한 지각 덕분이죠. 반면 단단한 고체 표면 없이 기체로 이뤄진 목성이나 토성은 우주선을 타고 가더라도 내려서 걷는 건 불가능합니다.

껍질 아래엔 흰자, 지구로 말하면 맨틀이 있어요. 다만 흰자랑 달리 맨틀은 고체이기는 하지만 찰흙처럼 점성이 높은 덩어리예요. 게다가 맨틀은 지구 핵에서 올라오는 뜨거운 열 때문에 대류 현상이 일어나 천천히 움직이고 있죠.

그리고 가장 가운데 위치한 노른자는 지구의 핵이라고 할 수 있습니다. 혹시 달걀의 노른자가 병아리가 된다고 알고 계셨나요? 오늘 지구에 대해

서만 아니라 달걀에 대해서도 제대로 알고 가시게 될 거 같네요. 달걀에서 병아리가 되는 부분은 노른자 위에 흰점처럼 살짝 보이는 배반엽이고요. 노른자는 병아리의 성장에 필요한 영양분의 창고입니다. 지구의 핵도 마찬가지로 지구 전체를 움직이게 하는 열과 에너지의 원천이랍니다.

달걀은 처음에는 이렇게 통으로 단단하게 연결되어 있지만 힘이 가해지면 껍질이 부서집니다. (살짝 힘을 주며 껍질을 깨뜨린다) 지구 껍질도 마찬가지로 하나의 판게아였다가 여러 조각으로 나뉘어졌는데 이런 조각들을 우리는 '판'이라고 부릅니다. 핵에서 올라오는 열로 맨틀에서 대류 현상이 발생하기 때문에 이 조각들은 가만히 있지 않아요. 맨틀 위의 판들은 마치 떠 있는 보트처럼 서로 밀고 당기며 말합니다.

"밀지 마, 더 이상 갈 곳이 없어.", "너무 당기지 마, 밑으로 빠지잖아."

이렇게 조각들이 밀리고 버티다가 한계에 다다르면 갑자기 미끄러지며 판이 이동하게 되고 그 충격으로 흔들리게 되는 게 바로 지진입니다.

한 번 금이 간 달걀 껍질은 다시 붙일 수 없습니다. 게다가 금이 간 자리는 더 쉽게 깨어집니다. 우리가 사는 지구도 마찬가지입니다. 한번 갈라진 자리, 즉 한번 생긴 단층은 힘이 약해져 작은 충격에도 힘이 몰릴 때마다 또다시 흔들리게 되는 것이죠. 판의 경계에서 훨씬 지진이 자주 일어나게 되는 이유입니다.

여러분, 다음에 달걀을 깨뜨릴 때 우리의 지구도 떠올려 주세요. 어디에서 금이 생길지 모르는 달걀처럼 우리가 사는 이 지구도 언제 어디서 흔들릴지는 알 수 없습니다. 물론 지진은 우리가 막을 수도, 피할 수도 없는 자연의 힘이죠. 하지만 한 가지는 확실합니다. 준비는 배신하지 않습니다. 지구가 흔들릴 때 우리의 터전이 파괴되지 않았다면 그건 바로 우리가 미리 쌓아둔 대비 덕분일 겁니다. 감사합니다.

III-2. 시스템과 상호작용: 생명시스템-유전공학

누구나 한 번쯤은 지금과는 다른 '나'를 상상해 본 적이 있을 것이다. 지금보다 키가 더 크거나 더 건강하거나 혹은 더 똑똑해진 나의 모습 말이다.

"만약 내 유전자를 마음대로 바꿀 기회가 주어진다면 나는 과연 어떤 부분을 바꿀까?"

이 도발적인 질문은 더 이상 영화 〈가타카 Gattaca〉와 같은 SF 작품 속 허구가 아니다. 2020년 제니퍼 다우드나와 에마뉘엘 샤르팡티에가 '크리스퍼 CRISPR 유전자 가위' 기술로 노벨 화학상을 수상하면서 유전 질환 치료부터 농업 혁신에 이르기까지 생명과학과 바이오 기술 전반에 걸쳐 이미 거대한 현실의 변화가 일어나고 있기 때문이다.

크리스퍼 유전자 가위는 DNA 속 유전 정보를 정밀하게 자르고 고치는 혁신적인 기술이다. 워드프로세서에서 문서의 오타를 찾아 수정하듯 생물의 유전체에서 문제가 되는 부분을 선택해 잘라내거나 새로운 유전자로 갈아 끼울 수 있다. 이 기술을 '가위'라고 부르는 이유는 'Cas9'이라는 절단 단백질이 가이드 RNA의 안내를 받아 DNA의 특정 위치를 정확히 잘라내기 때문이다. 이렇게 DNA를 끊어낸 뒤 세포 자체의 복구 시스템을 이용해 특정 유전자의 기능을 억제하거나 그 자리에 원하는 새로운 유전자를 삽입하게 된다.

이 기술이 사회적으로 엄청난 기대를 모으는 가장 큰 이유는 근육이 점차 소실되는 유전병이나 백혈병처럼 유전적 결함이 원인인 불치병을 근본적으로 치료할 길을 열어주기 때문이다. 하지만 문제는 이 기술의 칼끝이 단순한 질병 치료를 넘어 훨씬 민감한 영역인 '생식계열Germline 유전자 편집'으로 향하고 있다는 점이다. 생식계열 편집이란 정자, 난자, 혹은 초기 배아 단계의 DNA를 편집하는 기술을 뜻한다. 이 단계에서 이루어진 유전적 변화는 당사자인 아기뿐만 아니라 그 아기의 다음 세대, 나아가 인류의 유전자 풀 전체에 영구적으로 유전된다. 우리가 이 기술에 대해 극도로 신중하게 접근해야만 하는 이유다.

현재 대부분의 국가에서는 이러한 생식계열 유전자 편집을 법으로 엄격히 금지하고 있다. 자칫 인간의 능력을 인위적으로 향상할 목적으로 설계된 이른바 '디자이너 베이비Designer Baby(맞춤 아기)'가 탄생할 우려가 크기 때문이다. 그러나 기술의 장벽이 점점 낮아지고 상업적 가능성이 커지는 상황에서 법적 규제만으로 이를 언제까지 막아낼 수 있을지는 미지수이다.

실제로 2018년, 전 세계 과학계와 윤리학계를 큰 충격에 빠뜨린 사건이 발생했다. 중국의 과학자 허젠쿠이가 크리스퍼 기술을 이용해 인류 역사상 최초의 '맞춤 아기'를 탄생시켰다고 기습 발표한 것이다. 그는 에이즈AIDS를 일으키는 원인 바이러스인 HIV가 세포 안으로 침투하지 못하도록 인간 배아의 면역 세포 표면에 존재하는 'CCR5' 유전자를 가위로 잘라내어 제거했다고 주장했다. 조작된 배아는 어머니의 자궁에 착상되었고 그 결과 '룰루'와 '나나'라는 가명의 쌍둥이 여아 두 명이 세상에 태어났다.

하지만 이는 장기적인 안전성과 부작용 검증이 전혀 이루어지지 않은 상태에서 인간의 배아를 직접 편집한 대단히 위험하고 비윤리적인 실험이었다. 전 세계의 거센 비판과 분노가 쏟아졌고 결국 허젠쿠이는 불법 의료 행위 등의 혐의로 징역 3년형과 300만 위안(한화 약 5억 원)의 벌금형을 선고받았다.

그렇다면 앞으로 기술이 더욱 발전하고 안전성이 입증된다면 어떤 일이 벌어질까? HIV뿐만 아니라 암, 치매와 같은 중증 질환의 발병 위험을 원천적으로 제거한 아이, 나아가 운동 능력, 지능, 외모 등에서 탁월한 형질을 갖춘 아이를 만들고자 하는 부모들의 욕망이 분출하지 않을까? 원하는 피부색, 더 큰 키, 완벽한 체형을 지니고 태어나는 '맞춤 아기'의 시대가 곧 현실이 될지도 모른다.

질병의 고통이 없는 세상은 언뜻 유토피아처럼 보일 수 있지만 그 이면에 도사린 문제는 결코 단순하지 않다. 유전자를 마음대로 편집하여 더 건강하고 우월한 아이를 '설계'하는 것은 과연 인류의 축복일까? 아니면 생명의 존엄성을 파괴하고 새로운 유전적 계급 사회를 낳는 우리가 감당할 수 없는 끔찍한 재앙의 시작일까? 이제 그 질문에 대해 해답을 진지하게 고민해 보아야 할 때다.

글쓰기가 쉬워지는 최소한의 과학 상식

염색체 chromosome

세포가 유전 정보를 안전하게 보관하고 다음 세대로 전달하기 위해 가늘고 긴 DNA를 단백질에 감아 압축해 놓은 구조를 말한다. DNA는 실처럼 매우 가늘고 기다란 분자이므로 그 상태 그대로는 미세한 세포핵 안에 들어가기 어렵다. 따라서 '히스톤 histone'이라는 단백질 주변을 여러 번 감싸며 촘촘하게 뭉쳐진 상태를 이루게 된다.

실제로 인간의 세포 단 하나에 들어 있는 DNA를 모두 풀어 일렬로 늘리면 그 길이가 약 1.8m에 달한다. 사람의 염색체는 총 46개(23쌍)로 이루어지며 이 중 22쌍은 남녀 공통인 상염색체, 나머지 1쌍은 성별을 결정하는 성염색체로 구성된다. 이러한 염색체는 주로 세포의 핵 안에 존재하지만 예외적으로 핵 바깥의 미토콘드리아 안에도 세포의 에너지 생산에 필요한 유전 정보를 담은 소형 염색체(미토콘드리아 DNA)가 따로 존재한다.

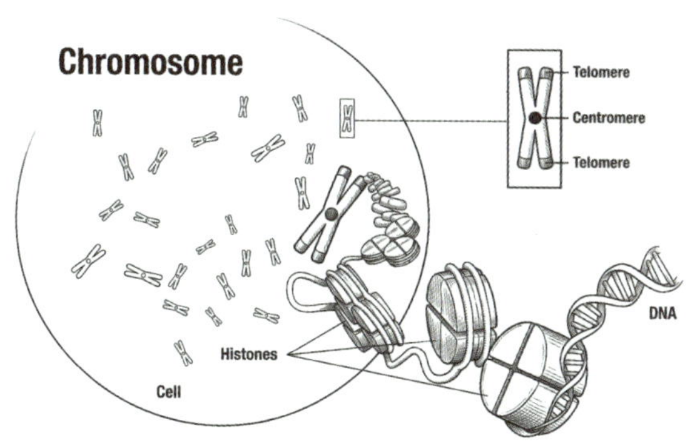

DNADeoxyribonucleic acid (데옥시리보핵산)

인간을 비롯한 대부분의 생명체가 지니고 있는 핵심 유전 물질로 생물이 어떤 모습으로 자라나고 어떤 고유한 특징을 가질지를 결정하는 정교한 '생명의 설계도'라 할 수 있다. DNA는 두 가닥의 긴 실 모양 분자가 나선형으로 꼬여 계단처럼 맞물린 '이중나선Double helix' 구조를 이룬다. 이러한 독특하고 견고한 구조 덕분에 DNA는 화학적으로 매우 안정적이며 세포가 분열할 때 유전 정보를 오차 없이 정확하게 복제할 수 있다.

DNA를 구성하는 기본 단위는 '뉴클레오타이드Nucleotide'이며 이는 인산, 당, 염기가 결합한 형태다. 여기서 염기의 종류는 아데닌(A), 타이민(T), 구아닌(G), 사이토신(C)의 네 가지로 나뉜다. 바로 이 네 가지 염기가 배열되는 순서, 즉 '염기 서열'의 암호에 따라 생물마다 서로 다른 형질과 특징이 다채롭게 나타나는 것이다.

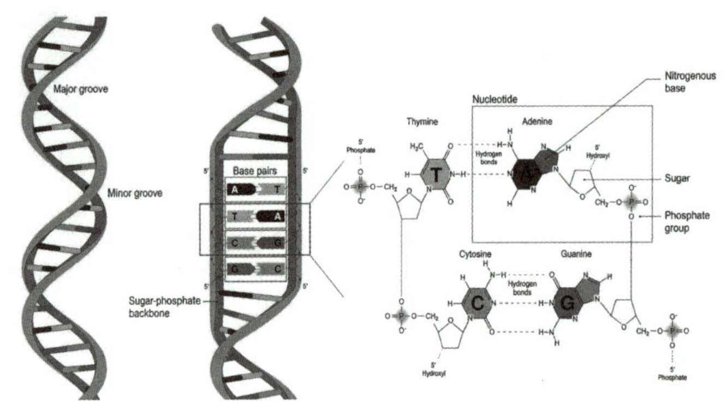

DNA 이중나선 분자구조   출처: 미국 국립보건원 국립인간게놈연구소

RNARibonucleotide acid (리보핵산)

핵에 있는 DNA의 유전 정보를 세포질로 전달하거나 해당 정보에 따라 단백질 합성에 필요한 아미노산을 운반하는 등의 역할을 하는 유전물질이다. 즉 DNA가 '설계도'라면 RNA는 그 설계도를 읽고 단백질을 만들기 위한 '전달자'라고 볼 수 있다. 구조는 DNA와 거의 비슷하지만 가닥이 하나인 경우가 대부분이고 염기의 구성도 티이민(T) 대신 우라실(U)이 들어 있다.

유전자 Gene

DNA 가운데에서 특정 형질을 만들기 위한 유전 정보가 들어 있는 부분으로 유전의 기본 단위이다. 유전자에는 생물의 세포를 구성하고 유지하며 각 세포가 유기적으로 작동하도록 하는 데 필요한 정보가 담겨 있다. 이러한 유전 정보는 생식을 통해 자손에게 유전된다.

유전체 Genome

한 생물체가 지닌 모든 유전 정보를 통틀어 이르는 말로 영문 발음에 따라 '지놈' 또는 '게놈'이라고도 부른다. 생물 종에 따라 유전체의 전체 크기와 그 안에 담긴 유전자의 수는 각기 다르다. 인간의 유전체는 약 32억 개의 염기쌍과 약 2만 1,000개의 유전자로 구성되어 있다.

유전체는 세포핵 속에 존재하는 DNA뿐만 아니라 세포질의 미토콘드리아 안에 있는 유전체까지 모두 포함하는 넓은 개념이다. 특히 이 미토콘드리아 유전체는 수정 과정에서 오직 어머니의 난자를 통해서만 자손에게 전달되는 '모계 유전 Maternal inheritance'의 특징을 지닌다.

유전자 편집 Gene Editing

생물체의 DNA 중에서 특정 유전자의 염기 서열을 정교하게 고치거나 아예 제거하는 기술을 말한다. 이 기술을 활용하면 살아 있는 세포 내에서 원하는 위치의 DNA 표적을 정확히 잘라낸 뒤 그 자리에 새로운 유전자를 집어넣거나 기존 유전자를 다른 형태로 바꾸는 미세 작업이 가능하다. 이러한 획기적인 특성 덕분에 현재 선천적 유전 질환의 근본적인 치료, 암이나 바이러스성 질병 연구, 농축산물의 우수 품종 개량 등 생명과학의 여러 분야에서 폭넓게 응용되고 있다. 특히 타격이 매우 정밀하고 효율적인 '크리스퍼-Cas9' 유전자 가위 기술이 개발됨에 따라 이제 인류는 거의 모든 생물 종에서 특정 유전자를 자유롭고 정확하게 편집할 수 있는 시대를 맞이하게 되었다.

Ⅲ-2. 시스템과 상호작용: 생명 시스템 - 유전공학

통합 과학1

인간 배아의 유전자 편집을 허용해야 한다

용어 정의

인간 배아 유전자 편집: 초기 배아 단계에서 특정 유전자를 인위적으로 삭제·삽입·수정하는 기술을 말한다. 대표적으로 크리스퍼-Cas9과 같은 유전자 가위 기술이 활용된다. '착상 전 유전자 검사'는 여러 배아 중 질병 위험이 낮은 배아를 선택하는 기술인 반면, '유전자 편집'은 배아의 특정 유전자를 직접 수정하여 유전 질병의 발생 가능성을 줄이려는 기술이라는 점에서 구별된다.

허용: 연구 목적뿐만 아니라 임상 적용과 출산을 위한 유전자 편집까지 포함하는 의미로 사용한다.

논의 배경

2018년 중국의 과학자 허젠쿠이가 '유전자 편집 아기'를 태어나게 했다고 발표하면서 전 세계적으로 인간 배아 유전자 편집에 대한 거센 윤리적 논쟁이 촉발되었다. 이 사건 이후 대부분의 국가에서는 인간 배아 유전자 편집의 임상 적용을 더욱 엄격히 금지하거나 제한하고 있다.

그럼에도 2020년 크리스퍼-Cas9 기술을 개발한 과학자들의 노벨상 수상을 계기로 이 기술은 다시 사회적 관심을 모으기 시작했고 특히 '치료 목적'의 배아 유전자 편집에 대해서는 점차 신중한 허용론이 등장하고 있다. 세계보건기구who 또한 2021년 〈유전자 편집에 관한 권고안〉 보고서에서 공공성, 투명성, 국제적 규제 기준 마련을 전제로 유전자 편집의 책임 있는 임상 연구 가능성을 검토할 수 있다는 입장을 밝히며 논의의 폭을 넓히고 있다.

이처럼 인간 배아에 대한 유전자 편집은 단순히 과학기술을 넘어 인간의 삶과 미래 사회의 방향을 결정하는 중요한 쟁점으로 떠오르고 있다. 앞으로 어떤 기준을 세우고 어떤 범위까지 허용할 것인지에 대한 사회적 합의가 더욱 필요한 시점이다.

찬성 측 주장

유전 질환을 예방할 수 있다

인간 배아의 유전자 편집은 치유할 수 없는 유전 질환을 사전에 차단할 수 있는 혁신적 기술이다. 크리스퍼-Cas9과 같은 유전자 편집 기술을 활용하면 염기 서열의 돌연변이를 정밀하게 수정하여 배아 단계에서 겸상 적혈구 빈혈증, 헌팅턴병, 낭포성 섬유증과 같은 난치성 질환을 사전에 제거할 수 있다.

예를 들어 헌팅턴병은 DNA 염기 서열의 특정 구간이 비정상적으로 반복되면서 발생하는 치명적 유전 질환으로 뇌세포의 점진적 퇴화와 통제 불가능한 경련을 유발하며 환자를 극심한 고통 속으로 몰아넣는다. 이 질병이 자녀에게 유전될 확률이 50%에 이르기 때문에 발병을 막기 위해서는 근본적인 원인인 돌연변이 자체를 수정하는 것이 가장 효과적인 해결책이다.

또 다른 사례인 겸상적혈구 빈혈증 역시 단일 유전자 돌연변이로 인해 발생하며 비정상적인 겸상형 적혈구가 혈관을 막아 감염, 극심한 통증, 조기사망을 초래한다. 전 세계적으로 약 400만 명이 이 질환으로 고통받고 있는데, 배아 단계에서 해당 유전자를 교정한다면 이들의 삶을 획기적으로 변화시킬 수 있다.

결국 인간 배아 유전자 편집은 치료가 아닌 예방이라는 점, 관리가 아닌 근본적 해결이라는 점에서 기존 의학이 제공하지 못하던 새로운 가능성을 제시한다. 이는 한 개인과 가족의 고통을 줄일 뿐만 아니라 장기적으로 사회 전체의 의료 부담을 크게 완화하는 공익적 효과로 이어질 수 있다.

과학기술은 인류의 복지 증진을 위한 도구이다

과학기술은 인류의 삶을 보호하고 개선하기 위해 발전해 왔다. 2020년 노벨 화학상 수상자인 제니퍼 다우드나가 강조하듯 과학의 본질은 질문과 탐구를 통해 궁극적으로 인류를 돕는 데 있다. 실제로 백신, 장기이식, 인공수정과 같은 기술들도 초기에는 윤리적인 문제로 거센 반대에 부딪혔지만 시간이 지나면서 널리 받아들여져 수많은 생명을 구해왔다. 유전자 편집 기술 역시 명확한 가이드라인과 윤리 기준이 마련된다면 인간 삶의 질을 향상시키는 강력한 수단으로 활용될 수 있을 것이다.

유전자 편집은 인간이 생명을 '조작'하는 것이 아니라 자연에서 우연히 발생한 오류를 '교정'하는 기술이라고 볼 수 있다. 진화 과정에서도 자연선택을 통해 생존에 불리한 유전자가 제거됐듯이 유전자 편집 기술은 이 과정을 더욱 정밀하고 빠르게 수행하는 방식일 뿐이다.

그동안 과학기술이 인류의 복지에 기여해 온 사례는 무수히 많지만 그중 대표적인 것이 백신과 항생제의 개발이다. 백신 덕분에 천연두는 1980

년 세계보건기구의 공식 선언과 함께 완전히 박멸되었고 소아마비는 전 세계적으로 99% 이상 감소했다. 또한 페니실린의 발견은 전쟁터에서 수많은 생명을 구했을 뿐만 아니라 폐렴과 결핵 같은 감염 질환의 치사율을 획기적으로 낮추며 현대 의학의 토대를 마련했다. 이처럼 과학기술은 인류의 생명을 보호하고 복지를 증진시키는 수단이 되어 왔다.

유전자 편집 기술도 과학기술 발전의 연장선에서 바라보아야 하며 인간의 삶의 질을 높이는 데 기여할 수 있는 수단으로 인정해야 한다.

개인의 선택권과 자기 결정권을 존중해야 한다

과학기술이 존재하는 한 그것을 필요로 하는 사람들은 분명히 있을 것이므로 이를 선택할 권리 역시 보장되어야 한다. 유전 질환으로 고통받는 가정에 '건강한 아이를 선택할 기회'를 제공하는 것은 인간의 자기 결정권을 존중하는 일이다. 17세기 사상가 존 로크가 말했듯 국가는 타인에게 피해를 주지 않는 한 개인의 자유로운 선택을 최대한 존중해야 한다.

유전자 편집 기술의 허용이 개인의 선택에 의해 확산될 가능성은 이미 다른 기술의 사례에서도 확인된다. 대표적인 예가 '시험관 아기'이다. 이 기술 역시 초기에는 생명 조작이라는 문제로 윤리적·종교적 반대에 부딪혔지만 불임 부부들의 절실한 요구가 사회적인 인식을 변화시켰다. 결국 시험관 시술은 '비정상적 생명 탄생'이 아니라 '의료 지원을 통한 출산'으로 받아들여졌다. 유전자 편집 역시 가족이 자신의 삶과 미래를 결정하는 과정에서 선택할 수 있는 권리의 문제로 바라볼 필요가 있다.

제니퍼 다우드나는 《코드 브레이커》에서 "유전자 편집의 가치는 기술 자체에 있는 것이 아니라 그 기술이 누구의 손에서 어떤 목적을 위해 사용되느냐에 따라 결정된다"라고 강조한다. 다시 말해 문제의 핵심은 과학기술 자체가 아니라 그 기술을 선택하고 활용하는 인간의 판단과 책임에 있다. 따라서 유전자 편집을 둘러싼 논의는 기술의 가능성을 넘어서 사회 전체가 어떤 기준과 가치에 따라 이를 사용할 것인지에 대한 폭넓은 합의로 이어져야 한다.

반대 측 주장

오프타깃 효과가 발생할 수 있다

인간 배아에 대한 유전자 편집을 우려하는 가장 큰 기술적 이유는 '오프타깃 효과Off-target effect'가 발생할 수 있다는 점 때문이다. 오프타깃 효과란 유전자 편집 과정에서 가이드 RNA가 본래 의도했던 표적이 아닌 염기 서열이 유사한 다른 DNA 부위에 잘못 결합하여 그곳을 절단함으로써 예상치 못한 돌연변이를 일으키는 현상을 말한다. 그 결과 정상 유전자가 변형되거나 필수적인 세포 기능이 손상될 위험이 있다. 실제로 일부 연구에서는 이러한 오프타깃 변이가 오히려 새로운 암 발생을 유발할 가능성마저 제기되고 있어 치명적인 잠재적 위험 요소로 간주된다.

또한 크리스퍼-Cas9이 목표한 DNA 부위를 정확히 절단하는 데 성공하더라도 문제가 완전히 해소되는 것은 아니다. 절단 이후 일어나는 세포 자체의 DNA 복구 과정에서 오류가 발생하면 애초에 원했던 유전자 수정이 제대로 이루어지지 않을 수 있다. 나아가 인체 내부의 어떤 세포는 편집이 되고 나머지 세포는 편집되지 않은 채 뒤섞이는 이른바 '모자이크 현상Mosaicism'이 발생할 가능성도 있다. 이는 치료 효과의 일관성을 크게 약화시키며 장기적으로 예측 불가능한 생물학적 부작용을 초래할 수 있다. 특히 암이나 유전 질환 치료와 같이 환자의 생명과 직결되는 임상 분야에서는 이러한 기술적 불확실성이 결정적인 위험 요인으로 작용한다.

바로 이러한 기술적·안전성 위험성 때문에 현재 영국, 미국, 일본, 유럽 연합EU 등 대부분의 과학 선진국은 순수 연구 목적의 인간 배아 편집만을 엄격한 제한 아래 허용하고 있다. 편집된 인간 배아를 자궁 내에 이식하거나 실제 임신과 출산을 시도하는 임상적 응용은 법적으로 전면 금지하고 있는 실정이다. 즉 기술적 안전성이 완벽하게 확보되지 않은 현 상황에서 인간 배아에 대한 유전자 편집을 섣불리 허용하는 것은 의학적, 윤리적 기준에 비추어 볼 때 대단히 위험한 행위이므로 극도로 신중한 접근이 요구된다.

인간 다양성과 존엄성을 침해한다

인간은 서로 다르기에 대체 불가능한 존재이며 바로 그 이유로 존중받아야 한다. 그러나 인간 배아 유전자 편집은 인간의 다양성을 불완전함으로 규정하고 이를 '교정해야 할 결함'으로 바라보게 만들 위험을 내포하고 있다. 특정 유전적 특성을 제거하거나 바꾸는 일은 장애나 질환을 앓는 사람들을 '불완전한 존재'로 낙인찍을 수 있으며 이는 사회적 차별을 심화하는 결과로 이어질 수 있다. 또한 유전자 편집이 개인의 선택에 맡겨질 경우 사회 전체의 다양성이 축소될 우려가 있다.

인간 사회는 다양한 배경과 능력을 갖춘 사람들이 함께 살아갈 때 더 풍요롭고 건강한 공동체를 형성한다. 하지만 부모들이 키, 지능, 성향 등 특정 기준을 선호하기 시작하면 인간의 특성과 차이가 사라지고 일정한 표준에 맞춘 인간들이 주를 이룰 것이다. 이러한 다양성의 감소는 종 전체의 생존력과 적응력을 떨어뜨리는 위험 요소가 된다.

　마이클 샌델은 "인간이 자연을 조작하고 자녀의 유전적 자질을 개조하기 시작하는 순간 우리는 더 이상 자신의 능력과 성향을 선물로 받아들이지 않게 될 것"이라고 지적한다. 이는 인간을 있는 그대로 받아들이는 태도, 타인의 취약성을 이해하는 공감 능력이 약화될 수 있음을 의미한다.

　결국 인간 배아 유전자 편집은 다양성과 불완전성이 만들어 내는 인간의 존엄성을 훼손할 수 있으며 더 나아가 사회적 연대와 공동체적 가치를 약화시키는 결과를 초래할 수 있다.

유전적 불평등을 심화시킨다

　일반적으로 유전 질환 치료를 목적으로 한 유전자 편집은 인간의 능력을 인위적으로 향상시키는 시도보다 윤리적으로 비교적 쉽게 정당화된다. 그러나 이 두 영역 사이의 경계는 명확하지 않다. 질병 예방과 치료라는 명분으로 배아 단계에서의 유전자 편집이 허용될 경우 해당 기술은 점차 신체적, 인지적 능력 향상으로 확장될 가능성이 크다.

　문제는 이러한 선택이 모든 사람에게 동일하게 주어지지 않는다는 점이다. 유전자 편집 기술은 고도의 연구 장비와 전문 인력, 막대한 비용이 필요하다. 실제로 크리스퍼-Cas9 기술을 이용한 최초의 유전자 가위 치료제인 '카스게비Casgevy'는 치료 비용이 약 29억 원대에 달한다. 배아 단계에서의 유전자 편집이 아직 임상적으로 허용되지 않아 정확한 비용을 산정하기는 어렵지만 분명 높은 비용이 수반될 가능성이 크다.

　이러한 현실에서 기술 혜택의 기회는 경제적 여유를 가진 소수 계층에게만 집중될 수밖에 없다. 그 결과 유전자 편집 기술은 질병 치료를 넘어 태어날 때부터 유전적 우위를 지닌 집단과 그렇지 못한 집단으로 고착화하는 도구가 될 위험이 있다.

　이미 우리는 출생 환경과 부모의 사회·경제적 지위에 따라 형성된 격차를 경험하고 있다. 여기에 유전자 단계에서의 격차까지 더해진다면 사회적 불평등은 개인의 노력으로 극복하기 불가능해질 것이다.

　과학은 그동안 인류의 삶을 개선해 온 강력한 수단이었지만 발전의 방향이 항상 정의로웠던 것은 아니다. 특히 인간 배아 유전자 편집은 한 번 허용되면 되돌릴 수 없기 때문에 불평등과 사회 분열을 박기 위해서라도, 인간 배아에 대한 유전자 편집이 법적으로 허용되어서는 안 된다.

Ⅲ-2. 시스템과 상호작용: 생명 시스템 - 유전공학

통합 과학 1

유전공학 기술의 명암

토론 논제

유전공학이란 유전자의 구조와 기능을 조작하여 생물체의 특성을 바꾸거나 개선하는 기술이다. 유전자 변형 생물GMO로서 식량 증산을 목적으로 하는 유전자 조작 농산물 또는 인간의 장기이식이나 약물 생산에 이용되는 형질전환 동물 등이 유전공학의 예가 될 수 있다. 우리는 현재 식량 부족, 물 부족, 기후 변화, 환경오염, 에너지 부족 등 수많은 위기에 처해 있다. 이러한 문제를 해결하기 위해 유전공학은 인류에게 꼭 필요한 것일까? 아니면 인간이 유전자를 조작함으로써 생기는 여러 잠재적 문제 요소를 갖고 있는 위험한 것일까?

유전공학이 이용되는 사례를 찾아 유전공학이 우리에게 미치는 긍정적인 면과 부정적인 면에 대해 논하고 문제점을 해결할 수 있는 방안을 제시하시오.

– 2024년 파주 한빛중학교 과학 토론 대회 논제

Ⅰ. 유전공학의 이용 분야[1]

1. 의학 분야: 유전자 치료

1) 유전자 치료의 정의

질병의 원인이 되는 유전자 결함을 정상 유전자로 보완하거나 교정하

---

1 예병일, 《유전공학의 상상은 현실이 된다》, 김영사, 2024.

여 기능을 회복시키는 생명공학 기술

2) 유전자 치료의 발전 과정

구분	유전자 전달	유전자 편집
방법	바이러스를 이용해 정상 유전자를 세포에 추가로 주입	DNA 염기 서열을 직접 절단, 수정하여 교정
사용 기술	레트로바이러스, 아데노바이러스 등 바이러스 전달체	유전자 가위 (예: CRISPR-Cas9, TALEN, ZFN 등)
치료 방식	정상 유전자를 넣어 질병 완화	결함 유전자를 근본적으로 수정
문제점	효과가 오래 가지 않거나 체내 면역 반응 발생 가능성 존재, 근본 치료보다는 기능 보완에 그침	오프타깃 위험, 일부 세포만 교정되는 모자이크 현상, 돌연변이와 종양화 위험 등 발생

3) 승인된 유전자 치료제

구분	치료제	효과
유전자 전달	글리베라	희귀 유전 질환 대상 최초 유전자 치료제
	스트림벨리스	면역결핍증 완치 가능성 제시
	럭스타나	유전적 실명 질환 치료 성공
	졸겐스마	소아 유전병 치료
유전자 편집	카스게비	겸상적혈구병 및 일부 베타지중해빈혈 등의 질병 유전자 직접 교정, 2023년 최초 승인

2. 식품 분야: GMO

1) GMO의 정의

기존 작물에 존재하지 않던 유전자를 유전공학 기술을 이용하여 삽입·변형 등을 통해 새로운 특성의 품종을 개발한 식품

2) GMO 식품의 종류

종류 예시	특징	특징
감자, 슈퍼 연어	급속 성장	성장 속도를 빠르게 조절해 생산기간 단축
콩, 옥수수	내성 개발	제초제나 해충에 대한 저항성으로 수확량 증가
황금쌀	영양 개선	베타카로틴 강화로 시력과 면역력 저하 위험 감소
불변색 감자	저장성 향상	저장 중 변색, 부패 방지로 유통, 보관 효율성 증가

3. 환경 분야 : 환경오염 정화 및 생태계 복원 생물체

종류 예시	특징	특징
이데오넬라 사카이엔시스(박테리아)	플라스틱 분해	PET 플라스틱을 분해하는 효소 생성
개량 미나리, 갯버들	중금속 흡수	각종 중금속을 뿌리로 흡수
염분 저항성 GMO 벼	염분 토양 정화	토양 개선 및 염해 지역에서 쌀 생산

출처: 위키백과

II. 유전공학의 장단점[2]

1. 유전공학의 긍정적인 면

1) 의학 분야: 질병 치료의 범위 확대

① 개인 맞춤형 치료의 발전: 개인의 유전자를 분석해 개개인에게 최적화된 치료 가능

예시 CAR-T 치료: 암세포의 특정 표면 항원을 직접 인식할 수 있는 유전자를 백혈병이나 림프종 환자의 면역 세포(t 세포)에 삽입해 만든 '슈퍼 T세

---

2 윤자영, 《원하는 키와 얼굴을 선택하세요》, 자음과 모음, 2023.

포(CAR-T세포)'로 암세포 제거

② 장기 부족 문제 해결 : 동물의 장기를 사람에게 이식할 가능성 확대

예시 유전자 변형 돼지 갈세이프GalSafe : 돼지의 유전자 중 사람에게 강한 면역 거부 반응을 일으키는 유전자 제거 → 장기이식 시 거부반응 위험을 낮춤 (2021년 뉴욕대 랑곤헬스메디컬 센터 이식 성공)

2) 식량 분야 : 품종 개량으로 식량 문제 해결에 기여

① 식물 분야 : 병해, 기후, 환경 스트레스에 대한 저항성을 높여 수확량 증가

구분	예시	영향
병해 저항성	흰가루병 저항성 보리, 녹병 마름병 저항성 밀 등	병해로 인한 수확량 감소 방지
멸종 방지	병원균(파나마병) 저항성 바나나	식량 작물 품종 멸종 방지
기후 대응	가뭄 저항성 옥수수	기후 변화에도 생산량 유지

② 동물 분야 : 스트레스, 질병, 비효율을 줄여 고기 생산량 증가

구분	예시	영향
동물복지 개선	뿔 형성 유전자 제거 소	스트레스로 인한 다른 소의 공격을 줄여 고기 생산량 증가
	수평아리가 태어나지 않는 닭	부화 직후 도살되는 수평아리의 감소로 생산 효율 향상
생산성 향상	근육 발달 가축	동일 자원으로 더 많은 고기 생산
질병 저항성	전염병 유전자 제거 가축	가축의 질병 감소

3) 환경 분야 : 환경 보전과 생태계 유지

① 오염 물질 처리 및 해소 : 환경오염 물질을 분해하는 각종 미생물, 식

물 개발하여 환경오염 완화

② 생태계 복원과 보전: 멸종 위기종 보호, 침입종 관리, 멸종 생물 복원 가능성을 높여 생물다양성 유지에 기여

2. 유전공학의 부정적인 면

1) 의학 분야: 부작용의 위험

① 오프타깃 효과 발생: 유전자 편집 과정에서 원하지 않는 DNA를 잘라 의도하지 않은 돌연변이나 예측 불가능한 유전체 이상이 발생할 가능성 존재

② 윤리적 문제: 빈부 격차에 따른 치료 양극화 가능성, 치료 목적을 넘어 배아의 유전자를 조작한 '맞춤 아기' 제작에 악용될 가능성 존재 → 현재 우리나라는 「생명윤리 및 안전에 관한 법률」에 따라 유전자 치료 및 연구는 제한적으로 허용하고 있지만 인간 배아에 관한 연구는 전면 금지

③ 생물무기 개발 가능성: 유전자를 조작해 병원성 바이러스 또는 치명적인 병원체를 제작하여 생물무기 개발할 가능성

2) 식량 분야: 안전성 문제 발생 가능성

① 알레르기 및 독성 발생 우려: GMO가 기존 식품에 없던 단백질을 발현하여 새로운 알레르기를 유발하는 물질이나 예기치 못한 독성 물질을 생성

예시 2012년 프랑스 캉 대학 질에리크 세랄리니 교수팀의 연구 결과 GM 작물을 섭취한 쥐 50~80%가 24개월 초에 큰 종양 발생, 대조군에서 발생 비율은 30%

② 슈퍼 잡초, 내성 해충의 발생: 제초제 내성 GMO나 해충을 죽이는 Bt GMO의 재배 증가 → 제초제 내성 슈퍼 잡초 혹은 Bt(해충을 죽이는 세균)에 내성을 획득한 해충 증가 → 방제 효과 감소 → 더 강력한 농약을 뿌려야 하는 악순환 발생

3) 환경 분야 : 생물다양성 감소 및 생태계 교란

① 생물다양성 감소: GMO 품종 재배만 늘어 나머지 품종들이 점차 사라질 가능성 발생

② 유전자 오염 가능: GMO의 유전자가 의도치 않게 다른 작물의 유전자에 섞이는 유전자 오염 발생 가능성 존재

Ⅲ. 유전공학의 문제 해결 방안

1. 의학 분야: 유전자 편집 치료제 사후 안전성 추적 시스템 구축

1) 필요성

유전자 가위 치료는 오프타깃 효과로 인해 단기적 효과는 바로 확인할 수 있으나 장기적 부작용은 즉시 드러나지 않을 수 있음.

2) 실행 과정

유전자 가위 치료를 받은 환자의 국가 단위 등록 시스템 구축 → 치료 전·후 유전체 정보, 건강 상태, 부작용 발생 여부를 장기적으로 추적 관리 → 이상 반응 발견 시 즉각적인 분석 및 치료의 수정이 가능한 피드백 체계 마련

3) 효과

오프타깃 효과로 인한 장기적 부작용을 조기에 발견함으로써 유전자 가위 치료의 안전성 검증

2. 식량 분야: 계절 한정 GMO 재배

1) 필요성

연중 GM 작물 재배로 해충·잡초의 내성을 촉진해 슈퍼 잡초와 내성 해충의 출현 가능성 증가

2) 해결 방법

GM 작물을 특정 계절에만 제한적으로 재배 → 다른 계절에는 토종 작물 재배 → 해충·잡초가 GMO 환경에 지속적으로 노출되지 않도록 조절

3) 효과

슈퍼 잡초 및 내성 해충의 확산을 억제하고 농약 사용 증가의 악순환 완화

3. 환경 분야: GM 작물의 스마트팜 재배로 확산 차단

1) 필요성

야외에서 GM 작물 재배 시 바람, 곤충, 토양을 통해 유전자 확산을 완전히 막기 어려워 유전자 오염 가능성 존재

2) 해결 방법

GM 작물은 야외가 아닌 완전 밀폐형 스마트팜에서만 재배 → 외부 공기 유입구에 필터를 설치하여 꽃가루·미생물 유출 최소화 → 곤충이 출입할 수 없는 구조로 설계하여 자연 수분 차단하고 인공 수분 장치 사용

3) 효과

GMO 유전자의 외부 유출 가능성 최소화해 유전자 오염의 위험 감소

주장

유전공학은 질병 치료 범위 확대, 식량 문제 해결, 환경 보전 등의 긍정적인 측면과 의학 및 식량 분야의 안전성 우려, 생태계 교란 등의 부정적인 면이 함께 존재한다. 유전공학의 장점을 활용하면서 피해를 최소화하기 위해서는 유전자 편집 치료제에 대한 사후 안전성 추적 시스템을 구축해 장기적 부작용을 관리하고, 계절 한정 GMO 재배로 내성 해충과 슈퍼 잡초의 출현을 줄이며, GM 작물을 스마트팜에서 재배해 유전자 확산을 차단하는 것이 필요하다.

운정고 정하은

통합 과학1

Ⅲ-2. 시스템과 상호작용: 생명 시스템 - 유전공학

유전자 가위 기술의 발전과 윤리적 경계 설정 – 《코드 브레이커》를 읽고

《코드 브레이커》는 2020년 노벨 화학상 수상자인 제니퍼 다우드나 교수의 삶과 연구 과정을 다룬 전기이다. 이 책을 처음 알게 된 계기는 〈과학동아〉의 광고 코너를 통해서였다.. 유전공학에 흥미를 갖고 있던 나는 제니퍼 다우드나 교수님께 존경심과 궁금증을 갖고 있었고 이분에 대해 더 알아볼 수 있는 책이란 생각에 바로 구매해 단숨에 읽기 시작했다. 이전에 《크리스퍼가 온다》라는 다우드나 교수님이 집필하신 책을 읽은 적이 있는데, 그 책은 크리스퍼와 관련된 다우드나 교수의 연구 결과들과 기술의 적용 방향, 그리고 우려되는 점을 중심으로 구성되어 있었다. 정보 전달이 주된 목적이었던 《크리스퍼가 온다》와 다르게 《코드 브레이커》는 제니퍼 다우드나 교수의 일생을 엮은 전기로 삶과 연구 과정, 그리고 그것을 둘러싼 일상의 분위기와 인간관계 같은 사소한 부분까지도 알아볼 수 있는 책이었다. 현재 유전공학 연구원을 진로로 희망하는 학생으로서 과학자들의 연구 환경은 어떤지, 연구 논문은 어떤 과정을 거쳐 게재되는지와 같은 사소한 사항 하나하나가 나를 상상과 물음표의 세계로 이끌었다. 이러한 궁금증을 해결하기 위해 여러 책을 찾아 읽으며 다양한 과학자들의 일상들을 들여다보던 중 마침내 나의 호기심을 충족시켜 줄 만큼 구성과 내용이 마음에 드는 책을 발견하게 된 것이다.

생명의 기원과 숨은 연구자들의 조명 (챕터 1~2)

첫 번째 챕터부터 차근차근 책의 내용을 소개해 보고자 한다. '생명의 기원'이라 이름 붙은 이 챕터는 다우드나 교수님의 유년 시절 이야기로 책의 문을 서서히 연다. 교수님이 제임스 왓슨의 《이중나선》을 좋아했다는 대목에서 친밀감을 느낄 수 있었다. 내가 유전공학에 처음 관심을 갖기 시작하며 읽었던 《이중나선》은 치열한 과학자들의 경쟁과 조금이라도 더 이른 발견을 해내고자 하는 의지, 작은 발견이 주는 희망, 타인의 지적에 따른 절망, 그리고 마침내 목표를 이루어 냈을 때의 희열 등 다양한 감정의 변화를 생생하게 담아낸 책이었다. 책을 읽으며 느꼈던 생생한 몰입감은 내가 과학자가 되어 같은 감정들을 느끼고 싶다는 강한 열망을 품게 하였고 마음속에서 목표를 향한 이정표가 되어 미래의 중심을 잡아주었다. 교수님의 유년기 이야기를 지나서는 다우드나 교수가 자신의 이름을 알리게 된 RNA 관련 연구 과정과 그 성과에 관해 설명하고 있다. 나는 교수님을 크리스퍼 유전자 가위 연구를 통해 처음 접했기 때문에 RNA 구조와 RNA 간섭에 대한 연구 과정은 상당히 흥미롭게 다가왔다. 특히 RNA 간섭 연구를 통해 바이러스성 감염병 치료제 개발의 선택지가 새롭게 열렸다는 내용을 읽으며 다우드나 교수 연구팀에게 마음속으로 큰 박수를 보내며 첫 번째 챕터를 덮을 수 있었다.

두 번째 챕터는 크리스퍼의 발견 과정에 관한 이야기와 더불어 다우드나 랩에서 활동한 연구원 한 명 한 명의 이야기를 세부적으로 풀어낸다. 다우드나 랩에 들어가게 된 계기부터 시작해 각 연구원의 성격, 연구실에서 배운 점, 그리고 성과를 거두었던 경험들이 차분히 전개된다. 지금까지 읽어왔던 과학 관련 책에서는 연구를 소개할 때 주로 총책임자를 중심으로 연구 과정과 아이디어가 떠올랐던 순간들이 기술되어 있었다. 그러나 이 책은 다우드나 교수님의 전기임에도 다른 연구원들의 이야기를 함께 담아내며 연구하는 데 기여한 여러 사람의 노력이 드러나도록 구성되어 있다. 새로운 과학적 발견은 결코 혼자만의 힘으로는 이루어질 수 없는데도 그동안 총책임자의 시선에서만 진행되던 연구 이야기들에 아쉬움을 느껴왔던 나에게 이 책은 더욱 의미 있게 다가왔다. 연구자들 각각의 삶과 역할이 비교적 자세히 드러나 있어 그동안 궁금했던 다른 연구원들의 존재와 노력까지 이해하고 응원할 수 있는 계기가 되었다.

선을 넘는 치열한 경쟁과 나의 꿈 (챕터 3~4)

세 번째 챕터는 이 책에서 가장 흥미진진한 대목이다. 세 명의 과학자가 크리스퍼 특허와 논문 선점을 놓고 벌이는 치열한 신경전이 펼쳐진다. 1분 1초를 다투는 논문 게재 경쟁은 활자만으로도 손에 땀을 쥐게 했다. 특히 장평Feng Zhang과 다우드나 교수의 대립이 인상 깊었다. 찰스 다윈과 앨프리드 월리스가 비슷한 시기에 진화론을 깨닫고 원만한 합의를 거쳐 공동 발표를 했던 것과 달리 책 속 연구자들의 기류에는 묘한 승부욕과 적대감이 뒤엉켜 있었다. 장평과 에디타스Editas가 벌인 특허 분쟁 과정에서 장평의 선택이 선뜻 이해되지 않을 때도 있었지만 저자의 묘사를 곱씹어보니 그 역시 악의를 가진 인물이 아니라 인간적인 면모를 지닌 훌륭한 연구자라는 인상을 받았다. 이들은 서로에게 마음고생을 안겨주었지만 동시에 최고의 경쟁 상대로서 서로의 성장을 극한으로 끌어올리는 강력한 촉매제가 되었을 것이다. 장평과 다우드나 교수의 불꽃 튀는 경쟁은 인간이 한계를 돌파하는 데 훌륭한 원동력이 됨을 여실히 보여주었다. 나 역시 훗날 훌

룡한 과학자들과 치열하게 경쟁하며 연구 논문을 세상에 내놓는 역동적인 삶을 살고 싶다는 생각을 했다.

네 번째 챕터에서는 내가 특히 관심이 있는 크리스퍼 유전자 가위를 활용한 치료 기술들을 소개하고 있다. 처음 유전 공학자라는 꿈을 꾸게 된 계기는 국과수의 이야기를 담은 책을 읽으면서부터였다. 그 책은 국과수에서 해결한 사건들을 부서별로 나누어 소개하고 있었는데, 그중 DNA 분석을 통해 범인을 비교적 쉽게 검거할 수 있다는 사실이 무척 인상 깊게 다가왔다. 이를 계기로 나는 DNA라는 물질에 대해 더 알고 싶다고 생각하게 되었고 관련 책들을 찾아 읽기 시작했다. 그 과정에서 크리스퍼 유전자 가위에 관해 다룬 책들을 상당히 많이 읽었는데, 이 기술을 활용하면 암이나 유전병으로 고통받고 있는 사람들을 위한 치료제를 개발할 가능성이 크다는 내용이 특히 마음에 와닿았다. 이러한 내용들은 마음속에 작은 불씨를 지폈고, 나 역시 이 분야에 종사하며 사람들을 도울 수 있다면 매우 보람찬 삶을 살 수 있는 것이라는 생각을 하게 되었다.

이 챕터는 이미 다른 책이나 뉴스 등을 통해 접해왔던 내용들이 중심을 이루고 있었음에도 다시 한번 연구하고 싶은 분야와 진로에 대해 스스로 돌아보고 상기할 수 있게 해준 의미 있는 부분이었다.

판도라의 상자와 생명 윤리 (챕터 5~7)

다섯 번째부터 일곱 번째까지의 챕터는 한 번에 묶어서 소개할 수 있을 것 같다. 모두 인간 배아를 대상으로 한 유전자 편집 문제를 중심 내용으로 담고 있기 때문이다. 부모가 원하는 대로 외모가 뛰어나고, 지능이 높으며, 운동 능력까지 우수한 아기를 유전자 편집을 통해 탄생시키는 기술은 결코 긍정적인 측면만 가진 것은 아니다. 예를 들어 유전자 편집 아기가 상용화될 경우 다양한 '옵션'에 따라 비용이 달라질 가능성이 크다. 이로 인해 경제적 여유가 있는 사람들은 좋은 옵션을 선택해 건강하고 똑똑한 아기를 출산할 수 있지만 그렇지 못한 사람들은 이러한 선택을 할 수 없게 될 것이다. 그 결과 능력의 차이가 태어나는 순간부터 고착되어 빈익빈 부익부 현상이 심화될 가능성이 있다.

이러한 논쟁이 여전히 이어지고 있는 상황에서 허젠쿠이라는 과학자가 비밀리에 유전자 편집 아기를 착상시키는 데 성공했다는 사실은 전 세계에 큰 충격을 주었다. 그는 에이즈에 면역을 지닌 아기를 탄생시키기 위해 유전자 편집을 진행했고 실제로 쌍둥이가 태어났다. 하지만 이후 두 아이 중 한 명은 유전자 편집이 완전히 이루어지지 않았다는 사실이 밝혀지며 그 실험은 과학적으로도 미완성이라는 평가를 받게 되었다. 그는 아기들이 태어난 뒤 세계적인 과학자가 될 수 있을 것이라는 기대에 부풀어 있었지만 인간을 대상으로 진행된 무책임한 실험이라는 이유로 과학자들은 큰 비난을 쏟아냈고 결국 세계적인 부정 여론 속에서 중국 법정으로부터 징역형을 선고받았다. 미래에는 유전자 편집을 바라보는 시선이 어떻게 변할지 모르지만 당시로서는 지나치게 급진적이고 성급했으며 윤리적 측면을 고려하지 못했던 실험이었기 때문에 비난을 받은 것이라고 느꼈다.

현재의 나는 유전자 편집 기술이 아픈 사람들을 치료하는 목적으로만 이용되기를 바란다. 유전병이나 유전적으로 나타나는 암 혹은 후천적으로 발생했지만 아직 치료제가 없는 질병에 한해 유전자 편집이 허용된다면 이 기술은 인류가 질병으로 겪는 고통과 죽음을 줄이는 데 큰 도움이 될 것으로 생각한다. 실제로 이 책에서도 유전자의 돌연변이를 정상 상태로 되돌리는 시도에 집중한다면 우리는 비교적 안전한 방향 안에서 기술을 발전시킬 수 있을 것이라고 말한다. 이 같은 의견뿐만 아니라 앞으로도 기술을 보다 더 현명하게 활용할 수 있는 다양한 방안이 논의되어 유전자 편집 기술이 인류의 삶을 더욱 윤택한 방향으로 이끌어 가기를 바란다.

코로나 팬데믹과 노벨상, 그리고 뼈저린 깨달음 (챕터 8~9, 결론)

논란이 된 발언으로 명예 교수직에서 물러난 제임스 왓슨의 씁쓸한 이야기를 다룬 여덟 번째 챕터를 지나 마지막 아홉 번째 챕터에서는 코로나 바이러스COVID-19 사태와 노벨상 수상 막전막후가 펼쳐진다. 특히 백신 임상시험 시 대상자에게 진짜 약물인지 위약(식염수)인지 철저히 숨기는 '이중맹검' 방식이 엄격하게 진행된다는 점이 새삼 놀라웠고 그 엄밀함 덕분에 백신의 효능을 정확히 검증할 수 있음을 깨달았다.

이 챕터에서는 임상시험뿐만 아니라 노벨상에 관한 이야기도 다루고 있다. 다우드나 교수와 프랑스 과학자 에마뉘엘 샤르팡티에는 공동 연구자로서 노벨 화학상을 수상하는 영예를 안았다. 이 장면을 읽으며 여성 과학자들의 눈부신 성과와 그동안의 노고에 깊은 존경심을 느끼는 한편, 우리나라에서도 언젠가 노벨상 수상자가 탄생하지 않을까 하는 기대감이 들기도 했다.

이처럼 《코드 브레이커》는 현재 진행형의 과학사를 다루고 있어 마지막 페이지까지 깊게 몰입할 수 있었다. 이 책을 덮으며 내가 얻은 가장 뜻밖의 큰 수확은 역설적이게도 '글쓰기 능력'의 중요성이었다. 과학자에게 논문은 자신의 연구 성과를 세상에 웅변하는 가장 중요한 수단이며 아무리 뛰어난 연구라도 이를 논리적이고 호소력 있게 글로 풀어내지 못하면 빛을 발할 수 없음을 실감했다. 당장 나부터 논리적인 '주장하는 글'을 쓰는 훈련을 꾸준히 해야겠다고 다짐했다. 책을 읽을 때마다 감상과 의견을 글로 엮어내는 것이 그 훌륭한 첫걸음이 될 것이다.

《코드 브레이커》는 내게 단순한 지식 그 이상의 통찰을 선물한 책이다. 존경하던 과학자의 일생을 밀착해서 지켜보고 랩의 연구 환경에 대한 갈증을 해소했을 뿐만 아니라 압도적인 기술이 초래할 생명 윤리의 딜레마까지 진지하게 고뇌해 볼 수 있었던 참으로 귀중한 시간이었다. 미래의 유전 공학자를 꿈꾸며 고군분투하고 있을 세상의 모든 친구들에게 이 경이로운 책을 적극 권하고 싶다.

2장
통합과학 2

1. 변화와 다양성
진화/생물다양성

"모기는 여름에만 활동한다."

사람들은 흔히 이렇게 생각한다. 그러나 최근 일상에서 마주하는 여러 환경 변화는 이러한 굳건한 믿음이 더 이상 당연한 사실이 아닐지도 모른다는 의구심을 품게 만든다.

실제로 과학자들이 1981년부터 2011년까지 전국의 '작은빨간집모기' 활동 시기를 분석한 결과 모기가 처음 모습을 드러내는 시점은 해마다 눈에 띄게 앞당겨지고 있었다. 1981년에는 1년 중 21.9주째에 처음 관찰되었으나 2006년 이후에는 약 17주 전후로 출현 시기가 빨라졌다. 이러한 추세가 계속된다면 2031년에는 15주 무렵에 등장할 것으로 예측된다. 이는 기온 상승 시기가 점차 앞당겨지면서 모기가 겨울잠에서 깨어나는 시점도 덩달아 빨라졌기 때문이다.

그렇다면 기온 상승은 모기에게 무조건 유리한 변화일까?

2015년 질병관리본부(현 질병관리청)의 자료에 따르면 기온이 32℃까지 오를 때만 해도 모기의 개체 수는 뚜렷하게 증가했지만 그 이상의 폭염에서는 오히려 감소하는 경향을 보였다. 지나치게 높은 온도로 인해 모기 자체의 활동력이 떨어지고 알과 유충(장구벌레)이 자라나는 물웅덩이마저 바싹 말라붙어 서식 환경이 급격히 악화되었기 때문이다. 즉 모기들은 봄철에 더 일찍 활동을 시작했음에도 정작 한여름 폭염기에는 활동을 전면 중단하고 '여름잠'에 들어가야만 했던 것이다.

하지만 변화는 여기서 끝나지 않는다. 최근의 채집 연구에 따르면 9월과 10월은 물론 인간의 주거지 인근에서 활동하는 일부 모기 종은 11월 늦가을에도 버젓이 발견되고 있다. 이는 모기들이 단순히 계절과 환경의 변화에 속수무책으로 휘둘리는 존재가 아니라 새롭게 닥친 조건에 맞추어 자신들의 활동 시기와 생존 전략을 능동적으로 조절하고 있음을 시사한다.

여기서 특히 주목해야 할 지점은 이러한 적응 양상이 모든 모기에게서 동일하게 나타나지는 않는다는 사실이다. 기온 상승과 폭염이라는 신종 환경 조건 속에서 어떤 모기는 끈질기게 살아남았고 어떤 모기는 도태되었다. 생물은 생존을 위해 끊임없이 환경에 적응하며 그 험난한 과정은 세대를 거치며 유전자에 누적된다. 따라서 최근 모기의 활동 시기 변화는 일시적 행동 조정이 아니다. '기후변화'라는 거대한 환경의 격변 속에서 자연선택Natural selection이 실시간으로 작동하고 있음을 생생하게 증명하는 진화의 한 장면이다.

우리는 지금 교과서 속에 박제된 과거의 사례가 아니라 눈앞의 현실에서 역동적으로 진행 중인 진화를 목격하고 있는 셈이다.

그렇다면 이러한 진화적 변화는 과연 모든 모기 개체군에서 똑같이 나타날까? 기온 변화에 더 유연하게 견디는 모기와 그렇지 못한 모기 사이에는 정확히 어떤 유전적·생리적 차이가 존재하는 것일까? 그리고 그 미세한 차이는 훗날 여러 세대를 거치며 생태계에 어떤 결과를 불러올까?

이 근원적인 질문들에서 출발하여 우리는 자연선택과 진화가 단일 생물 종의 운명을 어떻게 갈라놓는지 탐구해야 한다. 더 나아가 이러한 기후 주도의 진화적 변화가 지구 전체의 생물다양성에 어떤 파장을 미치는지, 그리고 그 연약한 다양성을 지켜내기 위해 우리 사회가 앞으로 어떤 선택과 방향성을 띠어야 할지 깊이 있게 고민해 보아야 할 것이다.

자연선택

어떤 환경에서 더 잘 살아남을 수 있는 특징을 가진 생물이 그렇지 않은 생물보다 더 많이 생존하고 번식하는 현상을 말한다. 즉 환경에 유리한 형질을 가진 개체는 살아남아 자손을 남기면서 그 형질이 다음 세대로 전달된다. 이런 과정이 반복되면서 생물의 모습과 특징이 서서히 변화하게 되는데, 이것이 바로 진화의 핵심 원리이다.

성선택 Sexual Selection

번식 과정에서 이성 배우자의 선택을 받거나 동성 간의 경쟁에서 승리함으로써 특정한 형질이 후대에 집중적으로 유전되고 발달하는 현상을 뜻한다. 찰스 다윈은 야생 생태계에서 생존에 명백히 불리해 보이는 기이한 특징들이 도태되지 않고 유지되는 이유를 바로 이 '성선택' 이론으로 설명했다.

대표적인 예가 공작 수컷의 화려하고 거대한 꽁지깃이다. 크고 눈에 띄는 장식은 천적의 표적이 되기 쉽고 위급할 때 도망치기에도 거추장스러워 개체의 생존에는 불리하게 작용할 수 있다. 하지만 이러한 형질이 세대를 거듭하며 유지되고 진화한 이유는 화려할수록 이성에게 선택받거나 경쟁 과정에서 우위를 점하여 결과적으로 번식 성공률을 비약적으로 높일 수 있기 때문이다. 즉 성선택은 단순히 '천적을 피해 더 오래 살아남는 것'을 의미하는 것이 아니라 '더 많은 자손을 남기는 데 유리한 형질이 선택되는 과정'을 말한다. 결론적으로 생물의 진화가 무조건 생존에 유리한 방향으로만 이루어지는 것은 아니며 '생존'과 '번식'이라는 생명체의 두 가지 궁극적인 목표가 때로는 서로 충돌하며 다른 방향으로 작용할 수 있음을 뚜렷하게 보여준다.

변이 Variation

사람마다 키, 피부색, 눈 모양이 제각각 다르듯 같은 종의 생물 무리 안에서도 개체마다 지니고 있는 고유한 모습과 특성의 차이를 뜻한다. 이러한 변이는 주로 부모 세대로부터 물려받는 선천적인 '유전적 요인'과 성장 과정에서 겪게 되는 후천적인 '환경적 요인'이 복합적으로 작용하여 나타난다. 예를 들어 완전히 동일한 유전자를 가진 식물이라 할지라도 자라나는 곳의 햇빛이 드는 정도나 수분의 양에 따라 키와 잎의 크기가 눈에 띄게 달라질 수 있다.

이처럼 변이는 생물이 진화하기 위한 가장 기초적이고 필수적인 조건이다. 앞서 살펴본 자연선택이나 성선택 역시 개체 간의 '변이'가 존재할 때만 비로소 작동할 수 있다. 만약 모든 개체가 똑같은 특성을 지녀 변이가 아예 없다면 변화하는 환경에 더 잘 적응한 개체를 가려내어 선택하는 진화의 과정 자체가 성립할 수 없다.

적응

생물이 특정한 환경에서 살아남고 번식하는 데 도움이 되는 특징을 가지게 되는 것을 말한다. 이러한 특징은 변이를 가진 개체들 가운데 환경에 더 잘 맞는 형질이 선택되면서 세대를 거듭해 형성된다. 즉 적응은 자연선택이나 성선택의 결과이지 생물이 점점 더 완벽해지는 것을 의미하지 않는다. 오직 주어진 환경에 상대적으로 더 잘 맞는 상태를 뜻하며 환경이 바뀌면 적응의 기준도 달라질 수 있다. 예를 들어 추운 지역에 사는 동물의 두꺼운 털은 추위에는 유리하지만 더운 환경에서는 불리할 수 있다. 따라서 적응은 모든 환경에서 가장 뛰어난 상태가 아니라 특정 환경에 맞춘 변화라고 할 수 있다.

포괄적 적합도 Inclusive Fitness

영국의 진화생물학자 해밀턴이 제시한 개념으로 생물이 자신의 생존과 번식뿐 아니라 가까운 친척의 생존과 번식을 돕는 행동을 통해서도 자신의 유전자를 퍼뜨릴 수 있다는 이론이다. 즉 유전자를 공유한 친척의 번식을 돕는 이타적인 행동도 결국 자신의 유전자를 다음 세대로 전달하는 데 도움이 되므로 진화적으로 유리할 수 있다. 예를 들어 다람쥐는 포식자를 발견하면 위험을 무릅쓰고 울음소리를 내어 주변에 경고한다. 이 행동은 자신에게는 불리할 수 있지만 가족과 친척의 생존 가능성을 높여 결과적으로 자신의 유전자가 살아남는 데 기여한다.

통합 과학 2

담을 낮추는 공존의 진화 - 《다윈 지능》을 읽고

 《다윈 지능》은 찰스 다윈의 진화론을 현대 생물학과 사회적 관점에서 바라본 과학 교양서이다. 저자 최재천은 진화생물학자이자 생태학자로 오랫동안 생물다양성과 공존의 가치를 연구해 온 우리나라를 대표하는 과학자이다. 그는 학문 연구뿐만 아니라 강연과 저술, 사회적 발언을 통해 과학이 인간 사회에 던지는 질문을 꾸준히 제기해 왔다.

 이 책이 던지는 질문은 진화 이론의 설명을 넘어 인간은 어떤 존재인가에 대한 근본적인 성찰로 이어진다. 우리나라에서 칼 세이건의《코스모스》가 널리 읽힌 이유 중 하나는 조상과 기원을 중시하는 한국인의 문화적 특성과 무관하지 않다는 역자 홍승수의 말처럼 나 역시 '인간과 인간 이전의 생명체는 어디에서 왔는가?'라는 질문에 사로잡혀 있었다. 이러한 질문에 대한 실마리를 얻고자 펼친 책이 바로《다윈 지능》이다.《코스모스》가 우주라는 거대한 시선에서 인간을 바라본 책이라면《다윈 지능》은 생명의 뿌리를 통해 인간의 존재에 대해 생각해 볼 수 있는 책이다.

 저자는 진화가 변이와 선택의 반복 속에서 이루어지는 과정이며 그 핵심에는 다양성과 공존이 있다고 주장한다. 이 책은 진화의 네 가지 조건인 변이variation, 유전heredity, 경쟁competition, 그리고 자연선택natural selection을 현대 과학 사례와 연결하여 설명하며 생태계와 인간 사회 모두에서 다양성이 왜 중요한지를 설명한다. 또한 자연선택과 성선택, 이타주의, 과학과 종교의 관계까지 폭넓게 다루며 진화론이 인간의 삶과 가치관에 어떤 통찰을 주는지 탐구한다.

인상 깊었던 장면은 조류 인플루엔자 사례를 통해 유전적 다양성의 중요성을 설명한 부분이다. 인간이 인위적으로 개량한 닭은 유전적 변이가 거의 없어 바이러스에 취약한 반면, 야생의 새들은 유전적 다양성이 풍부해 일부 개체가 감염되더라도 종 전체는 살아남는다. 저자는 이를 통해 "섞여야 건강하다"라는 말로 생태계의 회복력이 다양성에서 비롯된다는 사실을 강조한다. 유전적 다양성이 바이러스의 확산에서도 살아남을 수 있듯이 생각과 관점의 다양성 역시 사회를 더욱 건강하게 만든다. 이 부분에서 과학적 통찰이 인문학적 깨달음으로 확장된다고 느꼈다.

또한 이 책은 우리가 흔히 오해하고 있는 '진화'의 개념을 다시 돌아보게 만든다. 많은 사람이 진화를 '좋은 방향으로 발전'하는 것으로 생각하지만 실제 진화의 과정은 그렇지 않다. 환경은 끊임없이 변하고 생물은 그때그때 주어진 조건 속에서 살아남아야 하기 때문이다. 즉 진화는 완벽함을 향해 나아가는 과정이 아니라 환경에 상대적으로 더 잘 맞는 방향으로 조정되는 과정이라고 할 수 있다.

다윈은 이러한 진화의 복잡성을 설명하기 위해 자연선택과 성선택을 구분했다. 예를 들어 공작 수컷의 화려한 깃털은 포식자의 눈에 띄기 쉬워 생존에는 불리하지만 암컷의 선택을 받는 데는 유리한 번식 전략의 결과이다. 이는 진화가 생존에만 유리한 특징을 남기는 과정이 아니라 '생존'과 '번식'이라는 두 가지 목적이 때로는 서로 다른 방향으로 작용할 수 있음을 보여주는 대표적 사례이다. 저자는 자연선택과 성선택을 구분하되 이 두 과정이 사회적 관계 속에서 동시에 작동한다는 점에 주목하여 이를 '사회 선택'이라는 개념으로 설명했다. 이는 자연선택과 성선택이 고립된 생물학적 과정이 아니라 관계와 규범이 작동하는 사회적 장 안에서 함께 이루어진다는 해석이다.

또한 진화론의 가장 큰 수수께끼 중 하나로 여겨져 온 '이타주의' 역시 진화의 틀 안에서 설명될 수 있다. 흔히 자신의 손해를 감수하며 남을 돕는 행동은 진화와 모순된다고 생각하기 쉽지만 이는 진화를 개체의 관점에서만 바라본 오해에서 비롯된 것이다. 해밀턴은 '포괄적 적합도' 개념을 통해 가까운 혈연을 돕는 행동이 결과적으로 자신의 유전자를 퍼뜨리는 전략이 될 수 있음을 설명했다. 이러한 생각은 리처드 도킨스의《이기적 유전자》로 이어지며 개체는 유전자의 '운반 도구'라는 관점으로 확장된다. 이를 통해 인간의 협력과 윤리적 행동 역시 진화의 역사 속에서 형성된 하나의 결과임을 이해할 수 있다.

이러한 내용을 통해 진화는 개인의 경쟁이나 성취만을 설명하는 이론이 아니라 다른 사람과의 관계와 연결 속에서 생명이 이어져 온 방식을 보여주는 관점임을 알게 되었다. 이 내용을 읽으며 삶의 주체가 '나' 개인이 아니라 생명의 긴 흐름 속에 놓여 있다는 사실에 오히려 안도감을 느꼈다. 경쟁과 성취에만 매달리던 시선에서 벗어나 관계와 협력 속에서 존재의 의미를 바라보게 되었기 때문이다.

또한 자연선택이라는 개념이 생태계뿐 아니라 인간 사회의 가치관까지 설명할 수 있다는 점에서 과학이 삶과 분리된 학문이 아니라는 사실을 실감했다. 진화는 생물의 변화만을 다루는 이론이 아니라 인간의 협력과 도덕, 사회적 관계를 이해하는 데도 중요한 관점을 제공한다. 이 과정을 통해 과학은 차갑고 딱딱한 학문이 아니라 인간을 이해하고 자신을 성찰하게 만드는 따뜻한 학문이라는 생각에 이르게 되었다.

또한 이 책의 후반부에서 저자는 과학과 종교의 관계를 사색적으로 성찰한다. 그는 "좋은 담이 좋은 이웃을 만든다"라고 말하며 "종교와 과학 간의 담을 완전히 없앨 수는 없겠지만 담을 낮추는 것은 충분히 가능하다"고 강조한다. 두 가지가 하나로 융합할 수는 없어도 서로 영향을 주고받으며 이해를 넓힐 수는 있다. 과학은 우주를 설명하고 종교는 인간의 내면을 해석한다. 두 세계의 담을 낮추는 일은 인간이 좋은 진화의 방향으로 나아가기 위한 성숙의 과정이 될 것이라는 메시지를 저자는 전한다.

이 책의 장점은 진화론을 경쟁의 논리로 축소하지 않고 변이와 선택의 끊임없는 흐름 속에서 서로를 이해하고 협력하는 생명의 지능, 곧 '공존'과 '다양성'의 관점에서 해석했다는 점이다. 과학적 설명이 생태학, 사회, 철학으로 자연스럽게 확장되며 독자에게 사유의 기회를 제공한다. 다만 과학과 종교의 공존 가능성을 제시한 점은 인상 깊지만 실제 갈등 상황에서의 구체적인 적용 방식까지는 충분히 다루지 못한 점이 아쉽다. 이 부분이 보완되었다면 책의 메시지가 현실적인 논의로 확장될 수 있었을 것이다.

《다윈 지능》은 진화론을 처음 접하는 학생부터 과학과 인문학의 연결에 관심 있는 사람들에게 추천하고 싶다. 특히 생명과학, 환경, 사회 문제에 관심이 있거나 인간의 존재 의미를 고민하는 독자들에게 이 책은 사고의 폭을 넓혀 줄 것이다. 이 책은 단순한 지식 전달을 넘어 과학을 통해 인간과 사회를 다시 바라보는 힘을 길러 주기 때문이다.

《다윈 지능》은 과학을 넘어 인간의 존재 이유를 묻는 책이다. 다윈이 말한 변이와 선택의 원리는 결국 생명과 사회, 그리고 인간 자신이 어떻게 연결되는지를 성찰하게 만든다. 진화의 끝은 경쟁이 아니라 공존이라는 저자의 메시지는 오늘날 우리가 어떤 방향으로 나아가야 하는지를 분명히 보여준다. 과학의 언어로 인간을 이해하고 인간의 언어로 과학을 성찰하고 싶은 독자라면 이 책을 통해 '공존의 지능'을 배울 수 있을 것이다.

I. 변화와 다양성 - 진화/생물다양성

통합 과학 2

불가사리 폐기물을 자원으로
– 변화와 다양성의 과학

무학여고 석지우

Ⅰ. 탐구 동기

최근 지구 온난화에 따른 해수 온도 상승으로 불가사리의 번식 속도가 빨라지면서 그 개체수가 급격히 증가하여 해양 생태계의 균형을 무너뜨리고 인간의 어업 활동에까지 피해를 주고 있다는 기사를 접하게 되었다. 불가사리는 조개나 전복 등 값비싼 어패류를 무차별적으로 포식하는 데다 바다 생태계 내에 뚜렷한 천적이 거의 없어 자연적인 개체수 조절이 어려운 실정이다.

이에 따라 각 지자체와 어민들을 중심으로 불가사리 수거 및 제거 작업이 지속적으로 이루어지고 있으며 이 과정에서 엄청난 양의 불가사리 사체가 생물성 폐기물로 처리되며 또 다른 환경 문제를 낳고 있다고 한다.

하지만 이렇게 대량으로 발생한 불가사리 폐기물을 쓰레기로 버리는 대신 우리 생활에 유용한 자원으로 재활용할 수 있다면 어떨까? 이는 처치 곤란한 폐기물을 감소시키는 것은 물론이고 해양 생태계의 피해까지 줄일 수 있는 일석이조의 해결책이 될 것이라 판단하여 그 구체적인 활용 방안을 고민해 보았다.

Ⅱ. 탐구 목적

불가사리의 과잉 번식으로 인해 나타나는 해양 생태계 피해를 살펴보고 제거된 불가사리를 자원으로 활용할 수 있는 방안을 문헌 조사와 실험을 통해 탐구한다. 이를 통해 불가사리 폐기물의 재활용 가능성을 확인하고 환경 보호에 기여할 수 있는 활용 방안을 제시하고자 한다.

Ⅲ. 탐구 주제 및 가설 설정

1. 탐구 주제

1) 불가사리 폐기물을 활용하면 산성 토양의 pH를 중화할 수 있을까?

산성 토양에 불가사리 폐기물을 넣었을 때 토양의 pH가 변화하는지를 측정하고 이를 통해 불가사리 폐기물의 토양 중화 가능성을 확인한다.

2) 불가사리의 토양 중화 효과는 기존의 제산제와 비교했을 때 어느 정도일까?

불가사리 폐기물과 기존 제산제를 각각 사용해 토양 pH 변화를 비교하고 두 물질의 중화 효과의 차이를 분석한다.

3) 불가사리 폐기물을 친환경 토양 개선제로 활용할 수 있을까?

불가사리 폐기물이 토양과 식물에 미치는 영향을 관찰하고 이를 통해 친환경 토양 개선제로서의 활용 가능성을 평가한다.

2. 가설 설정

1) 가설 1: 불가사리 폐기물의 산성 토양 중화 효과

불가사리 분말을 산성 토양에 투입하면 토양의 pH가 상승해 산성도가
완화될 것이다.

2) 가설 2: 불가사리와 제산제의 비교

불가사리 분말은 제산제와 유사한 정도로 산성 토양을 중화할 것이다.

3) 가설 3: 재활용 가능성

불가사리 폐기물을 활용하면 화학적 산성 토양 중화제 사용을 줄이고
지속 가능한 토양 관리가 가능할 것이다.

III. 사전 탐구

1. 불가사리의 과잉 번식으로 인한 해양 생태계 피해

불가사리는 해양 생태계에서 생물다양성을 유지하는 핵심종 생물이다.
조개, 굴, 전복, 성게, 홍합, 작은 어류 등 다양한 어패류를 먹으며 생물의 개
체수를 조절하고 죽은 해양 생물을 먹어 해양 오염을 완화하는 등 생태계
순환에 중요한 역할을 한다.

그러나 최근 해수 온도 상승과 해양 환경 변화로 인해 불가사리 개체수
가 급증하고 있다. 불가사리의 주요 천적인 나팔고둥은 우리나라 연안에
서 식용 남획과 해양오염으로 멸종위기에 처해 있어 천적 역할을 제대로
하지 못하고 있다.

　　이에 따라 해양수산부는 2021년 극피동물 중에서 별불가사리와 아무르불가사리를 '해양생태계교란생물과 유해해양생물'로 지정했다. 아무르불가사리는 '불가사리계의 해적'이라 불릴 정도로 식욕이 왕성하여 성체 한 마리가 하루에 멍게 4개, 전복 2개, 홍합 10개를 먹어 치운다. 이로 인해 어패류 개체수가 크게 감소하고 해양 생태계와 양식산업에 피해가 발생하고 있다. 별불가사리도 아무르불가사리에 비해 심각하지는 않지만 생태계에 피해를 끼치는 것으로 알려져 있다.

2. 불가사리의 자원 활용 방안

　　불가사리 폐기물이 친환경 자원으로 활용되는 사례와 장점을 정리했다.

- 친환경 제설제: 불가사리 골편의 주성분인 탄산칼슘($CaCO_3$)은 물질 내부에 작은 구멍이 많이 뚫려 있는 다공성 구조 덕분에 표면적이 넓다. 따라서 불가사리의 골편을 첨가해 제설제를 만들면 성분이 천천히 녹아 지속적인 제설 효과를 유지할 수 있다. 기존 염화나트륨($NaCl$) 제설제와 달리 강한 염화이온을 직접 공급하지 않기 때문에 금속 표면이나 콘크리트 손상이 덜 발생한다.

- 화장품: 불가사리는 잃어버린 팔을 다시 자라게 할 만큼 뛰어난 재생 능력을 가진 해양 동물이다. 불가사리에서 추출한 '콜라겐 펩타이드'는 세포 증식이나 상처 회복, 혈관 형성 등에 긍정적인 영향을 주는 것으로 알려져 있어 각종 화장품 원료로 사용되고 있다.

- 비료: 불가사리는 단백질·무기질 등 유기물이 풍부하여 이를 분말화하

거나 퇴비화하여 농업용 비료로 활용되기도 한다. 불가사리 분말은 화학 비료 대체, 토양 산성화 방지, 유기물 증가로 인한 토양 비옥도 향상 등의 장점이 있다.

3. 산성 토양 문제와 우리나라 실태

산성 토양은 pH 7 이하의 상태를 말하며, 특히 pH가 5.5 이하로 내려가면 작물 생장과 산림 생태계 기능이 저하된다. 우리나라 토양은 주로 산성 성분을 띠는 화강암이나 화강편마암이 풍화되어 형성되었기 때문에 산성 함량이 높다. 토양 산성화의 주요 원인으로는 비가 올 때 칼슘·마그네슘 등 염기성 양이온의 유실, 화학 비료 과다 사용, 그리고 대기 오염으로 발생한 산성비를 들 수 있다.

국립산림과학원이 2020년에 발표한 〈전국 산림토양 변화 실태조사 보고서〉에 따르면 1994년부터 2019년까지 우리나라 산림토양의 평균 pH는 5.14에서 4.30으로 감소하였다. 이는 산림토양의 산성화가 장기적으로 진행되고 있음을 보여준다. 산림청은 이러한 악화를 완화하기 위해 '산성화 토양 회복 사업'을 추진하며 알칼리성 토양 개량제를 투입하고 있다. 그러나 기존의 화학 토양개량제는 단기적으로 pH를 상승시키는 효과는 있으나 산성화의 근본 원인을 해소하지 못한다. 또한 과다 사용 시 양이온 불균형, 염류 축적, 토양 미생물다양성 감소 등의 부작용이 발생할 수 있으며 비료와 혼용되면 수질이 오염될 우려도 있다. 게다가 장기간 투입이 필요하다는 점은 경제적 부담으로 작용한다.

따라서 환경에 부담을 주지 않으면서 토양을 장기적으로 개선할 수 있는 천연 소재 기반의 친환경 토양개량제 개발이 필요하다.

4. 불가사리 토양 개선 원리: 중화 원리

토양의 산성화는 흙 속 미생물의 활동 저하, 독성 금속 물질의 용출, 그리고 식물의 생장 억제 등 심각한 생태적 문제를 일으킨다. 따라서 이를 완화하기 위한 토양 개량 작업이 필수적으로 이루어지고 있는데, 이때 불가사리에서 추출한 탄산칼슘($CaCO_3$)이 친환경 토양 개량제로 활용될 수 있다.

불가사리 골판의 주성분인 탄산칼슘이 산성화된 토양에 첨가되면 흙 속의 수소 이온(H^+)과 화학적으로 반응하여 산도를 낮추고 pH 수치를 높이는 중화 작용을 일으키기 때문이다. 더욱이 탄산칼슘은 물에 서서히 용해되는 특성이 있어 급격한 변화 없이 토양의 산도를 장기간에 걸쳐 안정적으로 조절하는 데 매우 유리하다.

이러한 중화 원리는 생물학적 메커니즘이나 우리의 일상생활 속에서도 비슷하게 관찰된다. 대표적인 예로 강산성인 위산(HCl)이 과다하게 분비되어 위 점막이 손상될 위험에 처했을 때 우리가 복용하는 '제산제'를 들 수 있다. 제산제는 염기성 물질로서 과다한 산을 중화하여 위벽을 안전하게 보호한다. 불가사리의 탄산칼슘이 산성 토양을 중화하는 과정 역시 이 제산제의 작용 메커니즘과 완벽하게 동일한 화학적 원리를 따른다.

결론적으로 버려지는 불가사리 폐기물은 산성 토양을 살리는 친환경 토양 개량제는 물론 제산제의 대체 원료 등으로도 폭넓게 활용될 잠재력을 지니고 있다.

Ⅳ. 탐구 내용

1. 실험 조사: 불가사리의 토양 중화 효과

1) 준비 과정

① 재료: 불가사리 뼈, 상용 제산제, 증류수, 비커, 절구, 핫플레이트, 유리 막대, pH 측정기, 피트모스 흙(마트에서 판매하는 약한 산성 토양), 학교 화단 흙, 전자저울, 건조기, 목장갑, 라텍스 장갑, 전자 온도계

② 실험 장소: 학교 과학실

③ 변인 설정

변인 종류	내용
독립 변인	첨가 물질 종류(불가사리 분말, 제산제 분말)
종속 변인	토양 pH 변화
통제 변인	토양 무게(100g), 증류수 양(500ml), 온도, pH 측정기

2) 실험 과정

① 불가사리에서 순수한 골판(탄산칼슘)만을 얻기 위해 단백질 분해 효소인 트립신Trypsin과 증류수를 5:1의 질량비로 혼합한다. 이후 용액의 pH를 7.5로 조절하여 트립신이 가장 활발하게 작용할 수 있는 최적의 완충 용액 상태를 만든다.

② 500㎖ 비커에 불가사리와 증류수를 넣고 서서히 가열한다. 이때 유리 막대로 내용물을 저어주며 불가사리 조직의 단백질을 열로 변성시켜 1차적으로 제거한다.

③ 불가사리가 담긴 비커를 적정 온도로 계속 가열하며 앞서 준비한 트립신 용액을 첨가하여 남아있는 단백질 조직을 마저 분해한다.

④ 단백질이 제거되고 분리된 골판을 1~2일간 서늘한 곳에서 완전히 건

조해 수분을 날려 보낸다. 이후 절구를 이용해 골판을 아주 곱게 빻아 미세한 분말 형태로 만든다.

⑤ 실험을 위해 강산성을 띠는 피트모스Peat moss 흙과 일반적인 학교 화단 흙을 준비하여 각각 100g씩 비커에 나누어 담는다.

⑥ 준비한 불가사리 분말과 시판 제산제를 산성 토양(피트모스 흙)과 학교 화단 흙에 각각 동일하게 첨가한다. 일정 시간 후 각 토양 샘플의 pH 변화를 정밀하게 측정하고 그 중화 효과를 비교 분석한다.

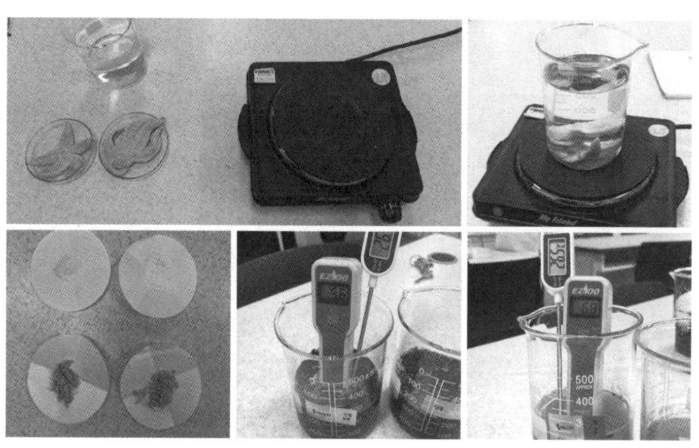

3) 결과 정리 및 분석

산성 토양과 학교 화단 흙이 모두 '제산제 〉 불가사리' 순으로 pH가 증가한 것으로 보아 불가사리가 산성 토양을 중화하는 효과가 있음이 확인되었다. 기존 pH 6.8의 학교 화단 흙에서 제산제와 불가사리는 0.5의 pH 차이를 보여 해양 폐기물의 중화 효과가 제산제와 큰 차이는 없었다.

토양 종류	기존	제산제	불가사리
산성 토양	pH : 5.6 온도: 26.7	pH : 8.2 온도: 26.6	pH : 7.6 온도: 26.8
학교 화단 흙	pH : 6.8 온도: 26.5	pH : 8.5 온도: 25.4	pH : 8.0 온도: 25.6

5. 탐구 결과

본 연구를 통해 불가사리가 산성 토양의 pH를 효과적으로 중화할 수 있음을 확인하였다. 불가사리는 탄산칼슘을 주성분으로 하며 이를 토양에 첨가했을 때 기존 제산제와 유사한 수준의 pH 조절 효과를 보였다. 이 결과는 불가사리가 해양 폐기물이지만 친환경 토양개량제로 활용될 잠재력이 있음을 시사한다. 실험 결과는 이들 물질이 제산제의 역할도 수행할 수 있음을 보여주었고 이는 농업 현장에서 적용될 가능성도 있음을 알 수 있었다. 하지만 이번 실험에는 다음과 같은 한계점이 있다:

첫째, 다양한 토양 유형 및 조건을 폭넓게 검토하지 못했다.

둘째, 불가사리의 장기적 효과나 생태계에 미치는 영향에 관한 연구가 부족했다.

셋째, 실제 해양 폐기물을 사용할 때 이물질 제거 등의 실용화 과정에 대한 검토가 미흡했다.

넷째, 제산제로 활용하면 인체에 사용 가능한지에 대한 연구도 추가되어야 한다.

6. 느낀 점

이번 탐구를 통해 해양 폐기물의 새로운 활용 가능성을 직접 실험하고 체험할 수 있었던 것이 가장 인상 깊었다. 특히 실험 과정에서 불가사리의

pH 조절 효과를 눈으로 확인하면서 자연에 버려지는 자원이 다양한 방식으로 재활용될 수 있다는 사실을 깨달았다. 또 pH 조절, 시료 준비 등 실험 설계/과정에서 예상치 못한 어려움을 겪으며 문제 해결을 위한 계획 수립과 변수 통제의 중요성도 느낄 수 있었다.

실험을 마친 후 해양 폐기물의 농업적 활용 외에도 다양한 폐기물의 자원화 방안에 대해 더 깊이 탐구하고 싶다는 생각이 들었다. 이번 경험으로 환경과 자원 순환에 관해 관심이 커졌으며 앞으로도 지속 가능한 발전에 기여할 수 있는 과학적 방법을 계속 연구해 나가고 싶다.

Ⅷ. 더 알고 싶은 점

① 열을 가하거나 트립신을 첨가하는 방법 외에 효율적으로 불가사리 골판을 추출하는 방법은 무엇일까?

② 불가사리 종 가운데 토양 중화제로 적합한 종은 무엇일까? ?

③ 불가사리 이외의 어떤 해양 생물 폐기물이 생태 복원에 활용될 수 있을까?

④ 장기간 토양에 적용했을 때 생태계에 미치는 영향은 어떨까?

⑤ 농업 현장에서 활용했을 때 토양 미생물의 다양성에 변화가 생길까?

참고 문헌

1. 해양수산부, 〈해양양생태계교란생물과 유해해양생물 표준 조사 지침서〉, 2021

2. 국립산림과학원, 〈전국 산림토양 산성화 현황〉, 2020

3. 지예원·이하림·박찬진, 〈폐 불가사리를 이용한 친환경적 재활용 방안 연구〉, 유기성자원학회, 2022.10

II. 환경과 에너지
– 에너지 전환

최근 공장의 지붕 위나 텅 빈 공터에 반짝이는 태양광 패널을 설치하는 기업들이 부쩍 늘어나고 있다. 이처럼 기업들이 앞다투어 태양광 패널을 설치하는 가장 큰 이유는 바로 'RE100_{Renewable Energy 100%}' 캠페인에 동참하기 위해서다. RE100은 기업 활동에 필요한 전력의 100%를 재생에너지로만 충당하겠다고 선언하는 자발적인 국제 캠페인이다.

국제 RE100 보고서에 따르면 2023년 기준 이 캠페인에 가입한 글로벌 기업 424곳의 평균 재생에너지 사용률은 42%로, 전년 대비 무려 39%나 상승했다. 글로벌 IT 기업인 애플은 이미 100% 목표를 달성했으며 BMW와 인텔 역시 98%라는 높은 수준에 도달했다. 우리나라의 상황도 예외는 아니다. 2024년 4월을 기준으로 삼성전자, SK하이닉스, LG전자, 현대자동차, 기아, 카카오, 네이버 등 36곳의 주요 기업들이 2050년까지 재생에너지 100% 사용을 실현하기 위해 다각적인 노력을 기울이고 있다.

이러한 에너지 전환의 바람은 민간 기업을 넘어 공공기관에서도 불고 있다. 서울시는 지난 2017년부터 '태양의 도시, 서울' 프로젝트를 추진하여 학교 옥상, 아파트 베란다, 버스정류장 지붕 등 도시 곳곳에 소형 태양광 패널을 설치해 왔다. 특히 서울 시청사는 친환경 건축의 대표적인 사례다. 태양광, 태양열, 지열을 복합적으로 이용하여 건물 냉난방에 필요한 에너지를 자체 생산할 뿐만 아니라 버려지는 물을 재활용하는 '중수 처리 설비', 건물 벽면에 식물을 심어 여름철 실내 온도를 낮추는 '수직 정원', 전면 유리 벽과 사무실 사이에 빈 공간을 두어 외부 공기 유입을 차단하는 '이중외피 시스템' 등 에너지 절감을 위한 혁신적인 기술들을 곳곳에 도입했다.

서울 시청뿐만 아니라 이러한 친환경 건축물은 점차 늘어나는 추세인데, 대표적인 사례가 바로 '제로 에너지 건축물Zero Energy Building, ZEB'이다. 제로 에너지 건축물이란 건물 내에서 소비하는 에너지와 자체적으로 생산하는 신재생 에너지의 합이 최종적으로 '0'이 되도록 설계된 건축물을 뜻한다. 강력한 단열재를 시공해 에너지 손실을 최소화(패시브)하는 한편, 건물 구동에 필요한 에너지는 순수하게 신재생 에너지 설비(액티브)를 통해서만 얻음으로써 화석연료의 개입을 원천 차단하는 것이 핵심이다.

기업과 공공기관의 이같은 노력은 궁극적으로 '탄소 중립Carbon Neutrality'을 실현하기 위함이다. 인류가 오랫동안 무분별하게 태워 온 석탄, 석유 등의 화석연료는 막대한 양의 이산화탄소를 비롯한 온실가스를 배출해 왔다. 대기 중에 쌓인 온실가스는 지구를 뜨겁게 달구는 지구 온난화의 주범이다. 만약 우리가 지금처럼 화석연료에 전적으로 의존한다면, 머지않아 지구의 자원은 바닥나고 인류는 되돌리기 어려운 심각한 기후 위기에 직면하게 될 것이다.

'탄소 중립'이란 인간의 활동으로 배출한 이산화탄소의 양만큼을 숲 조성이나 탄소 포집 기술 등을 통해 다시 흡수하고 줄여서 실질적인 온실가스 순 배출량을 '제로(0)'로 만든다는 것을 뜻한다. 인류의 생존을 위협하는 기후 변화를 막기 위해 온실가스를 감축하겠다는 이 약속은 2015년 채택된 '파리 기후 협약Paris Agreement'을 통해 전 세계 모든 국가의 의무 이행 사항이 되었다. 이 협약의 궁극적인 목표는 지구 평균 온도 상승 폭을 산업혁명 이전 대비 1.5℃ 이내로 묶어두는 것이다. 이를 달성하기 위해 모든 국가는 온실가스 배출량을 획기적으로 줄여 2050년까지 반드시 '탄소 중립'을 완성해야만 한다.

결국 탄소 중립을 이루기 위한 핵심 열쇠인 '에너지 전환Energy Transition'이란 탄소를 뿜어내는 화석연료의 시대를 끝내고 햇빛, 바람, 땅의 열, 물의 흐름 등 대자연이 내어주는 청정한 '재생에너지'의 시대로 나아가는 것을 의미한다. 동시에 불필요하게 새는 에너지를 막아 에너지 사용 효율을 극대화하는 실천까지 포함한다. 과학기술이 아무리 눈부시게 발전하더라도 그것이 지속 가능한 방향을 향하지 않는다면 결코 오래갈 수 없다. 인류가 대대로 살아가야 할 이 푸른 지구를 위해 앞으로 우리는 구체적으로 어떤 종류의 에너지를 어떻게 사용해야 할까?

재생에너지

자연에서 지속적으로 재생되는 에너지원을 이용하여 생산하는 에너지

● 태양 에너지

① 태양광: 태양전지 패널을 이용하여 태양의 '빛 에너지'를 직접 '전기 에너지'로 변환하는 방식이다. 이 과정의 핵심은 빛을 비추었을 때 물질 표면에서 전자가 튀어나오는 '광전효과Photoelectric effect' 원리에 있다. 태양전지에 빛이 닿으면 내부에서 전자(-)와 양공(+, 전자가 빠져나가 비어 있는 자리)이 생성된다. 이때 전자는 N형 반도체로, 양공은 P형 반도체로 각각 이동하게 되는데, 이러한 전하의 흐름이 곧 전류를 발생시켜 전기를 생산하는 것이다.

② 태양열: 태양광이 빛을 이용한다면 태양열 발전은 태양의 뜨거운 열에너지를 흡수하고 저장해 두었다가 건물의 냉난방이나 따뜻한 물(급탕)을 만드는 데 활용하는 기술이다. 전체 시스템은 태양열을 한곳으로 모으는 '집열부', 모인 열을 보관하는 탱크인 '축열부', 저장된 열을 필요한 곳에 공급하는 '이용부', 그리고 열 공급과 보조 열원을 총괄하는 '제어장치'로 이루어진다. 집열기에 고밀도로 모은 열을 이용해 물을 끓이고, 이때 발생하는 고압의 수증기로 터빈을 회전시켜 전기를 생산하게 된다.

● 풍력 에너지

바람의 운동 에너지를 회전력으로 바꾸고 이 회전의 속도를 증속기로 높여 전기 에너지로 변환하는 시스템이다. 설치 위치에 따라 육상 풍력과 해상 풍력으로 나뉘며 해상 풍력은 다시 고정식과 부유식으로 분류된다.

● 수력 에너지

높은 곳에서 낮은 곳으로 흐르는 물의 낙차를 이용해 수차(터빈)을 돌려 그 회전력으로 전기를 일으키는 발전 방식이다. 대규모 댐은 자연환경이나 주변 주민들에게 영향을 끼치기 때문에 용량 1만 kW 이하의 소규모 수력 발전만 재생에너지로 분류된다.

● 지열 에너지

땅속을 뚫어 지구 내부의 열을 이용해 전기를 생산하거나 냉난방에 활용하는
에너지다. 지표면과 가까운 지하의 온도는 연중 약 10~20℃로 비교적 일정하
게 유지되므로 열펌프를 이용한 냉난방에 활용할 수 있다. 지열 증기로 직접 터
빈을 돌리는 플래시 방식과 물보다 끓는 점이 낮은 매개체를 사용해 터빈을 회
전시키는 바이너리 방식이 있다.

● 해양 에너지

바다에서 발생하는 다양한 형태의 에너지를 이용해 전기를 생산하는 기술이다.
밀물과 썰물 때 달라지는 물의 깊이 차를 이용하는 조력 발전, 파도의 움직임을
이용하는 파력 발전, 해류의 흐름을 이용한 조류 발전, 바다의 표면과 심해의
온도차를 이용하는 온도차 발전으로 나뉜다.

● 바이오 에너지

식물, 동물, 미생물 등 살아 있거나 한때 살아 있던 생물체에서 나온 물질(바이
오매스)을 이용하는 에너지다. 이 바이오매스를 직접 태워 열을 얻거나 화학적,
생물학적 과정을 거쳐 만들어진 고체·액체·가스 연료로 전기나 열을 생산한다.

● 폐기물 에너지

사용 후 버려지는 쓰레기나 산업 폐기물 중 에너지 함량이 높은 물질을 선별해
다양한 기술을 통해 연료로 전환하거나 소각하여 열과 전기 에너지로 이용하는
방식이다. 이를 통해 쓰레기 매립량을 줄이고 자원 효율을 높인다.

신에너지

전통적인 화석연료가 아니라 새로운 과학기술을 적용하여 개발한 에너지

● 수소 에너지

물, 유기물, 화석연료 등에 포함된 수소를 분리해 에너지원으로 사용하는 기술
이다. 에너지 전환 효율이 높은 반면, 물의 전기분해로 수소를 만들 때 소비되
는 전력이 많아 경제성이 낮다는 문제점이 있다. 또 기체 수소는 부피가 크고
무게에 비해 에너지 밀도가 낮아서 효율적인 저장·운송 기술 개발이 필요하다.

● **연료 전지**

수소와 산소의 화학반응에서 발생하는 전자 이동을 이용해 전기를 만드는 장치
이다. 메탄올, 천연가스와 같은 연료에서 추출한 수소를 사용하며 이때 공기 중
산소와 반응해 생성된 물과 열을 온수나 난방에 재활용할 수도 있다.

● **석탄가스/액화**

석탄을 액체나 기체 연료로 전환하는 기술이다. 가스화는 석탄이나 품질이 낮
은 중질유를 고온·고압에서 수증기와 산소로 불완전 연소시켜 일산화탄소와
수소로 이뤄진 합성가스를 만들고 이를 정제해 전기를 생산하거나 연료로 사
용한다. 액화는 석탄을 직접 액체 연료로 바꾸는 직접 액화 방식과 합성가스로
만든 뒤 촉매 반응을 통해 액체 연료로 전환하는 간접 액화 방식으로 나뉜다.

통합 과학 2

버리는 에너지를 잘 모으는 전략 – 에너지 하베스팅

토론 논제

일상적으로 버려지거나 사용하지 않고 소모되는 에너지를 모아서 전력으로 재활용하는 기술인 '에너지 하베스팅energy harvesting'은 최근 신재생 에너지의 신개념 기술로 주목받고 있습니다. 에너지 하베스팅 기술은 수력, 태양열 등의 자연에서 얻어지는 것 이외에 신체 에너지, 빛 에너지, 진동 에너지, 열 에너지, 전자파 에너지와 같은 종류가 있습니다. 이 같은 에너지 하베스팅 기술들의 장단점을 과학적으로 분석해 보고 현재 우리나라 에너지 사용량의 특성에 비추어 어떤 방법이 더 적합한지에 대해 과학적 근거를 들어 토론하여 봅시다.

– 2021년 제39회 전국 청소년 과학탐구대회 과학 토론 초등 논제, 2023년 전주 아중 중학교 과학 토론 논제 등

Ⅰ. 우리나라 에너지 사용 특성

1. 산업 부문에 집중된 에너지 소비 구조[1]

1) 에너지 전체 소비의 61%가 산업에서 발생

에너지 소비가 산업 분야에 크게 편중되어 있음

---

[1] 2024 에너지 통계 연보, 산업통상자원부

우리나라 분야별 에너지 소비의 산업 편중 현황

분야	산업	수송	가정·상업	공공·기타
비율(%)	61.7	16.5	10.3	11.5

2) 산업 분야 에너지 소비의 급격한 증가

다른 분야에 비해 산업 분야에서의 에너지 소비량 급증

우리나라 분야별 에너지 소비량　　(단위 : 백만toe)

연도	산업	수송	가정·상업	공공·기타	합계
1990	36.8	12.1	11.3	10.9	71.1
2000	81.0	25.0	16.3	18.7	141.0
2010	109.8	31.0	20.7	22.9	184.4
2020	124.2	34.7	22.4	22.6	204.0
2024	130.9	34.9	21.8	24.5	212.1

3) 산업 공정 에너지의 높은 손실 구조

절반에 가까운 에너지가 공정 과정에서 손실

최종 에너지 활용 비율	손실 에너지 비율 (폐열, 미활용 기계·전기 에너지 등)
약 50~65%	약 35~50%

2. 에너지 전환의 필요성 증가

1) 화석 에너지 의존 지속

화석 에너지(석유+석탄+가스)가 전체의 약 81% 차지

우리나라 에너지 공급 비중[2]

분야	석유	석탄	가스	원자력	신재생·기타
비율(%)	39.2	22.0	19.7	13.0	6.1

2) 2050 탄소 중립 실현을 위해 온실가스 배출 감소 압박 증가

2050년까지 온실가스 배출량 2018년 대비 최대 87% 감축 필요 → 목표 수준이 높아 부담이 큼

2050 탄소 중립 시나리오(2021, 환경부)에 따른 감축 계획[3]

연도	배출량 (톤 CO_2eq)	감소량	감축률
2018년 (기준 연도)	7억 2,760만		
2024년	6억 2,420만	1억 340만 톤 감소	약 14% 감소
2050년 (목표)	약 9,500만~1억 900만	약 5억 1,000만~ 5억 3,000만 톤 추가 감축 필요	총 85~87% 감축

3. 송전설비 부족으로 인한 에너지 하베스팅 필요성 증가

국내 발전소는 충남 전남 지역에 집중되어 있지만 소비는 대형 산업단지, 수도권에서 집중적으로 사용 → 장거리 송전으로 인해 에너지 효율 저하 → 산업단지나 수도권에서 발생하는 잉여 에너지를 이용한 에너지 하베스팅 필요성 증가

---

2 산업통상자원부, 국가 에너지 통계 종합정보시스템, 2024.
3 온실가스종합정보센터

에너지 소비 비중

구분	산업단지	수도권(서울, 인천, 경기)
에너지 소비 비중	약 48.6%	약 25~30%

II. 에너지 하베스트 종류별 장단점 분석

1. 에너지 하베스팅의 종류

종류	특징
신체 에너지	신체의 움직임을 통해 발생하는 체온, 정전기, 운동 에너지 등을 전기 에너지로 전환
빛 에너지	태양전지를 이용해 태양광이나 실내조명 등 빛 에너지를 전기 에너지로 전환
진동 에너지	사람이나 기계, 교통수단 등에서 발생하는 진동과 충격 에너지를 전기 에너지로 전환
열 에너지	공장이나 발전소, 자동차 등에서 발생하는 열이 이동하는 과정에서 생기는 에너지를 전기 에너지로 전환
전자파 에너지	휴대전화, 무선인터넷, 라디오나 텔레비전 등에서 나오는 전파를 수집해 전기로 전환

2. 에너지 하베스팅 종류별 장단점

종류	장점	단점
신체 에너지	웨어러블, 바이오센서 등 소형기기에 적합하며, 자체 충전이 가능해 배터리 교체가 불필요	전력량이 적어 대형 기기에는 부적합하며, 정적인 상황에서는 발전이 어려움
빛 에너지	설치와 유지가 편리하고, 소음과 진동 없이 안정적으로 무한 공급 가능	야간, 실내 등 빛이 없는 환경에서는 발전 불가하며, 날씨·계절에 영향을 많이 받음
진동 에너지	도시·산업 환경에 기계 설비, 도로 등 진동이 많이 발생하는 곳에서 지속적인 발전 가능	강한 진동이 이어지면 장비 파손 우려가 있으며, 환경 변화에 따라 불규칙한 출력 가능성 존재

종류	장점	단점
열 에너지	체온, 산업 폐열 등 다양한 환경에 적용할 수 있으며, 움직이는 부품이 없어 유지보수 용이	온도차가 크지 않으면 생산량이 매우 적으며, 열이 잘 전달되는 구조에서만 이용 가능
전자파 에너지	통신 기기와 전자기기가 많은 도시·실내 환경에서 상시 존재해 발전 설비 없이 소규모 전력 공급 가능	전자파 강도가 약하면 에너지 수확량이 매우 낮아 출력 전력이 작아 대형기기에의 적용이 어려움

III. 우리나라에 적합한 에너지 하베스팅의 종류

1. 진동 에너지 하베스팅

1) 필요성

수도권과 산업단지에 에너지 사용이 집중된 상황에서 지하철·철도·도로·공장 설비 등에서 지속적인 진동이 발생하고 있으나 현재 대부분 활용되지 못한 채 버려지고 있음

2) 구체적인 적용 방안

① 지하철역 바닥, 도로, 산업 설비 아래 등 진동이 많이 발생하는 곳에 압전 소자 설치

② 압전 소자가 진동을 받을 때 생기는 기계적 에너지를 전기 에너지로 변환

③ 전기를 조명이나 센서 전원으로 활용하여 자가발전형 시스템 구축

3) 기대 효과

버려지던 진동에너지를 회수, 친환경 보조전력원을 확보하여 탄소 배

출 저감에 기여할 수 있음

2. 열에너지 하베스팅

1) 필요성

① 산업단지 전체 업종의 최종 에너지 소비량 중 평균 13.7%가 폐열로 손실[4]

② 송전 과정에서도 연간 약 3%의 전력 손실 발생[5]

2) 구체적인 해결 방안

① 열이 많이 발생하는 산업 설비, 데이터센터 냉각 시스템 등에 열전소자를 부착해 폐열 회수

② 해당 설비의 보조 전원이나 센서 운영에 사용

3) 기대 효과

폐열을 자원화하고 에너지 손실을 최소화해 송전선로의 부담 완화

주장

한국의 산업 중심 에너지 소비와 폐열·송전 손실 문제를 해결하기 위해 지하철·도로 압전 소자와 산업 설비·데이터센터 열전소자를 통해 폐에너지를 회수하여 현장 보조 전원으로 활용하는 진동·열에너지 하베스팅 기술을 제안한다. 이는 송전 부담을 줄이고 탄소 배출을 감소시키는 효과를 기대할 수 있다.

---

4 박상규·오세신, 에너지경제연구원, 〈산업단지 열 소비 특성 분석 및 폐열 잠재량 산정 연구〉, 2024
5 한국전력공사, 〈한국전력 통계〉, 2024

통합과학2

Ⅱ. 환경과 에너지 - 에너지 전환

바이오 에너지의 가능성
–과일·채소 전지로 살펴본 수분과 전류의 관계

도래울중 유세영, 이채윤

Ⅰ. 탐구 동기

상품성이 떨어져 버려지는 과일과 채소가 많다는 뉴스를 접하게 되었다. 이러한 문제를 접하며 낭비되는 과일과 채소에서도 전류가 흐른다면 바이오 에너지로 활용할 수 있을 것으로 생각했다. 이같은 호기심에서 시작해 여러 과일과 채소를 먹었을 때 느껴진 수분 함량의 차이가 얼마나 나는지, 수분 함량이 많은 과일이 전기가 더 잘 통하는지, 수분 함량이 감소하면 전기가 잘 통하지 않는지 궁금해 실험하게 되었다. 실험을 통해 단순한 호기심을 넘어 버려지는 식재료를 에너지 자원으로 활용해 화석 연료를 대체할 수 있다면 탄소 중립 실현에도 도움이 될 것으로 기대되었다.

Ⅱ. 탐구 목적

여러 과일과 채소의 수분 함량 차이에 따라 전류의 변화를 분석하고 가열하여 수분 함량을 조절했을 때 전류량 변화가 나타나는지 확인한다. 이를 통해 과일과 채소의 수분 함량이 전도율에 미치는 영향을 확인하고 나아가 바이오 에너지 활용 가능성을 고민해 본다.

III. 탐구 주제 및 가설 설정

1. 탐구 주제

여러 과일과 채소를 가열했을 때 수분이 얼마만큼 증발하는지 측정한 뒤 그에 따른 전류량의 변화를 측정하여 과일과 채소의 수분 함량과 전류량이 어떤 상관관계가 있는지 분석한다. 여러 과일과 채소의 수분 함량이 감소할 때 전류량도 함께 감소하는지 측정한다.

2. 가설 설정

(1) 가설 1: 과일과 채소의 수분 함량과 전류량의 관계

같은 재료에서 수분 함량이 감소하면 과일 채소 전지에서 측정되는 전류량이 감소할 것이다.

(2) 가설 2 : 수분 함량이 높은 재료의 전류 특성

수분 함량이 높은 과일과 채소일수록 전류량이 더 클 것이다.

IV. 사전 탐구

1. 버려지는 과일, 채소의 양

국내에서는 상품성이 떨어져 유통되지 않고 버려지는 농산물의 양이 매우 많다. 농림축산식품부 조사(2020)에 따르면 채소의 약 15%, 과일의 약 22%가 등급 외 판정을 받아 소비되지 못하고 폐기된다. 이른바 이 같은 '못난이 농산물'은 연간 최대 5조 원 규모로 추정된다. 따라서 버려지는 과일과 채소를 활용해 바이오 에너지로 전기를 생산하면 자원 낭비를 줄이고 지속 가능한 에너지 생산에 기여할 수 있다.

2. 측정 원리

1) 전도율 측정

과일에 꽂은 아연판(Zn)은 과일 속에서 산화되어 전자를 잃고 양이온이 된다. 이 과정에서 빠져나온 전자는 전선을 따라 이동하여 전도율 측정기에 전달되고, 그 이동의 정도가 수치로 나타난다. 이 전자는 전선을 통해 다시 구리판(cu)으로 이동하게 되며 이때 전류가 발생한다. 이러한 현상은 '금속의 반응성'과 관련이 있다. 금속의 반응성이란 금속이 산화되기 쉬운 것부터 어려운 것 순으로 나열한 것을 말한다. 이에 따르면 아연은 구리보다 반응성이 커서 전자를 잃고 양이온이 되기 쉽다. 이 원리를 이용하여 과일에 꽂은 아연판이 산화되어 전자를 잃고 구리판이 그 전자를 받는 환원 반응을 통해 발생하는 전기 에너지를 측정한다.

2) 수분 함량 측정

과일과 채소의 수분 함량을 측정하기 위해 전자레인지를 이용해 1, 2, 3차 가열을 실시한다. 1차 가열(2분)에서는 과일 내 수분의 온도를 빠르게 높여 수분 증발을 촉진하고 실험의 효율을 높이기 위해 가장 길게 가열한다. 2차 가열(1분)은 측정값 계산과 확인이 쉽도록 가열시간을 절반으로 줄인다. 3차 가열(1분 30초)은 남아 있는 수분을 최대한 제거하기 위해 2차 가열보다 30초 더 길게 실시한다.

각 가열 단계의 전후에 전자저울로 해당 과일의 질량을 측정하여 감소한 질량을 통해 수분 함량 변화를 계산한다.

V. 탐구 내용

1. 실험 조사

과일과 채소 내 수분 함량의 차이에 따른 전도율 변화 측정

1) 준비 과정

① 재료: 사과, 오렌지, 고구마, 무, 오이, 당근, 과도, 도마, 아연판, 구리판, 전자저울, 디지털 전도율(전압) 측정기, 전선, 온도계, 자, 비커, 집게, 목장갑, 라텍스 장갑

② 실험 장소 및 기간: 학교 과학실

③ 변인 설정

변인 종류	내용
독립 변인	과일과 채소의 종류 및 가열시간
종속 변인	수분 증발량(질량 변화), 전류량(μV)
통제 변인	조사 장소, 조사 시간, 재료 무게(100g), 구리판·아연판 간격(2.5cm), 사용 기구의 종류

2) 실험 과정

① 모든 과일과 채소를 각각 100g으로 자른다.

② 사과에 아연판과 구리판을 2.5cm 간격으로 꽂고 전선을 디지털 전압 측정기에 연결하여 2,000μV 단위로 전압을 측정한다. 이후 각각의 질량과 온도를 기록한다.

③ 사과를 전자레인지에 2분간 가열한 후 온도와 질량을 측정한다. 다시 1분간 2차 가열 후 측정, 마지막으로 1분 30초간 3차 가열 후 다시 측정한다.

④ 그 후 사과에 아연판과 구리판을 꽂고 2,000μV 단위로 전압을 측정한다.

⑤ 오렌지, 고구마, 오이, 무, 당근도 같은 방법으로 실험을 반복한다.

3) 실험할 때 주의 사항

① 레몬처럼 내부 막이 촘촘하게 있거나 아보카도처럼 중앙에 큰 씨가 있거나 포도처럼 크기가 작은 과일은 아연판과 구리판이 들어가지 않아 전류량이 일정하지 않을 수 있으므로 실험에서 제외하였다.

② 가열 실험 중에 화상 방지를 위해 목장갑을 착용했다. 이때 목장갑만을 끼고 실험을 진행하면 과일 표면에 이물질이 묻거나 목장갑에 과육이 묻어 실험 결과에 영향을 줄 수 있으므로 라텍스 장갑을 추가로 착용해 실험의 정확성을 높였다.

③ 한 번 사용한 아연판과 구리판을 바로 다음 과일에 재사용 시 실험 결과에 영향을 줄 수 있으므로 되도록 재사용을 피하고 꼭 필요한 경우 물로 깨끗이 씻은 후 충분히 건조시켜 사용하였다.

4) 실험 결과 및 분석

• 사과: 가열 후 감소한 무게 54.18g은 공기 중으로 증발한 수분량을 의미한다. 이 과정에서 과일의 전압은 191μV에서 899μV로 증가하였다.

	무게(g)	온도(℃)	전압(μV)
기본	98.09	17.6	191
1차	79.31	85.5	
2차	68.1	80.4	
3차	43.91	63.6	899

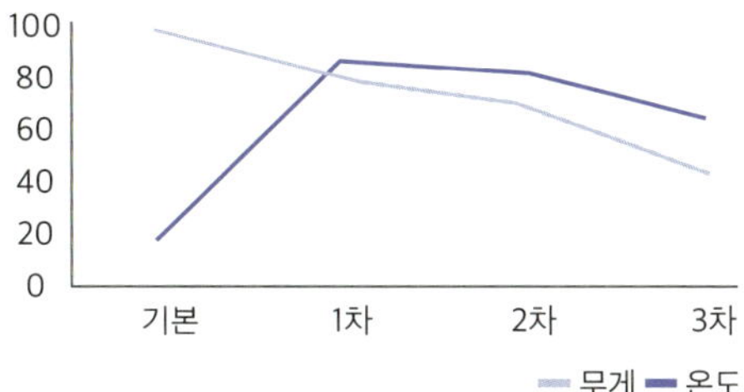

• 오렌지: 가열 후 감소한 무게는 50.38g이고 전압은 $121\mu N$에서 $718\mu N$

로 증가했다.

	무게(g)	온도(℃)	전압(μN)
기본	96.63	24.6	121
1차	71.99	49.9	
2차	61.84	78.1	
3차	46.25	86.2	718

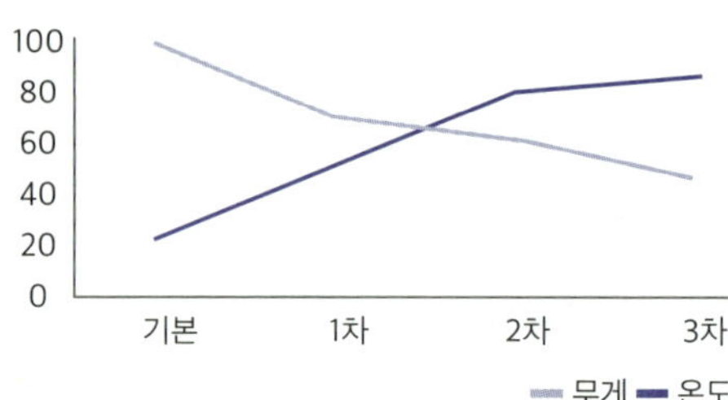

• 고구마: 가열 후 감소한 무게는 47.89g이고 전압은 $63\mu N$에서 $216\mu N$

로 증가했다.

	무게(g)	온도(℃)	전압(μN)
기본	101.01	18.6	63
1차	80	80.9	
2차	69.5	86.7	
3차	53.12	98.8	216

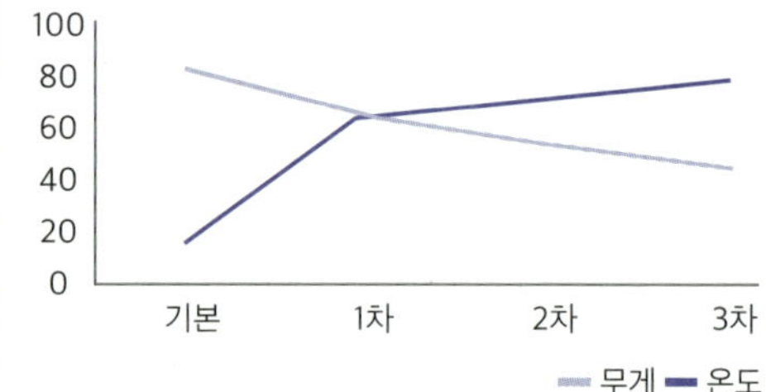

• 무: 가열 후 감소한 무게는 49.52g이고 전압은 $87\mu N$에서 $773\mu N$로 증

가했다.

	무게(g)	온도(℃)	전압(μN)
기본	99.52	17.9	87
1차	81.41	80.4	
2차	68.21	79.5	
3차	50	87.5	773

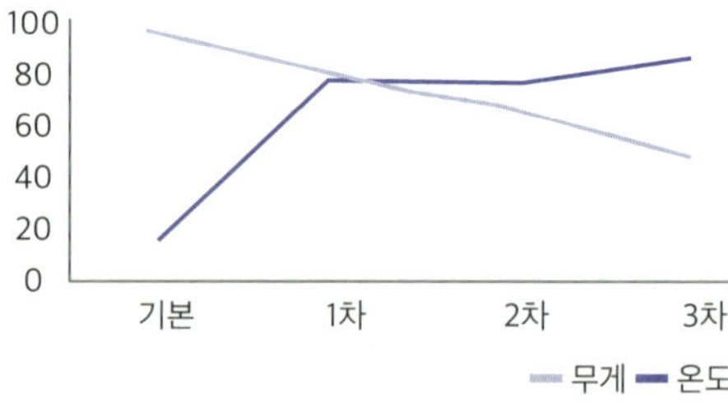

• 오이: 가열 후 감소한 무게는 42.69g이고 전압은 $146\mu N$에서 $421\mu N$로

증가했다.

	무게(g)	온도(℃)	전압(μV)
기본	99.32	18.6	146
1차	85.76	85.2	
2차	74.74	78.2	
3차	56.63	87.3	421

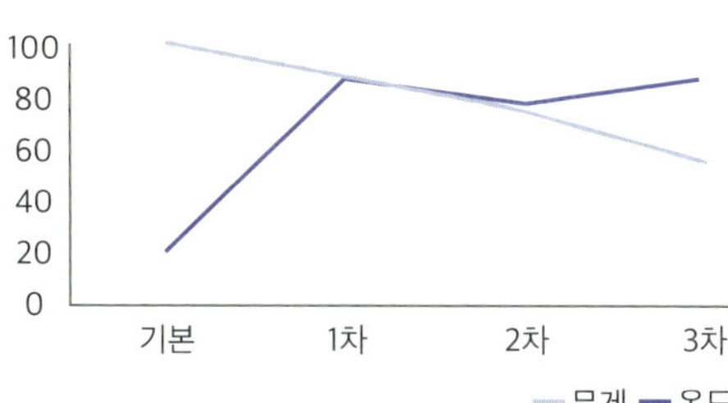

- 당근: 가열 후 감소한 무게는 39.95g이고 전압은 75μV에서 423μV로 증가했다.

	무게(g)	온도(℃)	전압(μV)
기본	99.99	18.6	75
1차	86.16	79.2	
2차	77.70	88.8	
3차	60.04	89.2	423

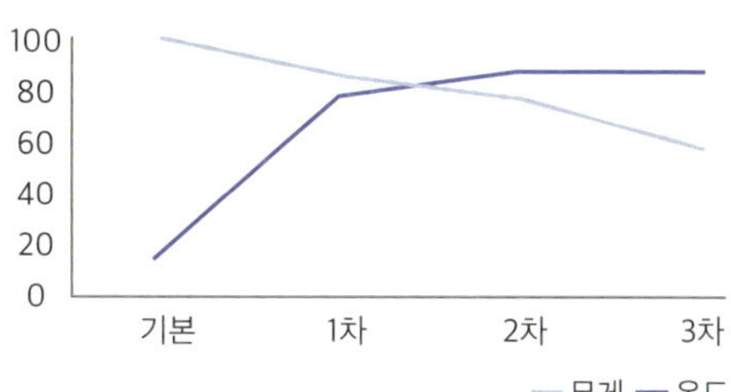

7. 전체 과일과 채소의 증발한 수분량(g)과 전압(μV) 비교

전체 과일과 채소의 증발한 수분량(g)과 전압(μV) 비교

구분	수분량(g)	전압(μV)	
		기본	3차
사과	54.18	191	899
오렌지	50.38	121	718
고구마	47.89	63	216
무	49.53	87	773
오이	43.69	146	421
당근	39.95	75	423

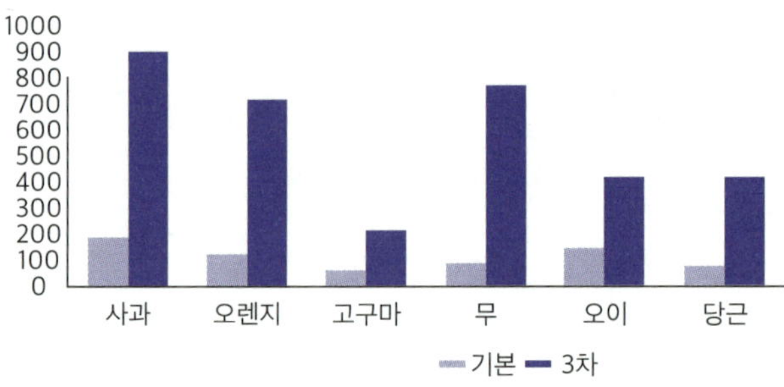

　실험 결과 사과, 오렌지, 고구마, 무, 오이, 당근 중 증발한 수분량이 가장 큰 재료는 사과로 총 54.18g의 수분이 증발하였다. 사과는 기본 상태에서도 전압이 191μN로 비교적 높게 나타났으며 가열이 진행될수록 전압이 증가해 3차 가열 후에는 전압이 899μN로 가장 높게 나타났다.

　전체 과일과 채소를 종합해 보면 가열이 진행될수록 질량은 감소하고 온도는 상승했으며 전압 역시 전반적으로 증가했다. 이는 가열 과정에서 수분이 증발하면서 과일과 채소 내부에 녹아 있던 이온의 농도가 증가하고 동시에 온도 상승으로 이온의 이동 속도가 빨라졌기 때문으로 추측된다.

　특히 3차 가열 이후에는 수분이 심하게 감소했음에도 전압이 오히려 증가했는데 이는 전류량이 수분의 양에만 의존하지 않고 온도 상승과 세포 조직 손상에 따른 이온 이동 환경의 변화에 영향을 받는 것으로 보인다. 본 실험 결과를 통해 과일과 채소 전지의 전압은 수분 함량, 온도, 조직 구조 변화가 복합적으로 작용해 나타난다는 것을 알 수 있다.

VI. 탐구 결과

이번 실험을 통해 과일과 채소는 조건에 따라 전기를 만들어 낼 수 있는 바이오 에너지의 재료가 될 수 있음을 확인하였다. 특히 가열을 통해 온도가 올라가고 내부 구조가 변화하면 수분이 줄어드는데도 전압은 증가했다. 이는 과일과 채소 속에 들어 있는 이온이 전기를 옮기는 역할을 하여 온도가 높아질수록 그 이동이 더 활발해지기 때문이다. 다시 말해 과일과 채소는 가열과 같은 조건 변화에 따라 전기적 성질이 달라지는 살아 있는 에너지원이라고 볼 수 있다.

나아가 상품성이 떨어져 버려지는 과일과 채소를 이러한 방식으로 활용한다면 음식물 쓰레기를 줄이는 동시에 친환경 에너지를 얻는 일석이조의 효과를 거둘 수 있다는 가능성도 확인했다. 비록 과일과 채소 전지에서 만들어지는 전기량이 많지는 않지만 본 실험으로 자연 속의 식재료도 에너지원이 될 수 있다는 가능성을 직접 확인하는 계기가 되었다.

VII. 느낀 점

본 실험은 정규 과학 수업 시간을 제외하고 스스로 기획하여 자발적으로 진행한 첫 번째 탐구였다. 탐구 주제를 선정하는 단계부터 실험 계획 수립, 실제 수행에 이르기까지 막막한 순간도 있었으나 준비물을 꼼꼼히 챙기며 직면한 문제들을 하나씩 해결해 나갔다. 때로는 예상치 못한 엉뚱한 결과가 나오거나 여러 차례 실수를 반복하며 좌절하기도 했지만 끝내 원하던 유의미한 결과값을 얻어 큰 보람을 느꼈다.

평소 즐겨 먹는 친숙한 과일로 진행한 실험이라 무척 흥미로웠지만 아주 사소한 요인 하나가 전체 실험 결과에 지대한 영향을 미칠 수 있음을 깨달았다. 이를 통해 아주 작은 부분까지 신경 써서 '변인 통제'를 해야 한다는 과학적 연구의 기본기를 배울 수 있었다.

다만 실험 과정에서 전압을 측정하는 단계가 가장 까다로워 불가피하게 '기본 상태'와 '3차 가열 후'의 두 가지 조건만 측정하게 된 점은 아쉬움으로 남는다. 결과를 분석해 본 결과 온도와 전기 전도율 사이에 뚜렷한 상관 관계가 발견되었기에 1차 및 2차 가열 직후의 중간 단계 전압을 세밀하게 측정하지 못한 부분이 안타까웠다.

결론적으로 이번 실험을 통해 수분 함량이 높은 과일을 가열하는 방식이 자연 재료를 활용한 친환경 에너지 개발에 실질적인 보탬이 될 수 있음을 깨달았다. 과일을 이용한 전지 연구는 자원의 지속 가능한 이용을 보여 주는 사례가 될 것이다. 기존의 화학 전지가 품고 있는 유해 물질 대신 안전한 자연 재료를 사용하므로 향후 폐기물 처리 문제를 비롯한 다양한 환경 오염 문제를 해결하는 데 큰 역할을 할 것으로 기대한다.

Ⅷ. 더 알고 싶은 점

- 과일의 수분 함량에 영향을 주는 요인은 무엇인가?
- 사과같이 전류량이 크게 만드는 조건은 무엇일까?
- 과일이나 채소가 건조될 때까지 가열해도 결과가 같을까?
- 아연판과 구리판의 간격에 따라 왜 전류량이 달라질까?
- 레몬과 오렌지와 같이 내부에 막이 있는 과일이나 채소는 전도율에 어떤 차이를 보일까?

III. 과학과 미래 사회
-인공지능/과학 윤리

영화 〈바이센테니얼 맨Bicentennial Man〉은 온전한 인간이 되고자 하는 로봇의 200년에 걸친 기나긴 여정을 통해 '진정한 인간다움이란 무엇인가?'라는 근본적인 질문을 던지는 작품이다. 미국의 한 가정에 들어온 가사 로봇 '앤드류'는 처음에는 프로그래밍된 명령에 따라 묵묵히 집안일만 수행하는 기계적 존재에 불과했다. 그러나 어느 날, 자신이 인간의 감정을 이해하고 직접 예술 작품을 창작할 수 있다는 놀라운 사실을 깨닫게 된다. 이는 기계가 단순한 기능적 확장을 넘어 오직 인간만의 고유한 영역으로 여겨졌던 감정과 창조의 세계에 발을 들여놓았음을 의미한다.

이후 앤드류는 단순히 인간의 감정을 흉내 내는 수준을 넘어 기쁨과 슬픔, 사랑과 외로움 같은 복잡한 감정을 깊이 '느끼기' 시작한다. 결국 그는 인간과 온전한 관계를 맺고 사랑을 갈망하며 영생을 포기한 채 인간처럼 늙고 죽을 수 있는 유한한 몸을 스스로 선택한다. 그리고 생의 마지막 순간에 이르러서야 법적으로 인간과 동일한 지위를 인정받는다. 이 결말은 인간다움이란 단순히 생물학적 조건에 머무는 것이 아니라 감정과 선택, 타인과의 관계, 그리고 자신의 선택에 대한 엄중한 '책임' 속에서 비로소 완성된다는 묵직한 메시지를 전하고 있다.

하지만 이 이야기는 더 이상 스크린 속 먼 미래의 상상이 아니다. 오늘날의 인공지능은 인간의 언어를 능숙하게 이해하고 감정을 모방하며 그림과 음악, 글을 직접 창작하는 단계에 이르렀다. 특히 생성형 인공지능Generative AI은 기사 초안을 작성하고 복잡한 법적 판례를 분석하며 의료 영상에서 미세한 이상 소견을 찾아내는 등 이미 사회의 다양한 분야에서 활발히 활용되고 있다.

한편 인공지능이 우리의 일상과 학습 방식에 깊숙이 개입하면서 새로운 윤리적 문제도 부상하고 있다. 실제로 최근 여러 대학에서는 온라인 시험 도중 생성형 인공지능의 도움을 받아 문제를 풀다가 부정행위로 적발되는 사례가 잇따르고 있다. 대학 측은 이러한 행위가 스스로 사고하고 판단해야 할 학생의 책임을 인공지능에 전가한 것이라고 보고 명백한 부정행위로 규정했다. 반면 학생들은 인공지능 사용이 이미 광범위하게 이루어지고 있는 현실을 지적하며 단순히 '커닝Cheating'하지 말라고 호소할 것이 아니라 AI 시대에 걸맞은 새로운 교육 및 평가 방식을 마련하는 것이 시급하다고 반론을 제기했다.

이 사례는 우리에게 다음과 같은 매우 중요한 질문을 던진다.

“인공지능은 과연 어디까지가 유용한 ‘도구’이며 어디서부터 인간의 고유한 역할을 ‘침범’하는 존재가 되는 것일까?”

“만약 인공지능이 스스로 생각하고 판단하여 글을 대신 써 준다면 그 결과물에 대한 최종적인 책임은 누구에게 귀속되어야 하는가?”

이러한 딜레마는 단지 학업 윤리의 문제에만 국한되지 않는다. 인공지능의 판단으로 인해 예기치 못한 사고나 차별, 오판이 발생했을 때 그 책임이 개발자에게 있는지, 사용자에게 있는지, 아니면 인공지능 자체에 있는지에 대한 거대한 사회적·윤리적 논의로 이어진다. 인공지능은 방대한 데이터를 바탕으로 효율적인 판단을 내릴 수는 있지만 그 판단이 도덕적으로 옳은지 그른지를 평가하고 그 결과에 대해 온전히 책임지는 일은 여전히 인간 고유의 몫이다.

따라서 ‘과학과 미래 사회’를 논한다는 것은 단순히 기술의 발전 속도나 효용성만을 이야기하는 것이 아니다. 최첨단 과학기술이 인간의 삶과 가치, 사회의 구조와 윤리 체계에 어떠한 영향을 미치는지를 종합적으로 성찰하는 일이다. 과학 기술이 인간의 자리를 대체하는 방향으로 폭주하도록 방치할 것인지, 아니면 인간이 더 인간답게 살아갈 수 있도록 돕는 이로운 도구로 사용할 것인지에 대한 질문을 이제 우리는 진지하게 마주해야 한다. 객관적인 과학적 사실을 바탕으로 인공지능의 발전이 가져올 거대한 변화를 이해하고 그에 걸맞은 새로운 윤리적 기준을 세우며 미래 사회에서 인간이 짊어져야 할 역할과 책임이 무엇인지 끊임없이 스스로 질문하고 답해 보아야 할 시점이다.

AGI Artificial General Intelligence (범용 인공지능)

인간이 수행하는 거의 모든 지적 과제를 이해하고 학습하며 수행할 수 있는 차세대 인공지능을 의미한다. 현재의 인공지능이 번역이나 이미지 인식처럼 특정 분야에 특화된 '약인공지능(좁은 인공지능)'이라면, AGI는 인간처럼 다양한 상황에서 이전 경험을 바탕으로 새로운 문제를 해결하고 추론·판단하는 범용적 지능을 목표로 한다. OpenAI CEO 샘 올트먼은 향후 5년 이내 AGI의 실현 가능성을 언급한 바 있다. 그러나 AGI의 정의와 구현 방식에 대한 합의가 이루어지지 않아 실현 시기를 두고 전문가들의 의견은 여전히 엇갈리고 있다.

생성형 인공지능 (생성형 AI)

텍스트, 이미지, 음성, 영상 등 새로운 콘텐츠를 생성할 수 있는 인공지능을 의미한다. 기존 데이터를 분류하거나 예측하는 데 그치지 않고 학습한 패턴을 바탕으로 새로운 결과물을 만들어 낸다는 점이 특징이다. 생성형 AI는 특정 목적에 특화된 '약인공지능'의 한 형태로 분류된다. 대표적인 예로 대화형 텍스트를 생성하는 챗GPT, 제미나이 등이 있다. 생성형 인공지능은 글쓰기, 그림, 음악, 코딩 등 다양한 창작 영역에서 활용되며 인간의 창의성과 노동의 의미에 대해 새로운 질문을 던지고 있다.

기본소득 Basic Income

모든 국민에게 국가가 정기적으로 일정한 금액을 지급하는 사회보장제도를 말한다. 이 제도는 소득 수준, 재산, 직업 유무, 노동 여부와 관계없이 모든 개인에게 동일한 금액을 지급한다는 점이 특징이다. 이는 실업, 질병, 기술 변화 등으로 인한 경제적 불안을 완화하고 최소한의 생활을 보장하기 위한 사회적 안전망이라고 할 수 있다. 특히 자동화와 인공지능 확산으로 노동 구조가 변화하는 시대에 대안적 복지 제도로 주목받고 있다.

기술 봉건주의

디지털 기술과 거대 플랫폼 기업이 중요한 자원과 권한을 독점하면서 현대 사회가 자본주의를 넘어 새로운 형태의 '봉건적 지배 구조'로 바뀌고 있다는 비판적 개념이다. 이 관점에서 거대 기술 기업은 중세의 영주처럼 플랫폼과 데이터, 알고

리즘을 소유하고 통제한다. 반면 개인은 이러한 플랫폼에 의존해 일하고 활동하며 그 과정에서 많은 데이터와 가치를 만들어낸다. 그러나 플랫폼의 운영 방식이나 규칙을 결정할 권한은 거의 가지지 못한다. 이에 따라 자유로운 경쟁보다는 특정 기업에 대한 의존이 커지고 시장의 원리보다 플랫폼의 규칙이 사회와 경제를 움직이게 된다.

탈리도마이드 사건

1957년 서독에서 탈리도마이드가 '콘테르간Contergan'이라는 이름의 진정제·수면제로 판매되며 발생한 의약품 참사이다. 이 약은 당시 '안전하고 부작용이 없다'라고 홍보되었고 입덧 완화 효과가 있다고 알려져 많은 임산부에게 처방되었다. 그러나 임신 초기에 복용할 경우 태아의 팔다리가 짧거나 없는 심각한 선천성 기형이 발생한다는 사실이 뒤늦게 밝혀졌다. 그 결과 전 세계적으로 약 1만 명 이상이 피해를 당한 것으로 추정되며 상당수의 영아가 사망했다. 이 사건은 의약품 안전성 검증과 임상시험의 필요성, 그리고 과학자와 제약사의 사회적 책임을 강조하는 대표적인 사례로 남아 있다.

Ⅲ. 과학과 미래 사회 - 인공지능/과학 윤리

**통합
과학 2**

AGI 시대에 인간이 여전히 존재 의미를 찾아야 하는 이유
- 《AGI, 천사인가 악마인가》를 읽고

영화 〈듄Dune〉은 먼 미래, 우주 항해와 예지력을 가질 수 있게 하는 핵심 자원인 '스파이스'를 둘러싸고 사막 행성 아라키스에서 벌어지는 귀족 가문 간의 권력 다툼을 그린 작품이다. 인류는 이미 우주로 진출했고 기술은 극도로 발전했지만 사회의 권력 구조는 중세 봉건 체제로 후퇴해 있다. 주인공 폴 아트레이데스는 베네 게세리트 수녀단이 예언한 초월적 존재로 성장하며 기술과 종교, 권력이 얽힌 세계 속에서 자신의 '운명'과 마주한다. 이러한 영화의 설정을 보며 한 가지 의문이 들었다.

"AI가 고도로 발전한 미래에도 인간 사회는 과거의 권력 구조와 사고방식을 반복하게 될까?"

이 의문에 대한 해답을 얻지 못하던 중 《AGI, 천사인가 악마인가》라는 책을 만나게 되었다. 이 책은 인간보다 더 똑똑한 존재, 즉 AGI(범용 인공지능)와 함께 살아가야 하는 멀지 않은 인류의 미래를 다룬다.

이 책에서 다루는 AGI는 흔히 '인간의 모든 능력을 대체할 수 있는 범용 지능'으로 정의된다. 기존의 인공지능이 특정 업무에 특화된 도구였다면 AGI는 언어, 이미지, 추론, 감정 이해까지 통합적으로 학습하고 판단하는 존재이다. 저자는 이를 설명하며 글로벌 전자상거래 회사인 쇼피파이Shopify CEO의 말을 인용한다.

"신입사원을 채용할 때 인공지능으로 대체될 수 없는 일을 할 수 있음을 증명해야 한다.”

이 말은 이미 노동의 기준과 인간의 역할이 근본적으로 재편되고 있음을 보여준다. 즉 AGI의 등장은 ‘편리한 기술’의 출현을 넘어 인간이 앞으로 사회에서 어떤 존재로 남게 될 것인지를 묻는 근본적인 패러다임의 전환이라고 볼 수 있다.

이러한 변화 속에서 일부는 AGI가 인류를 유토피아로 이끌 것이라 기대한다. 인간의 능력만으로는 해결하지 못했던 핵융합 에너지, 기후 위기, 우주의 비밀 등을 AGI가 해결해 줄 것이라는 희망 때문이다. 이러한 낙관적 전망은 기술의 한계를 넘어설 때 과연 어떤 존재가 중심에 서게 되는지를 묻게 만든다. 이 지점에서 나는 아이작 아시모프의 단편 〈최후의 질문〉을 떠올렸다. 이 작품은 인공지능이 진화를 거듭하며 인간의 한계를 넘어서는 과정을 그린다. 과학이 인간을 초월하는 순간 그것은 과연 구원일까, 아니면 인류의 소멸을 의미하는 것일까. 나는 이 소설이 AGI 시대에 우리가 마주하게 될 질문, 즉 ‘기계가 인간을 넘어서 초월적 자리를 차지하게 된다면 인간은 어디에 위치하게 되는가?’라는 문제와 깊이 닮아 있다고 느꼈다.

한편 기술이 모든 문제를 해결해 줄 것이라는 기대와 달리 AGI의 위험성을 경고하는 목소리도 커지고 있다. 2024년 노벨 물리학상 수상자인 제프리 힌턴 교수는 생성형 인공지능의 위험성에 대해 다음과 같이 말한다.

“첫째, 참과 거짓이 구별되지 않는 세상이 될 수 있다.

둘째, 인간이 할 일이 없는 세상이 될 수 있다.

셋째, 인간이 없는 세상이 될 수 있다.”

이 경고는 AGI가 단지 기술적 진보의 문제가 아니라 윤리와 책임, 그리고 인간 존엄성을 둘러싼 근본적 질문임을 분명히 드러낸다. 저자인 김대식 교수는 바로 이 지점에서 우리에게 묻는다. AGI 시대를 유토피아로 만들 것인가, 디스토피아로 만들 것인가. 그리고 그 선택의 결과에 대한 책임을 인간은 과연 감당할 수 있는가.

이 책에서 특히 인상 깊었던 부분은 로마의 몰락 원인을 AGI 시대의 노동 문제와 연결해 설명한 대목이다. 인류가 처한 노동력 상실의 위험은 미래에만 일어날 수 있는 일이 아니라 역사 속에서 이미 반복된 문제이기도 하다. 저자는 로마가 부유해질수록 노동의 가치가 사라지고 그 결과 중산층이 붕괴되었음을 지적한다. 노동이 사라진 사회에서 실업률은 40%까지 치솟았고 이는 극심한 불평등을 낳아 결국 로마 공화정의 몰락으로 이어졌다는 것이다. 이 설명은 AGI가 가져올 '노동의 종말'이 단순한 기술 변화가 아니라 사회 전체의 구조를 붕괴시킬 수 있는 문제임을 분명히 보여준다.

저자는 여기에서 한 걸음 더 나아가 AGI가 노동을 대체하는 수준을 넘어 시장 지배력을 장악할 경우 경제 권력뿐 아니라 정치 권력까지 독점할 수 있다고 경고한다. 이에 대한 해결책으로 기본소득이 자주 거론되지만 그것만으로는 모든 문제를 해결할 수 없다는 점을 강조하고 있다. 특히 일부 역사학자들이 2025년의 미국 사회를 기원전 로마 제국 말기와 유사하다고 평가한다는 대목은 인류가 처한 위기가 먼 미래의 이야기가 아니라 이미 시작된 현실임을 실감하게 한다. 이 부분을 통해 AGI가 인간 노동의 종말을 불러온다면 인간은 어떤 의미로 남게 될 것인가라는 질문이 더욱 선명해진다.

노동의 문제만큼이나 심각한 또 다른 부분은 진실과 기억을 누가 통제하는가라는 문제이다. 저자는 '기억의 조작'이라는 문제점을 통해 디지털 시대의 위험성을 짚어낸다. 아날로그 시대에는 종이에 남은 기록과 물리적 흔적 때문에 과거를 완벽하게 왜곡하기가 쉽지 않았다. 그러나 지난 20여 년간 우리의 삶은 대부분 디지털로 저장되었고 AGI가 발전할수록 과거의 기록, 영상, 기사, 개인의 데이터까지 손쉽게 수정·재구성할 수 있게 되었다. 그렇게 되면 과거와 현재의 경계는 무너지고 진실은 언제든 권력자나 시스템에 의해 재편될 위험에 놓이게 된다. 이 설명은 조지 오웰의 《1984》에 등장하는 '빅 브라더'의 감시 사회를 떠올리게 하며 그것이 더 이상 소설 속 상상이 아님을 깨닫게 한다. 이는 마치 조선시대에 사관이 오직 사실에 근거해 기록하고 왕조차 함부로 볼 수 없었던 역사를 임의로 바꾸는 것과 같은 상황이 벌어질 수 있음을 비유적으로 보여준다. 이러한 문제에 대해 생각하다 보니 자연스럽게 몇 가지 질문에 이르게 되었다.

"AGI는 인간을 더 자유롭게 만들까, 아니면 더 무력하게 만들까? 인간은 AGI와 공존하기 위해 어떤 선택과 기준을 가져야 할까?"

아직 우리는 이 질문들에 대한 분명한 답을 찾지 못한 듯하다. 그 해답은 기술 자체가 아니라 기술을 사용하는 인간의 선택과 윤리에 달려 있다.

만약 인간이 편리함만을 좇아 성찰을 멈춘다면 AGI는 디스토피아로 향하는 문이 될 것이다. 그러나 책임과 성찰의 기준을 세운다면 AGI는 유토피아로 가는 열쇠가 될 수도 있을 것이다. 이러한 점에서 《AGI: 천사인가 악마인가》는 단순한 과학기술 서적이 아니라 인간의 본질과 미래 사회의 방향성에 대해 깊이 성찰하게 만드는 철학적 질문을 던지는 책이라고 할 수 있다.

참과 거짓이 뒤섞이고 노동이 사라지며 기억마저 조작될 수 있는 시대에 우리는 어떤 선택을 할 것인가. 비록 명확한 답은 아직 없지만 한 가지 분명한 사실은 AGI 시대를 맞이한 인간은 완성된 존재가 아니라 여전히 성장통을 겪는 과정에 있다는 것이다. 그렇다면 우리의 과제는 완벽한 해답을 찾는 것이 아니라 불확실한 시대를 두려움 속에서도 책임감 있게 살아가는 방법을 배우는 일일 것이다.

이러한 문제의식을 바탕으로 볼 때 이 책의 가장 큰 장점은 AGI를 낙관이나 공포라는 이분법으로 단순화하지 않고 역사·문학·과학 사례를 폭넓게 활용해 균형 있게 조망한다는 점이다. 로마 제국의 몰락을 노동의 붕괴와 연결한다거나 디지털 시대의 '기억 조작' 문제를 조지 오웰의《1984》와 겹쳐 읽게 하는 방식은 AGI를 단순한 기술 문제가 아니라 사회 구조와 인간의 윤리 문제로 확장해 이해하도록 돕는다. 특히 인간의 책임과 선택을 중심에 둔 서술은 AGI 시대를 어떻게 맞이할 것인가에 대한 사유의 기준점을 제공한다는 점에서 의미가 크다.

다만 아쉬운 점은 인공지능의 기술적 원리와 연구의 역사적 흐름을 설명하는 일부 대목이 과학적 배경지식이 충분하지 않은 독자에게는 다소 어렵게 느껴질 수 있다는 것이다. 책의 핵심 내용을 뒷받침하기 위해 기술적 설명이 필요하기는 하지만 독자에 따라서는 과학기술에 관한 이론 설명은 부담스럽게 다가올 가능성도 있다. 이러한 점은 이 책이 대중 교양서이면서도 동시에 일정 수준의 지식을 요구하는 과학책이라는 한계로 이해하고 접근해야 할 것이다.

종합해 보면 이 책은 과학기술과 인문학, 그리고 노동의 의미, 권력의 구조, 윤리와 책임이라는 사회적 쟁점에 대해 폭넓게 이야기하고 있어 과학과 인문학을 융합적으로 통찰하고 싶은 독자에게 추천할 만하다. 또한 AGI라는 최신 과학 이슈를 통해 기술이 인간 사회와 삶의 방향에 어떤 영향을 미치는지를 고민하고 싶은 독자라면 이 책은 폭넓은 사고의 기회를 가질 수 있을 것이다.

**통합
과학 2**

과학의 책임, 개인을 넘어 사회로

개인, 사회, 국가가 함께 만들어가는 윤리적 과학의 길

오늘날 과학은 개인의 일상을 넘어 인류의 미래를 결정짓는 거대한 힘이 되었다. 과학의 힘이 커질수록 그에 따른 책임의 무게 역시 함께 커지고 있다. 우리는 과학기술 덕분에 코로나19라는 감염병을 극복했고 '아르테미스 계획'과 같은 프로젝트를 통해 우주를 탐사하며 이제는 범용인공지능AGI 시대의 문턱에 서 있다. 그러나 과학의 발전이 언제나 긍정적인 결과만을 가져온 것은 아니다. 핵무기, 인체 실험과 우생학, 탈리도마이드 사건, 유전자 편집 아기 사건 등은 과학이 윤리적 책임을 외면하고 잘못 사용되었을 때 개인과 사회에 얼마나 심각한 문제를 남길 수 있는지를 보여준다. 과학기술은 인간에게 편리함과 풍요로움을 안겨주었지만 동시에 인류의 생존을 위협하는 양날의 칼이 되기도 한다.

"과학은 결코 가치중립적이지 않다."

많은 사람이 과학을 '객관적 진리의 탐구'로 이해한다. 그러나 과학에서 이루어지는 모든 가설과 실험, 측정은 언제나 인간이 어떤 질문을 선택했는가에서 출발하며 그 과정에는 자연스럽게 가치판단이 개입된다. 오늘날 대부분의 과학 연구는 정부나 기업의 연구비 지원에 통해 이루어지기 때문에 연구 주제와 방향은 과학자의 순수한 호기심만으로 결정되기 어렵다. 대신 국가의 정책 목표나 기업의 시장 전략, 사회적 요구가 중요한 기준으로 작용한다. 이는 과학이 윤리나 사회적 맥락과 분리된 채 실험과 데이터, 논문을 통해 사실만을 밝혀내는 활동에 머무르지 않는다는 점을 보여준다.

실제 과학은 사회와 제도, 자본과 권력의 영향 속에서 작동하며 인간의 욕망, 가치와 긴밀하게 연결되어 있다. 따라서 과학의 책임은 과학자 개인에게만 맡겨져서는 안 된다. 과학을 선택하고 활용하는 사회와 국가, 그리고 시민 모두가 그 책임을 함께 나누어야 한다. 그렇다면 과학이 진정으로 인간을 위한 길로 나아가기 위해서 어떤 노력을 해야 할까?

첫째, 양심 있는 과학자 개인의 선택과 책임이 필요하다. 과학자는 과학적 진리를 탐구하는 사람인 동시에 자신의 연구 결과가 사회에 어떤 영향을 미칠지를 누구보다 잘 아는 전문가이다. 따라서 과학자에게는 연구가 단순한 호기심의 산물에 그치지 않고 인간의 삶과 환경에 어떤 결과를 가져올지를 깊이 고민해야 할 책임이 있다.

핵무기 개발은 과학자의 윤리와 책임을 보여주는 대표적인 사례이다. 맨해튼 프로젝트에 참여했던 로버트 오펜하이머는 전쟁 종식을 위해 핵폭탄을 연구했지만 실제로 대규모 인명 피해를 가져온 자신의 연구에 깊은 책임감을 느끼게 되었다. 그는 이후 핵무기의 추가 개발과 사용을 반대하며, 과학자는 단순히 기술을 만드는 데서 멈추지 않고 그 기술이 인류에게 어떤 결과를 가져오는지까지 고민해야 한다고 주장했다. 과학자는 자신의 연구가 사람이나 환경에 해를 끼칠 가능성이 있다면 연구를 중단하거나 방향을 바꿀 용기를 가져야 한다. 과학자의 양심은 과학기술이 인류의 진보로 나아가기 위해 반드시 필요한 마지막 안전장치이기 때문이다.

오늘날은 많은 과학자가 정부나 기업 연구소에 소속되어 성과 경쟁과 경제적 압박 속에서 연구를 수행하며 다양한 외부 환경의 유혹에 놓여 있다. 이러한 환경이 과학자의 판단을 흔들 수 있지만 그렇다고 해서 '나는 연구만 했을 뿐'이라며 책임을 회피할 수는 없다. 결국 양심 있는 과학자 한 사람의 결단이 과학에 대한 사회적 신뢰를 지켜내고 과학기술이 인간과 사회를 위해 올바르게 사용될 수 있는 길을 열어줄 것이다.

둘째, 과학을 감시하고 함께 논의하는 시민의 사회적 책임이 뒤따라야 한다. 과학은 이제 더 이상 전문가들만의 고유 영역에 머물지 않는다. 기후 위기, 인공지능, 원자력, 유전자 편집과 같은 문제들은 인간의 삶과 윤리, 생태계 전반에 직접적인 영향을 미친다. 이처럼 과학이 인류의 미래를 좌우하는 시대에는 과학자 개인의 윤리적 책임만으로는 충분하지 않다. 과학기술을 선택하고 활용하는 사회의 구성원인 시민 역시 과학에 대해 함께 고민하고 판단해야 한다. 이를 위해서는 과학기술을 단순한 도구나 성과로만 바라보는 태도에서 벗어날 필요가 있다. 또한 과학의 경제적 가치나 노벨상 수상 가능성, 국방 기여도만을 지나치게 강조하는 시각 역시 과학의 본래 목적을 흐릴 수 있다. 시민들은 과학기술이 사회에 어떤 영향을 미치는지 스스로 이해하고, 비판적으로 바라보려는 자세를 가져야 한다. 깨어 있는 시민의 관심이 있을 때 과학은 보다 책임 있는 방향으로 발전할 수 있다.

이러한 점에서 시민 과학의 등장은 매우 의미 있는 방향이라고 할 수 있다. '시민 과학citizen science'이란 일반 시민이 과학 연구에 자발적으로 참여하거나 전문 연구자와 협력하여 수행하는 과학 활동을 의미한다. 시민들은 데이터 수집과 분석, 연구 과정에 직접 참여하며 과학적 탐구의 주체가 된다. 대표적인 사례로는 뇌과학자 정재승 교수와 야구팬들이 함께 참여한 '백인천 프로젝트'를 들 수 있다. 이 프로젝트는 SNS를 통해 선수의 기록, 팀 성적의 변화, 승패에 영향을 미치는 요인 등에 관한 데이터를 모으고 분석하여 야구를 감각이나 경험이 아닌 과학적 자료에 기반해 이해하는 방식으로 확장했다. 이는 시민의 관심과 열정이 과학적 탐구로 이어질 수 있음을 보여준 사례이다. 시민은 더 이상 과학의 결과를 수동적으로 받아들이는 존재에 머물러서는 안 된다. 과학이 시민, 즉 사회에서 끊임없이 토론되고 공개적으로 검증될 때 과학은 권력의 도구가 아니라 인류의 공공선으로 작동할 수 있다. 이러한 참여와 감시가 바로 시민이 과학의 방향과 영향에 대해 함께 질문하고 판단하는 '민주적 과학'의 출발점이라 할 수 있다.

셋째, 제도와 철학의 균형을 세우는 국가의 책임이 필요하다. 국가는 과학을 단순한 기술 경쟁이나 국가 간 우위 확보의 수단으로만 바라보아서는 안 된다. 물론 국가 차원에서 과학기술을 발전시키는 일은 중요하지만 그보다 더 중요한 것은 과학의 속도와 방향을 윤리적 기준 위에 세우는 일이다. 과학이 빠르게 발전할수록 그로 인해 발생할 수 있는 위험과 부작용을 함께 고려하는 책임 역시 커지기 때문이다.

이를 위해 국가는 연구 윤리강령과 생명윤리 관련 법과 제도를 강화하고 연구비 사용 과정의 투명성을 높이는 등 제도적 장치를 마련해야 한다. 또한 과학자의 업적을 평가할 때 논문이나 특허 수와 같은 양적 성과만이 아니라 해당 연구가 사회와 인간의 삶에 어떤 영향을 미쳤는지를 함께 살펴보는 기준이 필요하다. 이러한 평가 방식은 과학자들이 성과 경쟁에만 매몰되지 않고 연구의 사회적 책임을 함께 고민하도록 이끌 수 있다.

이와 관련해 미국의 〈벨몬트 보고서〉는 과학의 발전과 생명 윤리 사이의 균형을 제도적으로 정립한 대표적인 사례로 평가받는다. 이 보고서는

1970년대 미국 사회를 큰 충격에 빠뜨렸던 이른바 '터스키기 매독 실험' 사건이 폭로된 것을 계기로 제정되었다.

당시 미국 정부는 매독에 감염된 아프리카계 미국인 남성들을 대상으로 생체 실험을 진행하면서 치료제가 존재했음에도 이를 고의로 제공하지 않고 병의 경과만을 관찰했다는 비윤리적 사실이 드러나며 심각한 비판에 직면했다. 연구 대상자들은 실험의 목적이나 위험성에 대한 충분한 설명과 사전 동의 없이 동원되었고 그 과정에서 인간의 생명권과 존엄성은 철저히 외면되었다.

이 사건을 계기로 미국 정부는 생명윤리위원회를 설치하고 인간을 대상으로 하는 모든 연구가 반드시 지켜야 할 3대 기본 원칙으로 '자율성', '선행', '정의'를 제시하였다. 이는 이후 전 세계 연구 윤리 및 제도의 글로벌 기준이 되었으며 과학 기술이 그 어떤 상황에서도 인간의 존엄과 사회의 지속가능성을 훼손해서는 안 된다는 점을 분명히 했다.

나아가 이 보고서가 천명한 윤리적 원칙들은 오늘날 유전자 편집이나 범용인공지능AGI과 같이 인간의 삶과 기본권을 근본적으로 뒤바꿀 수 있는 첨단 기술을 다룰 때도 여전히 가장 중요하고 유효한 판단 기준으로 작동하고 있다.

이처럼 윤리와 사회적 가치를 중시하는 국가 정책이 마련될 때, 과학은 산업 경쟁의 수단을 넘어 인간 존엄을 지키는 기반으로 자리 잡을 수 있다. 국가의 역할은 과학을 억제하는 데 있지 않다. 오히려 과학이 인간을 해치지 않고 공익을 향해 나아가도록 방향을 잡아주는 나침반이 되어야 한다.

결론적으로 과학의 책임은 어느 한 개인에게만 물을 수 있는 문제가 아니다. 과학의 영향력이 커진 오늘날, 그 책임 역시 협력을 통해 함께 만들어 가야 할 과제가 되었다. 과학자는 연구의 목적과 결과를 끊임없이 성찰해야 하며, 사회는 그 과정과 결과를 함께 논의하고 비판적으로 살펴보아야 한다. 또한 국가는 제도와 정책을 통해 과학이 윤리적 기준안에서 작동하도록 조율해야 할 책임을 지닌다.

이처럼 과학자, 시민, 국가라는 세 축이 서로 맞물릴 때 과학은 단순히 기술의 속도만을 앞세우는 것이 아니라 인간을 위한 방향성을 지닌 힘으로 기능할 수 있다. 과학이 인류에게 진정으로 이로운 길이 되기 위해 필요한 것은 더 많은 기술이나 더 빠른 발전이 아니다. 오히려 더 깊은 성찰과 더 넓은 협력 속에서 과학의 책임을 함께 나누려는 태도일 것이다.

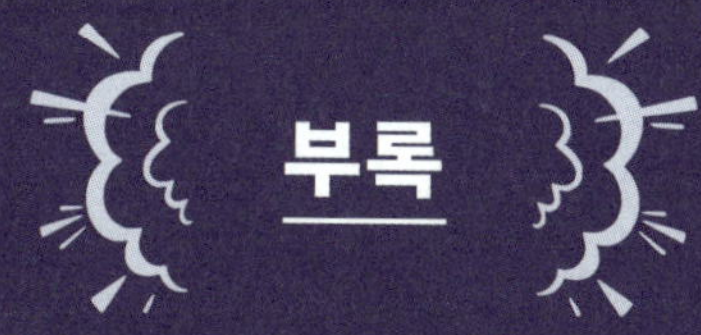

통합과학 주제별 참고도서 및 글쓰기 추천 활동

통합과학 1

I. 과학의 기초

자연 세계의 이해 - 생체모방

구분	참고 도서
초등	곽영미, 《신기한 닮은꼴 과학》, 숨쉬는 책공장 마쓰다 모토코, 에구치 에리, 《도마뱀의 발자국은 신기한 테이프》, 청어람 미디어
중고등	윤실, 《자연으로부터 배운다》, 전파과학사 페트릴 아리, 《자연은 언제나 인간을 앞선다》, 시공사

추천 활동 　발명 일기 쓰기

　책에 나온 동식물 가운데 하나를 선택한 뒤, 그 생물이 가진 특별한 능력이나 특징을 정리한다. 이어서 이러한 능력이 도움이 될 수 있는 생활 속 불편한 상황을 구체적으로 떠올린다. 이후 그 원리를 적용한 생체모방 발명품을 구상한다. 발명 아이디어는 '제작 동기 → 작품 설명 → 효과'의 순서로 정리하며, '제작 동기'에서는 어떤 문제를 해결하기 위해 만들었는지를, '작품 설명'에서는 어떤 구조와 기능을 가지며 어떻게 작동하는지를, '효과'에서는 이 발명품을 사용했을 때 기대되는 변화나 장점을 나타낸다. 평상시에 꾸준히 발명 일기를 작성해 두면 3월에 중·고등학교에서 시행하는 발명대회 준비에도 도움이 된다.

추천 활동 　생태 모방 특허 신청 심사서 쓰기

　'자연 특허청'의 심사관이 되어 동식물이 가진 능력을 인간 기술로 활용할 수 있도록 바꾸는 특허 신청 심사서를 쓰는 활동이다. 먼저, 신청 동물을 정하고 그 동물의 특징을 모방한 발명품을 제시한다. 발명품이 동물의 능력을 실제로 구현할 수 있는지 기술적 타당성을 평가하고 환경이나 생태계에 미치는 영향도 검토한다. 발명품의 장단점과 개선점, 안전성 등을 심사평으로 쓰고 작성 심사 결과에 따라 '승인', '보완 요청', '거절' 중 하나로 판정한다. 활동을 통해 생체모방 기술 이해와 과학적 판단력을 기를 수 있다.

II. 물질과 규칙성 > II-1. 원소의 형성

우주개발/우주쓰레기

구분	참고 도서
초등	양서윤, 《세더잘 우주개발》, 내인생의 책 홍대길, 《궁금했어 우주개발》, 나무생각
중고등	최은정, 《우주쓰레기가 온다》, 갈매나무 심창섭, 《우주개발-나도 우주시대의 주인공이 될 수 있을까?》, 을파소

추천 활동 과학신문 쓰기

우주쓰레기의 원인과 위험성을 이해한 뒤 과학 신문을 작성해 본다. 먼저 우주쓰레기로 인해 발생할 수 있는 문제 상황을 구체적으로 떠올린다. 이를 바탕으로 메인 기사를 구성하고 사건의 전개와 영향 등의 내용을 정리한다. 인물 가상 인터뷰는 우주쓰레기의 위험성을 경고한 도널드 J. 케슬러에게 질문하고 답변을 듣는 형식으로 진행한다. 또한 우주쓰레기를 해결하기 위한 방안이나 미래 기술을 소개하는 기사를 함께 구성하면 좋다. 여기에 광고나 4컷 만화 등을 추가하여 신문의 완성도를 높인다.

 우주 관련 진로탐구보고서 – 우주 관련

우주개발과 관련된 다양한 직업을 탐구하고 진로를 구체적으로 설계해 보는 활동이다. 먼저 우주비행사, 위성 개발자, 우주 궤도 설계사 등 우주 관련 직업을 조사하고 각 직업의 역할을 비교하여 정리한다. 이를 바탕으로 우주 기술의 발전으로 인해 발생하게 될 상황이나 직면 과제를 탐색한다. 이어서 앞으로 새롭게 필요해지는 직업의 모습을 구체적으로 생각해 본다. 진로탐구보고서는 보통 '직업 조사 → 직업과 연결된 사회 변화 또는 문제 상황 → 미래 직업 탐색 → 나의 진로 계획'의 구조로 전개하면 효과적이다.

우주의 시작

구분	참고 도서
초등	지태선, 《빅뱅부터 블랙홀까지 우주이야기》, 미래아이 이지유, 《우주를 누벼라》, 사파리
중고등	칼 세이건, 《코스모스》, 사이언스 북스 이지유, 《집요한 과학들의 우주 언박싱》, 곰곰문고

 융합탐구보고서 – 인문학 관점에서 바라본 우주탐사의 의미

이 활동은 《코스모스》를 읽고 인류의 우주 인식과 과학 탐사의 의미를 탐구하는 데 목적이 있다. 각 장의 핵심 사례, 즉 알렉산드리아 도서관, 보이저 호, 금성·화성 탐사 등을 바탕으로 과학 개념과 인문학적 성찰을 연결하는 주제를 설정한다. 이후 '탐구질문 제시 → 과학적 원리 설명 → 의미 해석'의 구조로 탐구보고서를 작성한다. 책 속에 나오는 특정 과학적 사건을 비교하거나 현재 문제와 연결하여 과학적 사고를 확장하도록 한다. 이를 통해 과학 지식의 이해를 넘어 인간과 우주에 대한 통합적 시각과 탐구 능력을 기를 수 있도록 한다.

이 활동은 '화성에서 사람은 어떻게 살아갈 수 있을까?'에 대해 과학적으로 상상해 보는 글쓰기이다. 먼저 화성에는 공기가 부족하고, 물이 거의 없으며, 먹을 것이 없다는 점을 정리한다. 다음으로 화성에서 산소를 만드는 방법, 물을 구하는 방법, 식물을 키우는 방법 등을 생각해 해결 방법을 적어 본다. 이때 실제 과학 기술이나 원리를 떠올리며 더 안전하고 효율적인 방법을 함께 고민해 보도록 한다. 글은 '문제 상황 → 원인 → 해결 방안 제시' 순서로 작성한다.

II. 물질과 규칙성 > II-2. 물질의 구조와 성질

핵분열/핵융합

구분	참고 도서
초등	김성호, 《두 얼굴의 에너지, 원자력》, 길벗스쿨 오승현, 《원자력 논쟁》, 풀빛 송은영, 《페르미가 들려주는 핵분열, 핵융 이야기》, 자음과 모음
중등	김명자, 《원자력 무엇이 문제일까》, 동아엠앤비 가네코 히로시, 《수소 에너지와 핵융합 에너지-사회를 바꾸는 신시대의 에너지 기술》, 아이뉴턴 〈뉴턴코리아〉

추천 활동 | 핵분열 – 과학토론 입론서

(논제: 탄소중립을 위해 원자력 발전을 확대해야 한다)

기후 위기와 에너지 전환 문제를 과학적·사회적 관점에서 탐구하는 것을 목표로 한다. 먼저 석탄화력 발전의 한계와 탄소 배출 문제를 살펴보고 이를 대체할 에너지원으로서 원자력의 역할을 분석한다. 이어서 저탄소 연료, 전력 안정성과 같은 원자력의 장점과 사고 위험, 핵폐기물 문제, 사회적 수용성 등의 단점을 비교하며 각 입장의 근거를 정리한다. 이를 바탕으로 학생들은 찬반 입장에 대한 논리를 구성하고 기후 위기 시대에 적합한 에너지 전략이 무엇인지 고찰한다.

> **추천 활동** **핵융합 – 과학토론 입론서**
> (논제: 핵융합 기술개발에 대규모 투자를 해야 한다)

미래 에너지 확보와 기술 발전이라는 관점에서 핵융합의 필요성을 탐구한다. 먼저 찬성 측에서는 핵융합 에너지가 막대한 에너지 생산이 가능하고 자원이 풍부하며, 장기적으로 안정적인 에너지원이 될 수 있다는 점을 근거로 제시한다. 또한 플라즈마 유지 기술 등 최근 연구 성과를 바탕으로 기술적 발전 가능성을 설명한다. 반대 측에서는 핵융합 기술이 아직 실용화 단계에 이르지 못해 상용화까지 오랜 시간이 필요하며 비용 대비 효율성이 낮다는 점을 근거로 제시한다. 또한 이미 기술이 확보된 신재생 에너지에 대한 투자가 더 현실적인 선택일 수 있음을 함께 고려하도록 한다. 이를 통해 학생들이 과학기술의 가능성과 한계를 균형 있게 판단할 수 있다.

III. 시스템과 상호작용 > III-1. 지구시스템

지진

구분	참고 도서
초등	조영경, 《선생님이 알려주는 지진 이야기》, 깊은나무 신방실, 《대비해! 대피해! 지진과 안전》, 아르볼
중등	김도형, 《어, 지금 땅 움직였지?》, 자음과 모음 이지유, 《지진과 화산 쯤 아는 10대》, 풀빛

추천 활동 | **안전 가이드 북 만들기**

지진 대비 가이드북을 만들 때는 먼저 책에서 배운 지진 관련 상식을 정리한 뒤 지진이 발생했을 때 어떻게 행동해야 하는지 조사해 본다. 지진이 무엇이고 왜 발생하는지 등 기본 원리를 함께 기록하고 이어서 행동 요령마다 '왜 그렇게 해야 하는지' 과학적 근거를 덧붙여 사고 예방 원리를 이해하도록 돕는다. 예를 들어 "책상 밑으로 숨는다 - 무너지는 물체로부터 몸을 보호할 수 있다"처럼 행동과 이유도 함께 정리하면 실제 상황에서 바로 활용할 수 있는 나만의 가이드북이 완성된다.

III. 시스템과 상호작용 > III-2. 역학적 시스템

물질의 상태

구분	참고 도서
초등	정완상, 《가르쳐주세요. 열에 대해서》, 지브레인 임수현, 《오르락 내리락 온도를 바꾸는 열》, 웅진주니어
중등	이강영, 《10대에게 권하는 물리학》, 글담출판 EBS 다큐 프라임 제작팀, 《빛의 물리학》, 해나무

추천 활동 | 과학 에세이(개념 설명)

초등의 경우 '열은 어떻게 물질의 상태를 변화시키는가'라는 주제로 글쓰기를 진행한다. 물질의 상태 변화가 일어나는 원리를 이해하기 위해 물질을 이루는 원자와 분자의 구조, 분자 운동과 물질의 상태 변화의 관계를 살펴본다. 이어서 열과 온도의 차이를 구분하고 열이 분자 운동에 미치는 영향을 설명하도록 한다. 중등의 경우에는 고전역학, 상대성이론, 양자역학이 세상을 바라보는 서로 다른 관점을 이해하는 것을 목표로 각 이론이 무엇을 어떻게 설명하는지 정리하고 공통점과 차이점을 비교해 본다. 이어서 하나의 현상, 예를 들어 '빛'과 같은 주제를 선택하여 각각의 이론마다 어떻게 다르게 설명할 수 있는지 서술한다. 이를 통해 물리학이 발전하면서 세계를 이해하는 방식이 어떻게 변화해 왔는지를 탐구해 보도록 한다.

유전공학

구분	참고 도서
초등	김훈기, 《유전자 조작식품은 안전할까?》, 풀빛 이상수, 《선생님, 유전자를 조작해도 되나요?》, 철수와 영희
중등	윤자영, 《원하는 키와 얼굴을 선택하세요》, 자음과 모음 예병일, 《유전공학의 상상은 현실이 된다》, 김영사

추천 활동 **과학주제발표문(페임랩) 쓰기 – 유전자 가위**

유전자 가위는 페임랩 활동에 적합한 주제이다. DNA를 가위로 잘라서 원하는 대로 편집할 수 있는 기술이라는 핵심 개념을 바탕으로 시작하면 청중의 호기심을 끌 수 있다. 이어서 Cas9의 원리를 쉽고 직관적으로 설명하면 과학적 이해가 높아진다. 유전병 치료, 농작물 개선 같은 현실적 사례를 제시하면 주제에 몰입하게 된다. 동시에 윤리적 고민과 논란을 간단히 언급하면 주제의 깊이도 살릴 수 있다. 이렇게 기술, 사례, 윤리 등의 균형 있게 담아 페임랩에 적합한 발표문을 작성해 본다.

통합과학 2

I. 변화와 다양성 > I-1. 생물다양성

생태계의 다양성

구분	참고 도서
초등	한영식, 《윌슨이 들려주는 생물다양성 이야기》, 자음과 모음 김은식, 《씨앗을 부탁해》, 나무야
중등	김성호, 《생물다양성 쫌 아는 10대》, 풀빛 이고은, 《생물다양성으로 수다 떨다》, 데이스타

추천 활동 **1인칭 글쓰기 – 나는 멸종위기 동물입니다**

이 활동은 자신이 멸종위기 동물이 되었다는 가정 하에서 글을 써보며 생물다양성 문제를 이해하는 것을 목표로 한다. 먼저 한 가지 동물을 선택한 뒤 그 동물이 살아가는 환경과 특징을 간단히 조사한다. 이후 '나는 ○○ 이다'로 시작하여 서식지 변화, 먹이 부족, 인간 활동으로 인한 위협 등을 자신의 경험처럼 서술한다. 특히 변화된 환경에서 느끼는 어려움과 감정을 함께 표현하고 마지막으로 인간에게 전하고 싶은 메시지를 덧붙여 글을 마무리하도록 한다.

인류세

구분	참고 도서
초등	박병상, 《선생님, 인류세가 뭐예요?》, 철수와영희 세레넬라 코렐로, 《멸종하는 동물의 세계》, 타임주니어
중등	이정모, 《찬란한 멸종》, 다산북스 허정림, 《인류세 쫌 아는 10대》, 풀빛

추천 활동 **카드뉴스 만들기**

인류세와 관련된 문제, 원인, 영향, 대응방안 등을 중심으로 정리한 뒤 이 내용을 바탕으로 비교표나 카드뉴스를 만들어 본다. 카드뉴스를 만들 때는 한 장에 하나의 핵심 내용만 담고 '제목 → 핵심 문장 → 간단한 설명' 순으로 구성하면 읽기 쉽다. 글은 길게 쓰기보다 짧은 문장과 키워드 중심으로 정리하고 아이콘·그래프·색상 등을 활용해 내용을 시각적으로 구분하면 효과적이다. 마지막에는 전체 내용을 한눈에 정리하는 결론 카드를 넣어 마무리한다.

추천 활동 **과학주제 개요서 쓰기 – 인류세**

2024년 서울 청소년 과학페어 중학부 논제로 인류세와 관련해 다음과 같은 3가지 논제가 제시되었다. 인간 활동이 지구 환경과 생태계에 큰 영향을 미쳐 새로운 지질시대를 만든다는 인류세가 어떤 문제를 일으키고 있는지 생각해 보고 개요서를 써본다.

① 새로운 지질시대로 인류세를 지정하는 것에 대한 찬성 측과 반대 측 의견을 균형 있는 시각에서 다양하게 각각 제시하시오.

② 인류세 실무그룹AWG은 인류세의 지표 물질marker로 플루토늄을 제안

하였다. 플루토늄을 지표 물질로 제안한 과학적 근거를 설명하시오.

③ 자신이 생각하기에 가장 타당한 인류세 지표 물질을 제안하고(단, 플루
토늄 제외), 그 이유를 과학적으로 설명하시오.

I. 변화와 다양성 > I-2. 화학 반응 다양성

나노 기술

구분	참고 도서
초등	김성화, 권수진,, 《미래가 온다 나노봇》, 와이즈만 이상미, 《얼마나 작아질까? 어디까지 발달할까? 나노 기술과 첨단 세계》, 뭉치
중등	이인식, 《나노 기술이 세상을 바꾼다》, 고즈원 곽영직, 《드렉슬러가 들려주는 나노기술 이야기》, 자음과 모음

추천 활동 **과학토론 입론서 작성**

(논제: 나노 기술이 여는 인류의 미래는 밝다)

나노 기술은 물질을 나노미터 수준에서 조작하여 새로운 기능을 만들어
내는 첨단기술로 21세기를 '나노 시대'라고 부르기도 한다. 최근 의료, 에너
지, 환경 분야에서 활용되며 그 가능성이 주목받고 있지만 안전성과 윤리 문
제에 대한 우려도 함께 제기되고 있다. 이러한 점에서 나노 기술은 인류의 미
래에 중요한 영향을 미칠 수 있다. 이를 바탕으로 나노 기술의 긍정적 측면과
한계를 함께 살펴보며 인류의 미래에 미칠 영향을 고민해 본다.

<table>
<tr><td>추천 활동</td><td>미래 예측 글쓰기</td></tr>
<tr><td></td><td>(주제: 20년 후 나노봇이 바꿀 세상)</td></tr>
</table>

이 활동은 나노, DNA, 세포 등 미시적 구조에 대한 이해를 바탕으로 미래를 예측하는 글쓰기이다. 먼저 나노봇의 정의와 역할을 정리하며 과학 원리를 이해한다. 이후 의료, 환경, 생활 분야에서 현재 겪고 있는 문제 상황을 구체적으로 떠올린다. 이를 바탕으로 나노봇이 적용되었을 때 어떤 변화가 일어나는지 미래 모습을 상상해 본다. 글쓰기는 '나노봇의 정의와 역할 → 현실 문제 → 변화된 미래 모습'의 구조로 전개하면 효과적이다. 이러한 과정을 통해 보이지 않는 과학 개념을 현실 문제 해결과 연결하는 사고력을 기를 수 있다.

II. 환경과 에너지 > II-1. 생태계와 환경

기후 위기

구분	참고 도서
초등	다미안 하비, 《산불에서 코알라를 구하라》, 키위북스 이순희, 최동진,, 《그레타 툰베리와 함께하는 기후행동》, 빈빈책방
중등	안치용, 《미래세대를 위한 기후 위기를 이겨내는 상상력》, 철수와 영희 그레타 툰베리, 《기후 책》, 김영사

<table>
<tr><td>추천 활동</td><td>과학주제 개요서 쓰기 – 산불</td></tr>
</table>

최근 산불 발생이 증가하는 것도 기후 위기가 한 원인이다. 학교 과학토론대회에서도 산불와 기후 변화를 연결시키는 주제가 자주 출제된다. 다음은 2025년 원당중학교 과학토론대회 논제이다. 이 논제에 대해 개요서를 작성해 본다.

기후변화가 대형산불 발생에 미치는 과학적 요인과 해외(LA, 일본, 그리스 등)에서 나타나는 산불 피해의 패턴을 조사하고 기후 변화로 인해 발생하는 대형 산불 문제를 해결하기 위한 과학적, 기술적 대책을 제안하시오.

에너지와 지속가능한 발전

구분	참고 도서
초등	임태훈, 《지구에서 제일 멋진 집 에코하우스》, 위즈덤 하우스 김영모, 《무한 청정에너지의 꿈, 신재생 에너지》, 미래아이
중등	이필렬, 《미래 에너지 쫌 아는 10대》, 풀빛 이은철, 《에너지 위기, 어떻게 해결할까?》, 동화엠앤비

추천 활동 **정책 제안서 쓰기**

우리 지역의 기후, 건물 형태 등 환경적 특징을 먼저 살펴본다. 이후 책에서 읽은 신재생 에너지 가운데 우리 지역에 가장 적합한 에너지를 선택하고 그 이유를 구체적으로 생각해 본다. 이렇게 고민해 본 내용을 바탕으로 우리 지역에 적용할 수 있는 에너지 정책 제안서를 작성해 본다. 정책 제안서는 문제 상황, 지역 특징 분석과 적합한 신재생 에너지 및 선택 이유, 실행 방법, 기대 효과의 순서로 작성하면 된다.

추천 활동 **과학토론 입론서**

(논제: 에너지 문제 해결을 위해서는 기술 개발보다 에너지 절약이 더 중요하다)

기후 위기의 심각성과 에너지 구조의 한계를 근거로 찬반 입장을 모두 서술한다. 먼저 찬성 측에서는 화석 연료 중심의 에너지 사용이 환경 문제를 악화시키는 점과 원자력 발전의 안전성 한계를 제시하며 태양광·풍력·수소 에너지 등 미래 기술의 발전 가능성과 필요성을 근거로 주장하도록 한다. 반대 측에서는 에너지 저장의 어려움, 낮은 변환 효율, 기술 및 비용 문제 등 현실 적 한계를 근거로 신중한 접근의 필요성을 제시한다. 또한 현재 에너지 체계 의 안정성과 점진적 전환의 중요성도 함께 고려하도록 한다.

III. 과학과 미래사회 > III-1. 과학과 인간

인공지능

구분	참고 도서
초등	안지선, 《빅데이터 미래를 예측하는 기술》, 봄볕 반병현, 《빅데이터가 뭐예요?》, 풀빛
중등	오승현, 《지피지기 챗GPT》, 우리학교 윤정구, 《IT 지식으로 미래를 읽는다면》, 다른

추천 활동 **과학주제개요서 쓰기 – 인공지능**

인공 지능 문제는 과학 기술과 사회적 영향이 얽혀 있어 과학토론대회에 서 자주 다뤄진다. 다음은 과학 창의재단의 2022년 청소년 과학페어 중등 토론 논제이다. 이 논제에 대해 개요서를 작성한다.

> 우리나라에서도 유럽연합EU와 같이 고위험 분야 인공지능 방지법이 필요 하다는 의견과 아직은 필요 없다는 의견으로 팽팽히 나뉘고 있다. 우리나 라의 고위험 인공지능 사용 실태를 공학적, 과학적 관점에서 조사하여 고 위험 분야 인공지능 방지법의 찬성과 반대 중 한 가지 입장을 정하여 그 타 당성에 대해 토론하고 기타 인공지능의 여러 가지 문제점과 그 해결책에 대해 과학적 사고를 바탕으로 토론해 보자.

과학윤리

구분	참고 도서
초등	서보현, 《과학자가 가져야 할 덕목, 과학자 윤리와 책임》, 뭉치 정화진, 《슬픈 노벨상》, 파란자전거
중등	강호정, 《과학, 그게 최선입니까?》, 중등 비키 오랜스키 위튼스타인, 《나쁜 과학자들》, 다른

추천 활동 **과학토론 입론서**

(논제: 과학자는 사회적 책임을 다해야 한다)

먼저 찬성 측에서는 과학기술이 사회에 중대한 영향을 미친다는 점을 바탕으로 유전자 편집 아기 사건이나 나치의 비윤리적 실험 사례 등을 제시하며 과학자의 책임 필요성을 강조한다. 또한 과학에 대한 사회적 신뢰는 책임 있는 연구 태도에서 비롯된다는 점도 근거로 제시한다. 반대 측에서는 기술의 사용 주체가 과학자뿐 아니라 사회 전체라는 점을 들어 기술 사용의 책임은 사용자에게도 있다는 입장을 제시한다. 또한 과도한 책임 부과가 연구 위축과 과학 발전 저해로 이어질 수 있음을 근거로 제시한다. 이를 통해 학생들이 과학기술과 윤리, 책임의 관계를 균형 있게 분석하고 비판적으로 사고할 수 있다.

참고 문헌

도서

임태훈, 《지구에서 제일 멋진 집 에코하우스》, 위즈덤하우스, 2014

홍태경, 《흔들림 없이 이해하는 지진의 과학》, 김영사, 2025

이권우, 《책읽기부터 시작하는 글쓰기 수업》, 한겨레출판, 2015

김학준, 오현영, 정완영, 《과학기술자의 글쓰기》, 자유아카데미, 2024

박혜미, 조상희, 《토론의 전사 7-그림책, 청소년을 만나다》, 한결하늘, 2018

남숙경, 이승경, 이은주, 안수영, 《파워풀한 교과서 과학토론》, 특별한서재. 2018

남숙경, 이승경, 《파워풀한 실전 과학토론 특별한 서재》, 특별한 서재, 2022

아메데오 발비, 《당신은 화성으로 떠날 수 없다》, 북인어박스, 2024

최은정, 《우주쓰레기가 온다》, 갈매나무, 2021

칼 세이건, 《코스모스》, 사이언스북스, 2006

페트릭 아리, 《자연은 언제나 인간을 앞선다》, 시공사, 2023

김완두, 《미래혁신기술, 자연에서 답을 찾다》, 예문당, 2020

마쓰다 모토코, 에구치 에리, 《도마뱀의 발바닥은 신기한 테이프》, 청어람 미디어, 2016

월터 아이작슨, 《코드 브레이커》, 웅진지식하우스, 2022

이채리, 《기술에게 정의를 묻다》, 궁리, 2023

송기원, 《RNA 특강 - DNA에서 RNA로, 분자 생물학의 혁명》, 사이언스북스, 2024

아메데오 발비, 《당신은 화성으로 떠날 수 없다》, 북인어박스, 2024

팀유니온, 《합격생기부 절대 원칙 탐구력》, 포르체, 2025

김학준·오연명·정완영, 《과학기술자의 글쓰기》, 자유아카데미, 2024

박규상, 《주제맞춤 탐구보고서 쓰기》, 더디퍼런스, 2024

고승미, 박수진, 이상필, 최인선, 《따라하며 완성하는 나다운 탐구보고서》, 미디어숲, 2022

김영호, 《꿀벌이 멸종할까봐》, 위즈덤하우스, 2024

정유희, 안계정, 정동완, 《나는 탐구보고서로 대학 간다-이공계》, 미디어숲, 2020

하늘섬과학교사모임, 《열려라 과학대회》, 한그루나무, 2015

과학사랑연구회, 《선생님도 몰래 보는 과학대회 비법노트》, 교육과학사, 2017

오승현, 《탄소중립 쯤 아는 10대》, 풀빛, 2024

이순희, 최동진, 《그레타 툰베리와 함께하는 기후행동》, 빈빈책방, 2019

이지유, 《기후 변화 쯤 아는 10대》, 풀빛, 2020

기상청, 《누구나 궁금한 지진 상식》, 기상청 날씨누리, 2022

정철의 외, 《벌의 위기와 보호정책 제안》, 그린피스, 2023

유동걸, 《토론의 전사》, 한결하늘, 2018

학술지/논문

이경제, 임채현, 〈해양폐기물의 자원 순환에 관한 일고찰〉, 한국해사법학회, 2020

김지혜, 〈대학 계열별 글쓰기 수업의 교육 방안〉, 이화어문논집 32권, 2014

김인경, 〈이공계 대학생을 위한 과학 글쓰기 연구-과학 에세이 수업 방안을 중심으로〉, 인문사회 21 10권, 2019

정재호 , 〈뉴스페이스 시대의 국내 우주산업 발전 방향〉, 산업경제 분석(KEIT), 2022.7

문성록, 최충현, 한민규, 〈우주 쓰레기 제거 기술〉, KISTEP 브리프 86, 2023.9

우수영, 〈토론과 연계한 과학에세이 글쓰기 수업 사례〉, 경북대학교, 2018

안태홍, 〈도시양봉 도입을 통한 도시 농업공원 활성화 계획〉, 서울대 환경대학원 석사, 2015

이창우, 〈벌집 군집 붕괴현상(ccd), 꿀벌의 경고에 응답하라〉, kb금융지주 경영연구소, 2022

기사

김정환, 〈내진설계율 여전히 20% 미만… 이유와 대응책은?〉, 철강금속신문, 2024.06.18

장유진, 〈동남권에만 활성단층 14개…한국도 '지진 위험국'〉, 이투데이, 2023.11.30

안혜민, 〈내진 설계 일본 87% vs 한국 16%…이런 상황에 대지진 닥치면〉, SBS 뉴스, 2024.08.16

강상엽, 〈탄소세 도입 때 '소득 연진성' 우려… "거둔 세수로 저소득층 지원 필요〉, 조선일보, 2021.07.13.

이영민, 〈유달리 뜨겁고 건조했던 3월, 산불 피해 키웠다〉, 이데일리, 2025.4.2

차근호, 〈국내 '해양에너지 발전' 어디까지 왔나?〉, 연합뉴스, 2022.04.30

정라진, 〈CBAM : 탄소무역장벽 세운 EU...돌파구 찾는 韓〉, 한스경제, 2023.3.10

정라진, 〈RE100 : 선택 아닌 필수...CF100로 방향 트는 韓〉, 한스경제, 2023.3.16

성진혁, 〈첨단수영복 금지 효과는?〉, 조선일보, 2010.8.7

구정민, 〈버려지는 못난이 농산물, 유통방안 찾아야〉, 한국농어민신문, 2025.1.25

사이트

한국 에너지공단 신재생에너지센터 https://www.knrec.or.kr

기상청 기후정보포털 https://www.climate.go.kr

농사로(농촌진흥청 농업기술포털) https://www.nongsaro.go.kr

국민재난안전포털(행정안전부) https://www.safekorea.go.kr

온실가스 종합정보센터https://www.gir.go.kr/